微分積分学

加藤　末広
勝野　恵子　共著
谷口　哲也

コロナ社

まえがき

　本書は，高校で数学 III まで一応履修してきた学生を対象に，大学初年次向けに書かれた微分積分学の教科書である．わかりやすく丁寧な叙述を心掛けたので，微分積分学の勉強を志す読者のための自習書としても使える．1 年間通年の授業の教材として使えるようにするため，内容は基本的なものに限定した．

　極限の厳密な取扱いはあまり行わなかったが，内容や記述の明確さはできるだけ損なわないよう努めた．新しい概念や考え方が登場する場合，なぜそのようなことを考えるのか，その動機付けの話などを加え，自然にその理論の内容に入っていけるよう心掛けた．

　定義や定理は形式的に理解するだけでなく，直感的な理解，本質的な意味の把握が，実際に応用などを考慮するとき大切になる．本書は必要と感じたときはいとわずそのことを考慮した記述を心掛けた．

　定理を理解する上で，定理の証明はしばしば重要な要素である．本書は，証明をなるべく省略せず丁寧に述べ，また複雑なものには証明の方針などを掲げ，見通しのよいものになるよう努めた．一方，最初に通読するときには，かえって流れの妨げのおそれになるような部分の証明などは巻末の付録として載せることにした．

　演習問題は，各章末ごとにおいてある．内容は，定理や公式を簡単に適用できるようなものから，やや手ごわいものまでさまざまである．数学にとって，理論を理解することと，計算力・応用力を身につけることは，車の両輪のようなものである．演習は学習したことの理解の助けとなるとともに応用力養成の鍵ともなるので，読者はできるだけ多くの問題に挑戦し実力を鍛えてほしい．

　具体的な内容について簡単に述べる．

　実数の性質については紙数の制限もあり，あまり論じることができなかった

が，特に後の章で必要になるところはやや詳しく解説をした．極限に関し，厳密に議論を展開しようとすると，ε-δ論法は欠かせないものとなる．本書では，その理解にε-δ論法が不可欠な部分のみでの使用にとどめたが，本当に必要と思われる部分には十分な記述をした．例えば，「連続関数が閉区間上で積分可能である」という定理4.6の証明や，「適当な条件の下に陰関数が連続になる」という定理5.15の証明の部分がこれにあたり，そのための準備として付録で「閉区間上で連続な関数は一様連続になる」ことについての証明を行った．

冒頭に述べたように，1変数関数の微積分については，高校で学んでいることを一応仮定はしているが，復習や読者の便宜を考え，最初の部分からきちんと定義をした．テイラーの理論は微分積分学の中で最も理解しにくい項目の1つと考えられることを考慮し，具体的な計算などを通しながら，類書と比較し，詳しく解説を試みた．2変数関数の微積分は本書の中心課題であり，基本的な事柄については一通りのことを記述するように心掛けた．最後に微分方程式の初歩の章を設け，微積分の1つの応用の形を示した．

本書を読破し，微分積分学への興味と理解を深め，しっかりした揺るぎない基礎力を固めてほしい．この本が，長く読者の手助けになれば著者たちにとり望外の幸せである．

2009年3月

著　　者

目　　　次

1. 数　と　関　数

1.1　数　列　の　極　限 ………………………………………………… *1*
1.2　実　数　の　性　質 ………………………………………………… *4*
1.3　関　数　と　極　限 ………………………………………………… *7*
1.4　関数に関する性質 …………………………………………………… *10*
1.5　逆　三　角　関　数 ………………………………………………… *17*
1.6　ε-δ　論　法 ………………………………………………… *19*
　章　末　問　題 …………………………………………………………… *22*

2.　1変数の関数の微分法

2.1　微分係数の定義と接線 ……………………………………………… *25*
2.2　関数の微分公式 ……………………………………………………… *29*
2.3　高階の導関数 ………………………………………………………… *35*
2.4　平均値の定理 ………………………………………………………… *38*
2.5　関数のグラフ ………………………………………………………… *43*
　章　末　問　題 …………………………………………………………… *50*

3.　テイラーの定理とテイラー展開

3.1　テイラーの定理とマクローリンの定理 …………………………… *53*

3.2 初等関数への応用と近似値 ………………………………………… 55
3.3 ランダウの記号 ………………………………………………………… 59
3.4 漸近展開 ………………………………………………………………… 63
3.5 漸近展開の応用 ………………………………………………………… 64
3.6 テイラー展開とマクローリン展開 …………………………………… 66
3.7 マクローリン展開の性質 ……………………………………………… 70
3.8 オイラーの公式 ………………………………………………………… 72
章末問題 …………………………………………………………………… 74

4. 1変数関数の積分法

4.1 不定積分の定義と簡単な性質 ………………………………………… 76
4.2 置換積分法と部分積分法 ……………………………………………… 78
4.3 いくつかのタイプの不定積分の計算 ………………………………… 81
4.4 定積分の定義と簡単な性質 …………………………………………… 86
4.5 定積分の計算 …………………………………………………………… 92
4.6 定積分の応用 …………………………………………………………… 95
4.7 広義積分 ………………………………………………………………… 103
章末問題 …………………………………………………………………… 106

5. 2変数関数の微分法

5.1 2変数関数 ……………………………………………………………… 110
5.2 偏導関数 ………………………………………………………………… 114
5.3 全微分可能性と接平面 ………………………………………………… 115
5.4 2変数合成関数の微分公式 …………………………………………… 121
5.5 高階偏導関数 …………………………………………………………… 125

目次　v

5.6　2 変数関数のテイラーの定理 …………………………………… *128*
5.7　多変数関数の極値 ………………………………………………… *131*
5.8　陰関数の定理 ……………………………………………………… *135*
5.9　条件つき極値 ……………………………………………………… *140*
　章　末　問　題 ……………………………………………………… *143*

6.　多変数関数の積分法

6.1　重積分の定義と意味 ……………………………………………… *147*
6.2　累次積分と重積分の計算 ………………………………………… *152*
6.3　重積分の変数変換 ………………………………………………… *156*
6.4　体積や曲面積と重積分 …………………………………………… *163*
6.5　線積分とグリーンの定理 ………………………………………… *170*
　章　末　問　題 ……………………………………………………… *174*

7.　微 分 方 程 式

7.1　微 分 方 程 式 ……………………………………………………… *178*
7.2　変 数 分 離 形 ……………………………………………………… *181*
7.3　1 階線形微分方程式 ……………………………………………… *184*
7.4　2 階線形微分方程式 ……………………………………………… *186*
7.5　定数係数 2 階線形同次微分方程式 ……………………………… *192*
7.6　定数係数の 2 階線形非同次微分方程式 ………………………… *196*
7.7　定数係数の n 階線形微分方程式 ………………………………… *199*
　章　末　問　題 ……………………………………………………… *202*

付　　　　録 …………………………………………………………… *204*

A.1 一様連続 ·· 204
A.2 定理 5.14 の証明（$f(x,y)$ が一般の場合）················ 206
A.3 重積分の変数変換の証明 ································ 207
A.4 三角関数の公式 ·· 209

章末問題解答 ·· 211

索　引 ·· 228

この本で用いられる記号

論理記号
$\forall x$　任意の x　　（例）$\forall x$：実数　$x^2+1>0$
$\exists x$　ある x が存在　（例）$\exists x$：実数　$x^2-1=0$ （$x=1,-1$ のこと）
∴　したがって
∵　なぜならば

実数直線と平面
$\mathbb{R}$ = 実数全体の集合 = 実数直線
$\mathbb{R}^2 = \{(x,y) \mid x \in \mathbb{R}, y \in \mathbb{R}\} = xy$ 平面全体

集合記号
$a \in A$　a が集合 A に属す　（例）$1 \in \mathbb{R}, (2,5) \in \mathbb{R}^2$

1 数と関数

1.1 数列の極限

1.1.1 数列の極限値

自然数 n に実数 a_n を対応させた数の列 $a_1, a_2, \cdots, a_n, \cdots$ を**数列**といい，数列の各数を**項**，n 番目の項 a_n を第 n 項という．ここでは項の数が無限個の数列を取り扱い，簡単に $\{a_n\}$ で表す．

定義 1.1 数列 $\{a_n\}$ において，n を限りなく大きくしたとき $\{a_n\}$ が一定の値 α に限りなく近づいていくなら，数列 $\{a_n\}$ は α に**収束**するといい

$$\lim_{n\to\infty} a_n = \alpha \quad \text{または} \quad a_n \to \alpha \quad (n \to \infty)$$

と書く．α を数列 $\{a_n\}$ の**極限値**という．

このことは，$|a_n - \alpha|$ が 0 に近づくことを意味するから

$$\lim_{n\to\infty} a_n = \alpha \iff \lim_{n\to\infty} |a_n - \alpha| = 0.$$

数列 $\{a_n\}$ が収束しないときは，$\{a_n\}$ は**発散**するという（極限の厳密な定義（ε-論法）は 1.6 節参照）．特に，n を限りなく大きくすると a_n が限りなく大きく（小さく）なるとき，$\{a_n\}$ は**正の無限大**（**負の無限大**）に発散するといい

$$\lim_{n\to\infty} a_n = \infty \ (-\infty) \quad \text{または} \quad a_n \to \infty \ (-\infty) \quad (n \to \infty)$$

と書く．正の無限大にも負の無限大にも発散せず収束もしない数列を**振動**するという．

例 1.1 数列 $\sqrt{2}-1,\ \sqrt{6}-2,\ \sqrt{12}-3,\ \cdots,\ \sqrt{n(n+1)}-n,\ \cdots$ について考える．第 n 項の分母分子に $\sqrt{n+1}+\sqrt{n}$ を掛けて

$$\sqrt{n(n+1)}-n = \frac{\sqrt{n}}{\sqrt{n+1}+\sqrt{n}}$$

と変形できる．分母分子を $\sqrt{n}$ で割って，n を限りなく大きくすると

$$\lim_{n\to\infty}\left\{\sqrt{n(n+1)}-n\right\} = \lim_{n\to\infty}\frac{1}{\sqrt{1+\dfrac{1}{n}}+1} = \frac{1}{2}.$$

収束する数列の極限値については，つぎのことが成り立つ．

定理 1.1 $\{a_n\},\ \{b_n\}$ が収束し $\displaystyle\lim_{n\to\infty}a_n=\alpha,\ \lim_{n\to\infty}b_n=\beta$ のとき

(1) $\displaystyle\lim_{n\to\infty}(a_n+b_n)=\alpha+\beta$　(2) $\displaystyle\lim_{n\to\infty}ka_n=k\alpha$　（k : 定数）

(3) $\displaystyle\lim_{n\to\infty}a_n b_n=\alpha\beta$　(4) $\displaystyle\lim_{n\to\infty}\frac{a_n}{b_n}=\frac{\alpha}{\beta}$　（$\beta\neq 0$）

(5) $a_n\geqq 0$ ならば $\alpha\geqq 0$，$a_n\leqq b_n$ ならば $\alpha\leqq\beta$．

(6) 数列 $\{c_n\}$ に対し $a_n\leqq c_n\leqq b_n$ かつ $\alpha=\beta$ ならば，$\{c_n\}$ も収束して $\displaystyle\lim_{n\to\infty}c_n=\alpha$．

証明　(6) のみ証明する．$a_n\leqq c_n\leqq b_n$，かつ $\alpha=\beta$ なので

$$|c_n-a_n|\leqq|b_n-a_n|\leqq|b_n-\beta|+|\beta-\alpha|+|\alpha-a_n|\ \to 0.$$

ゆえに，$|c_n-\alpha|\leqq|c_n-a_n|+|a_n-\alpha|\to 0$ となり，$\{c_n\}$ は α に収束する． □

例題 1.1 $\displaystyle\lim_{n\to\infty}\sqrt[n]{n}=1$ が成り立つことを示せ．

【解答】 $n>1$ としてよい.この n 乗根をとると,$\sqrt[n]{n}>\sqrt[n]{1}=1$ であるから,$\sqrt[n]{n}=1+h_n(h_n>0)$ とおけば,2項定理より
$$n=(1+h_n)^n=1+nh_n+\binom{n}{2}h_n^2+\cdots+h_n{}^n.$$
また,$\binom{n}{2}=\dfrac{n(n-1)}{2}$ であるから $n>\dfrac{n(n-1)h_n^2}{2}$. よって
$$0<h_n^2<\frac{2}{n-1}\to 0 \quad (n\to\infty).$$
定理 1.1 (6) より $\lim_{n\to\infty}h_n^2=0$,すなわち $\lim_{n\to\infty}h_n=0$. したがって
$$\lim_{n\to\infty}\sqrt[n]{n}=1+\lim_{n\to\infty}h_n=1. \qquad\diamondsuit$$

1.1.2 単調数列

定義 1.2 数列 $\{a_n\}$ が
$$a_1\leqq a_2\leqq a_3\leqq\cdots\leqq a_n\leqq a_{n+1}\leqq\cdots$$
を満たすとき,$\{a_n\}$ は**単調増加**であるという.また,不等号 $\leqq$ の向きを逆にして**単調減少**も同様に定義する.等号がつかないときは,**狭義の単調増加**,**狭義の単調減少**であるという.

すべての番号 n について $a_n\leqq M$ が成り立つ定数 M が存在するとき,数列 $\{a_n\}$ は**上に有界**であるといい,M を**上界**という.また,不等号 $\leqq$ の向きを逆にして,**下に有界**と**下界**も同様に定義する.上にも下にも有界なとき,**有界**という.収束する数列は有界である.

例 1.2 $a_n=\dfrac{n+1}{n}$ とおくと,数列 $\{a_n\}$ は
$$a_1\geqq a_2\geqq a_3\geqq\cdots\geqq a_n\geqq a_{n+1}\geqq\cdots,\text{ かつ } 1\leqq a_n\leqq 2$$
を満たすから単調減少で有界な数列である.

1.2　実数の性質

1.2.1　実数の連続性
実数全体の集合 $\mathbb{R}$ はつぎの [1]〜[4] を満たす集合である．
[1] **四則演算**（加減乗除）ができる．
[2] **大小の順序**がつく：任意の実数の間に大小関係がある．
$$a < b, \quad a = b, \quad a > b$$
のいずれか1つのみ必ず成り立つ．
[3] 2つの相異なる実数の間には，無限に多くの実数がある．この性質を実数の**稠密性**という．
[4] 連続性がある．すなわち，つぎの連続性の公理が成り立つ．

| 連続性の公理 | 単調増加数列が上に有界ならば収束する． |

この連続性の公理はつぎのカントールの公理や上限の存在定理と同値である．

定理 1.2　（カントールの公理（区間縮小法））　実数の閉区間の縮小列
$$[a_1, b_1] \supset [a_2, b_2] \supset \cdots \supset [a_n, b_n] \supset \cdots$$
について，$\lim_{n \to \infty}(b_n - a_n) = 0$ が成り立つならば，すべての区間に含まれるただ1つの実数が存在する．

実数の性質 [1]〜[3] は，実数を有理数に替えても成り立ち，有理数全体の集合は性質 [1]〜[3] をもつ．しかし，性質 [4]（連続性）は，有理数全体の集合 $\mathbb{Q}$ では成り立たない．[4] は実数全体の集合 $\mathbb{R}$ を特徴づける性質である．

$\mathbb{R}$ の部分集合 A の任意の元 a に対し $a \leqq m$ を満たす A の元 m が存在するとき，m を集合 A の**最大元**といい，$\max A$ と書く．不等号の向きを逆にして**最小元**も同様に定義して，$\min A$ と書く．

A のどの元よりも大きい（小さい）実数が存在するとき，A は**上に有界**（**下に有界**）であるという．$\mathbb{R}$ の空でない部分集合 A が上（下）に有界のとき

$$\min\{m\,|\,m \geqq a \,(\forall a \in A)\} \quad (\max\{m\,|\,m \leqq a \,(\forall a \in A)\})$$

を A の**上限**（**下限**）といい $\sup A$ ($\inf A$) と記す．A が上（下）に有界でないときは，A の上（下）限を ∞ ($-\infty$) と定める．

定理 1.3 （上限の存在定理） $\mathbb{R}$ の空でない部分集合 A が上に有界のとき，集合 $\{m\,|\,m \geqq a \,(\forall a \in A)\}$ には必ず最小元が存在して

$$\{m\,|\,m \geqq a \,(\forall a \in A)\} = [\sup A, \infty).$$

この定理により，任意の集合 A に対し A の上限が必ず存在することがわかる．同様に，A が下に有界のとき，集合 $\{m\,|\,m \leqq a \,(\forall a \in A)\}$ には必ず最大元が存在して，$\{m\,|\,m \leqq a \,(\forall a \in A)\} = (-\infty, \inf A]$．

例 1.3 区間 $[1,2]$, $(1,2)$, $(1,2]$, $[1,\infty)$ の最小元，最大元，下限，上限をまとめると，**表 1.1** のようになる．

表 1.1　最大（小）元，上（下）限の例

A	最小元 $\min A$	最大元 $\max A$	下限 $\inf A$	上限 $\sup A$
$[1,2]$	1	2	1	2
$(1,2)$	存在しない	存在しない	1	2
$(1,2]$	存在しない	2	1	2
$[1,\infty)$	1	存在しない	1	∞

注意： (1) A の上限，下限は必ず存在するが，A の最大元，最小元は必ずしも存在するわけではない．もし A の最大元が存在すれば，そのとき $\max A = \sup A$．同様に，A の最小元が存在すれば，そのとき $\min A = \inf A$．

(2) $\max A$ は必ず A に属するが，$\sup A$ が A に属するかどうかはケース・バイ・ケースである．例えば，$A = (1,2]$ のとき $\sup A = 2$ は A に属するが，$B = (1,2)$ に対して $\sup B = 2$ は B に属さない．
$\min A$, $\inf A$ についても同様なことがいえる．

1.2.2 ネピアの数

例題 1.2 $a_n = \left(1 + \dfrac{1}{n}\right)^n$ のとき,数列 $\{a_n\}$ が収束することを示せ.

【解答】 $\{a_n\}$ が単調増加で上に有界な数列であることがいえれば,連続性の公理より収束することがわかる.まず,単調増加であることを示す.2項定理より

$$a_n = 1 + 1 + \binom{n}{2}\left(\frac{1}{n}\right)^2 + \cdots + \binom{n}{r}\left(\frac{1}{n}\right)^r + \cdots + \binom{n}{n}\left(\frac{1}{n}\right)^n, \quad (1.1)$$

$$a_{n+1} = 1 + 1 + \binom{n+1}{2}\left(\frac{1}{n+1}\right)^2 + \cdots + \binom{n+1}{r}\left(\frac{1}{n+1}\right)^r + \cdots$$
$$+ \binom{n+1}{n}\left(\frac{1}{n+1}\right)^n + \binom{n+1}{n+1}\left(\frac{1}{n+1}\right)^{n+1}. \quad (1.2)$$

ここで

$$\binom{n}{r}\left(\frac{1}{n}\right)^r = \frac{n(n-1)\cdots(n-r+1)}{r!}\left(\frac{1}{n}\right)^r = \frac{1}{r!}\left(1 - \frac{1}{n}\right)\cdots\left(1 - \frac{r-1}{n}\right), \quad (1.3)$$

$$\binom{n+1}{r}\left(\frac{1}{n+1}\right)^r = \frac{1}{r!}\left(1 - \frac{1}{n+1}\right)\cdots\left(1 - \frac{r-1}{n+1}\right). \quad (1.4)$$

また,任意の自然数について $\dfrac{k}{n} > \dfrac{k}{n+1}$ であるから $1 - \dfrac{k}{n} < 1 - \dfrac{k}{n+1}$. 式 (1.3),(1.4) より

$$\binom{n}{r}\left(\frac{1}{n}\right)^r < \binom{n+1}{r}\left(\frac{1}{n+1}\right)^r \quad (r = 2, \cdots, n).$$

ゆえに,式 (1.1) と式 (1.2) の 3 項目以降は各項ごとに式 (1.2) のほうが大きく,かつ式 (1.2) では最後の項が余分にあるから $a_n < a_{n+1}$,すなわち単調増加である.

つぎに上に有界であることを示す. $\left(1 - \dfrac{1}{n}\right)\cdots\left(1 - \dfrac{r-1}{n}\right) < 1$ を式 (1.3) の右辺に代入して $\binom{n}{r}\left(\dfrac{1}{n}\right)^r < \dfrac{1}{r!}$. これを式 (1.1) に代入して $a_n < 1 + 1 + \dfrac{1}{2!} + \dfrac{1}{3!} + \cdots + \dfrac{1}{n!}$. また,$r > 2$ のとき $r! = 1 \cdot 2 \cdot 3 \cdots r > 1 \cdot 2 \cdot 2 \cdots 2 = 2^{r-1}$ であるから,等比級数の和の公式を用いて

$$a_n < 1 + 1 + \frac{1}{2} + \frac{1}{2^2} + \cdots + \frac{1}{2^{n-1}} = 1 + \frac{1 - \left(\frac{1}{2}\right)^n}{1 - \frac{1}{2}} < 3.$$

したがって $\{a_n\}$ は上に有界な単調増加数列で，連続性の公理より収束する．◇

この極限値を e と書き，**ネピアの数**という．$e = 2.71828\cdots$ は無理数である．

$$\lim_{n \to \infty} \left(1 + \frac{1}{n}\right)^n = e. \tag{1.5}$$

例題 1.3 次式が成り立つことを示せ．
(1) $\displaystyle\lim_{n \to \infty} \left(1 + \frac{1}{n+1}\right)^n = e$ (2) $\displaystyle\lim_{n \to \infty} \left(1 - \frac{1}{n}\right)^{-n} = e$

【解答】 (1) $n + 1 = m$ とおくと，$n \to \infty$ のとき $m \to \infty$ であるから定理 1.1(3) と式 (1.5) より

$$\lim_{n \to \infty}\left(1+\frac{1}{n+1}\right)^n = \lim_{m \to \infty}\left(1+\frac{1}{m}\right)^m \cdot \lim_{m \to \infty}\left(1+\frac{1}{m}\right)^{-1} = e.$$

(2) $\displaystyle\lim_{n \to \infty}\left(1-\frac{1}{n}\right)^{-n} = \lim_{n \to \infty}\left(\frac{n-1}{n}\right)^{-n} = \lim_{n \to \infty}\left(1+\frac{1}{n-1}\right)^n$
$\displaystyle= \lim_{n \to \infty}\left(1+\frac{1}{n-1}\right)^{n-1} \cdot \lim_{n \to \infty}\left(1+\frac{1}{n-1}\right) = e \cdot 1 = e$ ◇

1.3 関数と極限

1つの変数 x の各値に対応して y の値がただ1つだけ定まるとき，y は x の1変数関数であるといい

$$y = f(x), \quad y = g(x)$$

などで表す．x を**独立変数**，y を**従属変数**という．独立変数 x のとり得る値の範囲を**定義域**，それに対応して y がとり得る値の範囲を**値域**という．

定義 1.3 $f(x)$ が a の近くで定義されているとする．点 x が $x \neq a$ を満たしながら a に限りなく近づくとき，$f(x)$ が限りなく b に近づくならば，b を $x \to a$ のときの $f(x)$ の**極限値**といい

$$\lim_{x \to a} f(x) = b \quad \text{または} \quad f(x) \to b \quad (x \to a)$$

と書く（厳密な極限の定義については，ε-δ 論法を参照）．

$\lim_{x \to a} f(x) = \infty$, $\lim_{x \to \infty} f(x) = b$, $\lim_{x \to \infty} f(x) = \infty$, $\lim_{x \to -\infty} f(x) = b$, $\lim_{x \to \infty} f(x) = -\infty$ などについても同様に定義する．

点 x が a より大きいほう（数直線の a の右側）から a に限りなく近づくとき，$f(x)$ が限りなく b に近づくならば，b を $x \to a + 0$ のときの**右極限値**といい

$$\lim_{x \to a+0} f(x) = b \quad \text{または} \quad f(x) \to b \quad (x \to a+0)$$

と書く．$x \to a - 0$ のときの**左極限値**も同様に定義する．両方の極限値が一致するとき，$x \to a$ のときの $f(x)$ の極限値が存在する．$a = 0$ のときは，$0+0$, $0-0$ の代わりに $+0$, -0 を用いる．

例 1.4 (1) $\lim_{x \to +0} \dfrac{1}{x} = \infty$, $\lim_{x \to -0} \dfrac{1}{x} = -\infty$, $\lim_{x \to \infty} \dfrac{1}{x} = 0$, $\lim_{x \to -\infty} \dfrac{1}{x} = 0$

(2) $\dfrac{x}{|x|} = \begin{cases} 1 & (x > 0) \\ -1 & (x < 0) \end{cases}$ において，$\lim_{x \to +0} \dfrac{x}{|x|} = 1$, $\lim_{x \to -0} \dfrac{x}{|x|} = -1$.

(3) $\sin \dfrac{1}{x}$ は，x を 0 に右から近づけても左から近づけても 1 と -1 の間を往復して定まらない．したがって，x を 0 に近づけたときの右極限値も左極限値も存在しない．また，$x \to \infty$ のときは $\dfrac{1}{x} \to 0$ であるから

$$\lim_{x \to \infty} \sin \dfrac{1}{x} = 0.$$

関数の極限値については，つぎの定理が定理 1.1 と同様にして示される．

定理 1.4 関数 $f(x)$, $g(x)$ について，$\lim_{x \to a} f(x) = \alpha$, $\lim_{x \to a} g(x) = \beta$ のとき

(1) $\lim_{x \to a} \{f(x) + g(x)\} = \alpha + \beta$　　(2) $\lim_{x \to a} \{kf(x)\} = k\alpha$　（k：定数）

(3) $\lim_{x \to a} f(x)g(x) = \alpha\beta$　　(4) $\lim_{x \to a} \dfrac{f(x)}{g(x)} = \dfrac{\alpha}{\beta}$　（$\beta \neq 0$）

(5) $f(x) \leq h(x) \leq g(x)$ かつ $\lim_{x \to a} f(x) = \lim_{x \to a} g(x) = \alpha$ ならば $\lim_{x \to a} h(x) = \alpha$.

右極限値，左極限値についても同様の式が成り立つ．また，$x \to a$ を $x \to \pm\infty$ におき換えても定理は成り立つ．

例題 1.4 次式が成り立つことを示せ．

(1) $\lim_{x \to \infty} \left(1 + \dfrac{1}{x}\right)^x = e$　　(2) $\lim_{x \to -\infty} \left(1 + \dfrac{1}{x}\right)^x = e$

(3) $\lim_{h \to 0} (1 + h)^{1/h} = e$

【解答】　(1) 1より大きい任意の実数 x について，$n \leq x < n+1$ を満たす整数 n が存在する．この逆数を考えて $\dfrac{1}{n} \geq \dfrac{1}{x} > \dfrac{1}{n+1}$．各辺に 1 を加えて

$1 + \dfrac{1}{n} \geq 1 + \dfrac{1}{x} > 1 + \dfrac{1}{n+1}$．指数の性質から

$$\left(1 + \dfrac{1}{n+1}\right)^n < \left(1 + \dfrac{1}{x}\right)^x < \left(1 + \dfrac{1}{n}\right)^{n+1}.$$

一方，例題 1.3 より

$$\lim_{n \to \infty} \left(1 + \dfrac{1}{n+1}\right)^n = e, \; \lim_{n \to \infty} \left(1 + \dfrac{1}{n}\right)^{n+1} = e.$$

$n \to \infty$ のとき $x \to \infty$ であるから $\lim_{x \to \infty} \left(1 + \dfrac{1}{x}\right)^x = e$.

(2) $t = -x$ とおくと，$x \to -\infty$ のとき $t \to \infty$ であるから

$$\lim_{x \to -\infty} \left(1 + \dfrac{1}{x}\right)^x = \lim_{t \to \infty} \left(1 - \dfrac{1}{t}\right)^{-t} = \lim_{t \to \infty} \left(\dfrac{t-1}{t}\right)^{-t}$$

$$= \lim_{t\to\infty}\left(\frac{t}{t-1}\right)^t = \lim_{t\to\infty}\left(1+\frac{1}{t-1}\right)^{t-1}\left(1+\frac{1}{t-1}\right)$$

$$= \lim_{t\to\infty}\left(1+\frac{1}{t-1}\right)^{t-1}\lim_{t\to\infty}\left(1+\frac{1}{t-1}\right) = e.$$

(3) $h=\dfrac{1}{x}$ とおくと $x=\dfrac{1}{h}$, $h \to 0$ のとき $x \to \pm\infty$ だから, (1), (2) より

$$\lim_{h\to 0}(1+h)^{1/h} = \lim_{x\to\pm\infty}\left(1+\frac{1}{x}\right)^x = e. \qquad \diamond$$

例題 1.5 次式が成り立つことを示せ.

$$\lim_{x\to 0}\frac{\sin x}{x} = 1.$$

【解答】 $0 < x < \dfrac{\pi}{2}$ のとき, 図 1.1 のように半径 1 の円の周上に $\angle AOB = x$ となる点 A, B をとり $\triangle OAB$, 扇形 OAB, 直角三角形 OAC を考えると $\triangle OAB \subset$ 扇形 $OAB \subset \triangle OAC$ が成り立ち, 面積を求めると

$$\frac{1}{2}\sin x < \frac{1}{2}x < \frac{1}{2}\tan x$$

となる. この各辺を $\dfrac{1}{2}\sin x (>0)$ で割り逆数をとると $1 > \dfrac{\sin x}{x} > \cos x$.

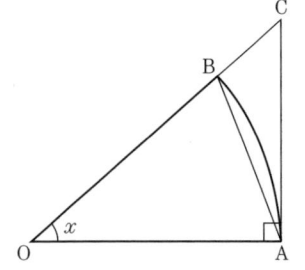

図 1.1 $\triangle OAB \subset$ 扇形 $OAB \subset \triangle OAC$

$x \to +0$ のとき $\cos x \to 1$ であるから, $1 \geqq \lim_{x\to +0}\dfrac{\sin x}{x} \geqq \lim_{x\to +0}\cos x = 1$.

$x < 0$ のとき, $x = -t$ とおくと $t > 0$ であるから

$$\lim_{x\to -0}\frac{\sin x}{x} = \lim_{t\to +0}\frac{\sin(-t)}{-t} = \lim_{t\to +0}\frac{\sin t}{t} = 1. \quad \therefore \quad \lim_{x\to 0}\frac{\sin x}{x} = 1. \quad \diamond$$

1.4 関数に関する性質

1.4.1 関数の連続性

定義 1.4 $x = a$ およびその近くで定義された関数 $f(x)$ が $x = a$ で極限

値をもち，その値が $f(a)$ と一致するとき，$f(x)$ は $x=a$ で**連続**であるという．

すなわち $\lim_{x \to a} f(x)$ が存在して

$$\lim_{x \to a} f(x) = f(a) \quad \text{または} \quad \lim_{h \to 0} f(a+h) = f(a)$$

が成り立つとき，連続であるという．$x \to a$ の代わりに $x \to a+0 (x \to a-0)$ のとき，**右連続**（**左連続**）であるという．右連続かつ左連続である，ということと，連続である，ということは同値である．定義域のすべての点で連続のとき，関数 $f(x)$ は連続であるという．定理 1.4 より，関数の連続性についてつぎの定理が成り立つ．

定理 1.5 (連続関数の和・差・積・商) $f(x)$, $g(x)$ が $x=a$ で連続ならば，つぎの関数もまた $x=a$ で連続である．

$$f(x) + g(x),\ kf(x)\,(k:\text{定数}),\ f(x)g(x),\ \frac{f(x)}{g(x)}\,(g(a) \neq 0).$$

例 1.5 (1) $\sin x$ は $(-\infty, \infty)$ で連続である．なぜならば，例題 1.5 の解答の部分で述べたことより，$-\frac{\pi}{2} < h < 0,\ 0 < h < \frac{\pi}{2}$ のとき $\frac{\sin h}{h} < 1$. すなわち，$0 < |h| < \frac{\pi}{2}$ のとき，$|\sin h| < |h|$.

また，すべての実数 a と十分小さい h に対して，三角関数の和差から積への変換公式と $\left|\cos\left(a + \frac{h}{2}\right)\right| \leq 1$ より

$$|\sin(a+h) - \sin a| = \left|2\sin\frac{h}{2}\cos\left(a + \frac{h}{2}\right)\right| \leq 2\left|\sin\frac{h}{2}\right| \leq |h|.$$

したがって $\lim_{h \to 0} \sin(a+h) = \sin a$，すなわち $\sin x$ は $(-\infty, \infty)$ で連続である．

(2) $f(x) = \begin{cases} \sin\dfrac{1}{x} & (x \neq 0) \\ 0 & (x = 0) \end{cases}$ は $x=0$ で右極限値も左極限値も存在しな

いので，右連続でも左連続でもない．もちろん $x=0$ で連続でない．

例題 1.6 $f(x) = \begin{cases} x\sin\dfrac{1}{x} & (x \neq 0) \\ 0 & (x = 0) \end{cases}$ は $x=0$ で連続になることを示せ．

【解答】 $\left|\sin\dfrac{1}{x}\right| \leq 1$ より，$\left|x\sin\dfrac{1}{x} - 0\right| = |x|\left|\sin\dfrac{1}{x}\right| \leq |x| \to 0 \ (x \to 0)$.
ゆえに，$\displaystyle\lim_{x \to 0} x\sin\dfrac{1}{x} = 0 = f(0)$ であるから，$x=0$ で連続である． ◇

つぎの中間値の定理は，直感的にはグラフから明らかであるが，ここでは，定理 1.2（区間縮小法）の閉区間の縮小列を用いて証明する．

定理 1.6 （中間値の定理） $f(x)$ が閉区間 $[a, b]$ において連続で $f(a) \neq f(b)$ ならば，$f(a)$ と $f(b)$ の間の任意の値 α に対して

$$f(c) = \alpha \quad (a < c < b) \tag{1.6}$$

を満たす c が少なくとも 1 つ存在する．

証明 $f(a) \neq f(b)$ であるから，$f(a) < f(b)$ または $f(a) > f(b)$ である．そこでつぎのような閉区間の縮小列をつくり，連続性の公理と関数の連続性から条件 (1.6) を満たす c を求める．$f(a) < f(b)$ のとき $[a_1, b_1] = [a, b]$ とおき，帰納法により $[a_n, b_n]$ からつぎの手順で $[a_{n+1}, b_{n+1}]$ を作る．閉区間の中点を $k_n = \dfrac{a_n + b_n}{2}$ とおく．

① $f(k_n) \geq \alpha$ のとき，$a_{n+1} = a_n$, $b_{n+1} = k_n$.
② $f(k_n) < \alpha$ のとき，$a_{n+1} = k_n$, $b_{n+1} = b_n$.

作り方から，もし途中で $f(k_n) = \alpha$ を満たす k_n が存在すれば $k_n = c$ とおき，定理は成り立つ．そうでないとき

$$[a_1, b_1] \supset [a_2, b_2] \supset \cdots \supset [a_n, b_n] \supset \cdots .$$

これは，閉区間の縮小列であり，区間の幅は $\dfrac{1}{2}$ ずつ縮小していくから

$$b_n - a_n = (b - a)\left(\dfrac{1}{2}\right)^{n-1} \to 0 \quad (n \to \infty).$$

1.4 関数に関する性質

定理 1.2 より，すべての閉区間 $[a_n, b_n]$ に含まれるただ 1 つの実数 c が存在する．このとき $\lim_{n\to\infty} a_n = \lim_{n\to\infty} b_n = c$．また，作り方から $f(a_n) \leqq \alpha \leqq f(b_n)$．

一方，関数 $f(x)$ が閉区間 $[a, b]$ において連続であるから

$$\lim_{n\to\infty} f(a_n) = f(c) = \lim_{n\to\infty} f(b_n).$$

したがって $f(c) = \alpha \quad (a < c < b)$．

$f(a) > f(b)$ のときも同様にして成り立つ． □

中間値の定理からつぎの定理が成り立つ．

定理 1.7 $f(x)$ が閉区間 $[a, b]$ において連続かつ $f(a)$, $f(b)$ の符号が異なるとき，方程式 $f(x) = 0$ は，この区間内に少なくとも 1 つの解をもつ．

証明 $f(a)$, $f(b)$ の符号が異なるとき，$f(a)$, $f(b)$ の間に必ず 0 があるから，$\alpha = 0$ とおき中間値の定理を適応すると

$$f(c) = 0 \quad (a < c < b)$$

を満たす c が少なくとも 1 つ存在する．この c が解である． □

関数 $f(x)$ の定義域を A とするとき，$f(A) = \{f(x)|\ x \in A\}$ が上に有界ならば $f(x)$ は**上に有界**であるという．$f(A)$ の**上限**を

$$\sup_{x \in A} f(x), \quad \sup\{f(x)|\ x \in A\}, \quad \sup f$$

と書く．上限が値域 $f(A)$ に含まれているとき，それを**最大値**といい，sup の代わりに max を使う．**下に有界**，**下限**も同様に定義して

$$\inf_{x \in A} f(x), \quad \inf\{f(x)|\ x \in A\}, \quad \inf f$$

と書く．下限が値域 $f(A)$ に含まれているとき，それを**最小値**といい，inf の代わりに min を使う．$f(x)$ が上にも下にも有界なとき，$f(x)$ は**有界**であるという．関数の最大値，最小値についてつぎの定理が成り立つ．

定理 1.8 関数 $f(x)$ が閉区間 $[a, b]$ において連続ならば,この区間で最大値,最小値をとる.

この定理は,閉区間でなければ成り立たない.例えば,開区間 $\left(-\dfrac{\pi}{2}, \dfrac{\pi}{2}\right)$ において,$f(x) = \tan x$ は連続であるが,最大値も最小値もとらない.

1.4.2 合成関数

y が u の関数 $y = g(u)$ で,u が x の関数 $u = f(x)$ であるとき,y は x の関数になる.この2つの関数をこの順序であわせた対応を表す関数

$$y = g(f(x))$$

を f と g の**合成関数**といい,$g \circ f$ と書く.

定理 1.9 $u = f(x)$ が $x = a$ で連続,かつ $y = g(u)$ が $u = f(a)$ において連続であるとき,合成関数 $y = g(f(x))$ は $x = a$ で連続である.

証明 $u = f(x)$ が $x = a$ で連続であるから,$x \to a \ (x \neq a)$ のとき $f(x) \to f(a)$.また,$y = g(u)$ が $u = f(a)$ において連続であるから

$$u \to f(a) \ (u \neq f(a)) \text{ のとき } g(u) \to g(f(a)).$$

よって,$x \to a \ (x \neq a)$ のとき,$f(x) \neq f(a)$ の状態で a に近づけると

$$g(f(x)) \to g(f(a)).$$

また,$x \to a \ (x \neq a)$ のとき,$f(x) = f(a)$ の状態で a に近づけると

$$g(f(x)) = g(f(a)).$$

したがって,いずれの場合も $\lim_{x \to a} g(f(x)) = g(f(a))$ が成り立つから,$x = a$ で連続である. □

例 1.6 (1) $\cos x = \sin\left(x + \dfrac{\pi}{2}\right)$ は $u = x + \dfrac{\pi}{2}$ と $y = \sin u$ の合成関数であ

る．どちらも $(-\infty, \infty)$ で連続であるから，$\cos x$ は $(-\infty, \infty)$ で連続である．

(2) $f(x) = \begin{cases} \sin \dfrac{1}{x} & (x \neq 0) \\ 0 & (x = 0) \end{cases}$ は $x \neq 0$ のとき $u = \dfrac{1}{x}$ と $y = \sin u$ の合成関数である．$u = \dfrac{1}{x}$ は $x \neq 0$ で連続な関数で，$y = \sin u$ はすべての u で連続であるから，$f(x)$ は $x \neq 0$ で連続である．一方，$\lim_{x \to 0} \sin \dfrac{1}{x}$ が存在しないので，$x = 0$ で $f(x)$ は連続でない．

(3) $g(x) = \begin{cases} x \sin \dfrac{1}{x} & (x \neq 0) \\ 0 & (x = 0) \end{cases}$ は (2) の関数 $f(x)$ と x の積であるから，定理 1.5 より $x \neq 0$ で連続である．したがって，例題 1.6 よりすべての x で連続な関数である．

定義 1.5 関数 $f(x)$ が

$$x_1 < x_2 \quad \text{ならば} \quad f(x_1) < f(x_2)$$

をつねに満たすとき，$f(x)$ は**単調増加関数**，または単調増加であるという．**単調減少関数**，または単調減少についても同様に定義する．単調増加関数と単調減少関数を合わせ**単調関数**という．

例 1.7 (1) 指数関数 $y = a^x$ $(a > 0, a \neq 1)$ はすべての x で連続な関数である．$a > 1$ のときは単調増加，$0 < a < 1$ のときは単調減少な関数である．

(2) 三角関数 $y = \sin x$ は，閉区間 $\left[-\dfrac{\pi}{2}, \dfrac{\pi}{2} \right]$ で単調増加な関数である．

1.4.3 逆　関　数

定義 1.6 関数 $f(x)$ の定義域を A，値域を B とするとき，B の任意の要

素 y に対して $y = f(x)$ を満たす x が存在してただ 1 つ定まるとき, y に x を対応させる関数を考えることができる. この関数を f^{-1} で表し, 関数 f の**逆関数**という.

$$y = f(x) \iff x = f^{-1}(y).$$

一般に独立変数を x, 従属変数を y で表すので y と x の文字を入れ替えた $y = f^{-1}(x)$ を $y = f(x)$ の逆関数という. 逆関数 $y = f^{-1}(x)$ は, $y = f(x)$ の x と y を入れ替えた式に等しいので, グラフは直線 $y = x$ に関して対称になる. 単調増加 (単調減少) な連続関数についてつぎの定理が成り立つ.

定理 1.10 関数 $f(x)$ が連続かつ単調増加 (単調減少) のとき, 逆関数 $f^{-1}(x)$ が存在して, 逆関数も連続かつ単調増加 (単調減少) である.

証明　f が区間 $[a, b]$ で単調増加の場合について示す. 単調増加であるから, $[a, b]$ 内の任意の点 x について

$a < x < b$ のとき, $f(a) < f(x) < f(b)$.

f が連続なので, $f(a) \leqq y \leqq f(b)$ を満たす任意の y について, 中間値の定理より

$$f(x) = y \tag{1.7}$$

を満たす x が存在する. 特に f の値域は $[f(a), f(b)]$ に一致する. また, f は単調増加なので $x_1 \neq x_2$ のとき $f(x_1) \neq f(x_2)$. ゆえに, 式 (1.7) を満たす x はただ 1 つであり, y に対しこの x を対応させる関数が f の逆関数 f^{-1} である. すなわち

$$f(x) = y \iff x = f^{-1}(y).$$

つぎに単調増加であることを示す. $f(a) \leqq y_1 < y_2 \leqq f(b), f(x_1) = y_1, f(x_2) = y_2$ のとき, $x_1 \geqq x_2$ とすれば, $y_1 = f(x_1) \geqq f(x_2) = y_2$ となり仮定に反する. したがって, $x_1 < x_2$ となり f^{-1} は単調増加である. また, グラフより, f^{-1} が連続であることは直感的にわかる. 単調減少のときも同様にして成り立つ. □

例 1.8 指数関数は単調関数であるから, 逆関数をもつ. この逆関数を $y = \log_a x$ と書き, a を底とする**対数関数**という. 指数関数と対数関数は共に $a > 1$ のとき

は単調増加, $0 < a < 1$ のときは単調減少な関数である (図 **1.2**). 特に, $a = e$ のとき, $\log_e x$ を単に $\log x$ と書く. また, 指数関数 e^x は $\exp(x)$ で表すこともある.

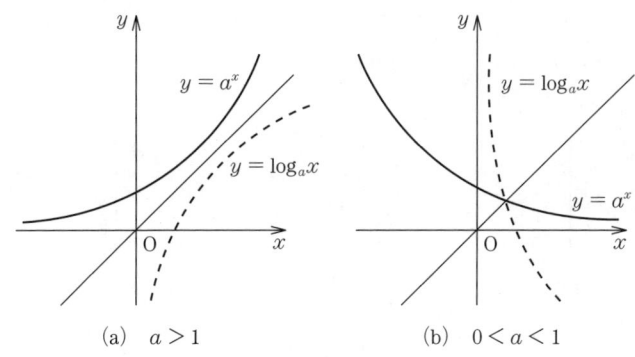

(a) $a > 1$　　　　(b) $0 < a < 1$

図 **1.2** 指数関数と対数関数

例題 1.7 次式が成り立つことを示せ.

(1) $\displaystyle \lim_{x \to 0} \frac{\log(x+1)}{x} = 1$　　(2) $\displaystyle \lim_{h \to 0} \frac{e^h - 1}{h} = 1$

【解答】 (1) 例題 1.4(3) と $\log x$ の連続性より

$$\lim_{x \to 0} \frac{\log(x+1)}{x} = \lim_{x \to 0} \log(x+1)^{1/x} = \log\{\lim_{x \to 0} (x+1)^{1/x}\} = \log e = 1.$$

(2) $e^h - 1 = t$ とおくと $t + 1 = e^h$. この両辺の対数を考えると $h = \log(t+1)$. また, $h \to 0$ のとき $t \to 0$ であるから (1) の逆数を考えて

$$\lim_{h \to 0} \frac{e^h - 1}{h} = \lim_{t \to 0} \frac{t}{\log(t+1)} = 1. \qquad \diamondsuit$$

1.5 逆三角関数

ここでは, 三角関数の逆関数を考える. 正弦関数 $y = \sin x$ の定義域は $(-\infty, \infty)$, 値域は $[-1, 1]$ である. この関数の単調増加の範囲 $-\dfrac{\pi}{2} \leqq x \leqq \dfrac{\pi}{2}$ で逆関数を考える. この範囲で y に対して x はただ 1 つ決まるから逆関数は存

在する．この関数を**逆正弦関数（アークサイン）**といい，$\sin^{-1} x$ と書く（図 **1.3**(a)）．定義域は $[-1, 1]$，値域は $\left[-\dfrac{\pi}{2}, \dfrac{\pi}{2}\right]$ になり，$y = \sin^{-1} x$，$y = \sin x$ のグラフは直線 $y = x$ に関して対称である．

$$y = \sin^{-1} x \iff x = \sin y.$$

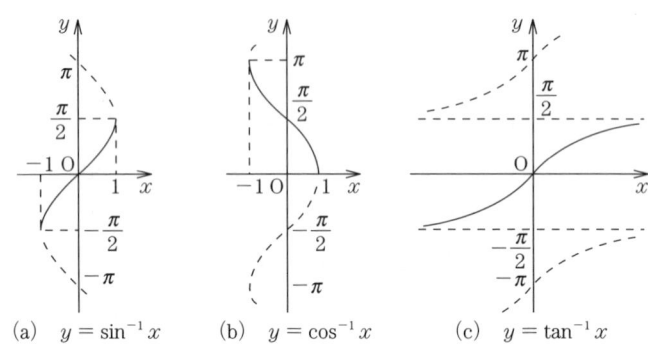

図 **1.3** 逆三角関数

余弦関数 $y = \cos x$ は単調減少の範囲 $0 \leq x \leq \pi$ で逆関数を考える．この逆関数を**逆余弦関数（アークコサイン）**といい，$y = \cos^{-1} x$ と書く．定義域は $[-1, 1]$，値域は $[0, \pi]$ である（図 (b)）．同様に，正接関数 $y = \tan x$ は単調増加の範囲 $-\dfrac{\pi}{2} < x < \dfrac{\pi}{2}$ で逆関数を考える．この逆関数を**逆正接関数（アークタンジェント）**といい，$y = \tan^{-1} x$ と書く．定義域は $(-\infty, \infty)$，値域は $\left(-\dfrac{\pi}{2}, \dfrac{\pi}{2}\right)$ である（図 (c)）．

例 1.9 $\sin\dfrac{\pi}{2} = 1$, $\cos 0 = 1$, $\cos\dfrac{\pi}{2} = 0$, $\tan 0 = 0$, $\tan\dfrac{\pi}{4} = 1$ より
$\sin^{-1} 1 = \dfrac{\pi}{2}$, $\cos^{-1} 1 = 0$, $\cos^{-1} 0 = \dfrac{\pi}{2}$, $\tan^{-1} 0 = 0$, $\tan^{-1} 1 = \dfrac{\pi}{4}$.

例題 1.8 つぎの値を求めよ．
(1) $\sin^{-1}\dfrac{1}{2}$ (2) $\cos^{-1}\left(-\dfrac{\sqrt{2}}{2}\right)$ (3) $\tan^{-1}(-\sqrt{3})$

【解答】 (1) $\theta = \sin^{-1}\frac{1}{2}$ とおくと,$\sin\theta = \frac{1}{2}$ かつ $-\frac{\pi}{2} \leqq \theta \leqq \frac{\pi}{2}$. ゆえに
$\sin^{-1}\frac{1}{2} = \frac{\pi}{6}$.

(2) $\theta = \cos^{-1}\left(-\frac{\sqrt{2}}{2}\right)$ とおくと,$\cos\theta = -\frac{\sqrt{2}}{2}$ かつ $0 \leqq \theta \leqq \pi$. ゆえに
$\cos^{-1}\left(-\frac{\sqrt{2}}{2}\right) = \frac{3\pi}{4}$.

(3) $\theta = \tan^{-1}(-\sqrt{3})$ とおくと,$\tan\theta = -\sqrt{3}$ かつ $-\frac{\pi}{2} < \theta < \frac{\pi}{2}$. ゆえに
$\tan^{-1}(-\sqrt{3}) = -\frac{\pi}{3}$. ◇

例題 1.9 $\sin^{-1}x + \cos^{-1}x = \frac{\pi}{2}$ が成り立つことを示せ.

【解答】 $\sin^{-1}x = \theta$ とおくと,$\sin\theta = x$ $\left(-\frac{\pi}{2} \leqq \theta \leqq \frac{\pi}{2}\right)$. 一方 $\cos\left(\frac{\pi}{2} - \theta\right)$
$= \sin\theta$ より $\cos\left(\frac{\pi}{2} - \theta\right) = x$ $\left(0 \leqq \frac{\pi}{2} - \theta \leqq \pi\right)$. したがって $\frac{\pi}{2} - \theta = \cos^{-1}x$.
すなわち $\sin^{-1}x + \cos^{-1}x = \frac{\pi}{2}$. ◇

1.6　ε-δ　論　法

前の節で数列の極限や関数の極限について定義し議論を進めてきた.しかし,微分積分学の議論が深まるにつれ,極限の微妙な部分が理論に関わり,極限に関し定式化を試みる必要性が生じる.極限の定式化については,論理記号や不等式を用い極限を厳密に定義したり,ランダウの記号を用い極限についてやや精密に議論を行うなど,さまざまな方法がある.この節では,前者の方法,いわゆる "ε-δ 論法"(数列の場合は "ε-論法" ということもある)についての簡単な解説をする.

1.6.1　数列の収束
数列 $\{a_n\}$ が α に収束しているとすると

$n \to \infty$ のとき,$a_n \to \alpha$.

これはつぎのようにいい換えられる．

$n \to \infty$ のとき，$|a_n - \alpha| \to 0$.

ε 論法とは，上の式をつぎのように解釈しようというものである．

『α を含むどんな小さな区間をとっても，n の値を大きくすれば必ず a_n はその区間の中に入る』．

これを式で表現すると

『α を含むどんな小さな区間をとっても
$\qquad$ = 任意の正の数 ε に対し，区間 $(\alpha - \varepsilon, \alpha + \varepsilon)$ を考えると 』，

『n が大きくなれば必ず
$\qquad$ = ある自然数 N が存在して，n が $n > N$ を満たすならば
$\qquad$ = $\exists N, \forall n\, (n > N)$ ならば 』，

『a_n はその区間の中に入る
$\qquad = a_n \in (\alpha - \varepsilon, \alpha + \varepsilon)$
$\qquad = |a_n - \alpha| < \varepsilon$ 』．

以上を合わせ，数列の極限に関するつぎの定義を得る．

定義 1.7 (ε-論法による数列の極限の定義)　任意の正の数 ε に対して，ある自然数 N が存在して
$\qquad n > N$ ならば，$|a_n - \alpha| < \varepsilon$.

これが，『$n \to \infty$ のとき，数列 $\{a_n\}$ が α に収束する』という概念を ε-δ 論法を用いて表したものである．

上の表現を，論理記号 "$\forall$" や "$\exists$" を用いて簡略に書くと

$$\forall \varepsilon > 0,\ \exists N > 0;\ n > N \implies |a_n - \alpha| < \varepsilon.$$

例 1.10 $a_n = \dfrac{1+n}{n}$ により定義される数列 $\{a_n\}$ が 1 に収束することを，ε-δ 論法により証明してみる．任意の正の数 ε に対して，自然数 N として $N > \dfrac{1}{\varepsilon}$ を満たすような整数をとると，$n > N$ ならば

$$|a_n - 1| = \left|\frac{1+n}{n} - 1\right| = \frac{1}{n} < \frac{1}{N} < \varepsilon.$$

したがって，数列 $\{a_n\}$ は 1 に収束する．

1.6.2 関数の極限

x を $x \neq a$ を満たしながら a に近づけるとき，$f(x)$ の値が l に限りなく近づくならば，$f(a)$ の a における極限値は l である．すなわち

$$\lim_{x \to a} f(x) = l.$$

このことを，数列のときと同様 "ε-δ 論法" を用いて表してみよう．

$$\left\{\begin{array}{l} x \text{ が } x \neq a \text{ を満たしながら } a \text{ に} \\ \text{近づくとき，} f(x) \text{ の値が } l \text{ に限} \\ \text{りなく近づく} \end{array}\right\} \iff \left\{\begin{array}{l} x \text{ が } x \neq a \text{ を満たしながら} \\ a \text{ に近づくとき，} \\ |f(x) - l| \to 0 \end{array}\right\}$$

右辺は

『l を含むどんな小さな区間をとっても，$x\ (x \neq a)$ が十分 a に近ければ，$f(x)$ はその区間の中に入る』．

数列のときと同様，これを式で表現すると，つぎの定義を得る．

定義 1.8（**ε-δ 論法による関数の極限の定義**） 任意の正の数 ε に対して，ある正の数 δ が存在して

$$0 < |x - a| < \delta \quad \text{ならば} \quad |f(x) - l| < \varepsilon.$$

以上が『$\lim_{x \to a} f(x) = l$』を ε-δ 論法を用いて表したものである．論理記号 "$\forall$" や "$\exists$" を用いて書くと

$$\forall \varepsilon > 0, \exists \delta > 0; \ 0 < |x - a| < \delta \implies |f(x) - l| < \varepsilon.$$

例 1.11 $f(x) = x^2$ に対し，$\lim_{x \to 3} f(x) = 9$ が成立することを ε-δ 論法に従い証明する．$x^2 - 9 = (x - 3)(x + 3)$ で，かつ $|x + 3| = |(x - 3) + 6| \leqq |x - 3| + 6$ が成立するので，任意の正の数 ε に対し，正の数 δ を $\delta = \min\{\varepsilon/7, 1\}$ で定めると

$$0 < |x - 3| < \delta \quad \text{ならば,}$$

$$|f(x) - 9| = |(x - 3)(x + 3)| \leqq |x - 3|(|x - 3| + 6) < \frac{\varepsilon}{7}(1 + 6) = \varepsilon.$$

したがって，$\lim_{x \to 3} f(x) = 9$ が成立する．

本書で，ε-δ 論法が本質的に用いられる箇所は

(1) 連続関数が閉区間上積分可能であるという定理 4.6 の証明

(2) 適当な条件の下に，陰関数が連続になるという定理 5.15 の証明

などである．

章 末 問 題

【1】 等比数列 $\{r^n\}$ の極限について，つぎが成り立つことを示せ．

$$\lim_{n \to \infty} r^n = \begin{cases} \infty & (r > 1), \\ 1 & (r = 1), \\ 0 & (-1 < r < 1), \\ 振動 & (r \leqq -1). \end{cases}$$

【2】 つぎの数列の極限値を求めよ．

(1) $\left\{\dfrac{2n}{3n - 1}\right\}$ (2) $\{n\sqrt{n + 1} - n\sqrt{n}\}$ (3) $\left\{\dfrac{2^n - 5^n}{5^n + 1}\right\}$

(4) $\left\{\dfrac{n \cos n^2 + 1}{n^2 + 1}\right\}$ (5) $\left\{\dfrac{4^n + 2^n}{(2^n)^2 - 3^n}\right\}$

【3】 $\lim_{n \to \infty} \sqrt[n]{a} = 1 \ (a > 0)$ が成り立つことを示せ．

章末問題

【4】 $\sqrt{2}$ は有理数でないことを示せ.

【5】 次式が成り立つことを示せ.
   (1) $\displaystyle\lim_{n\to\infty}\left(1+\frac{1}{n}\right)^{n+1}=e$ (2) $\displaystyle\lim_{n\to\infty}\left(1+\frac{1}{3n}\right)^{n}=\sqrt[3]{e}$
   (3) $\displaystyle\lim_{n\to\infty}\left(1-\frac{2}{n}\right)^{5n}=e^{-10}$

【6】 つぎの数列は有界で単調増加であることを示し, 極限を求めよ.
$$a_1=1,\quad a_{n+1}=\sqrt{a_n+2}\quad [\text{ヒント}:a_n<2\text{ を示す}]$$

【7】 つぎの極限値を求めよ.
   (1) $\displaystyle\lim_{x\to\pm\infty}\left(1+\frac{k}{x}\right)^{x}\quad(k\neq 0)$ (2) $\displaystyle\lim_{x\to 0}(1+ax)^{1/x}\quad(a\neq 0)$
   (3) $\displaystyle\lim_{x\to\infty}\frac{x+\sin x}{x+\cos x}$ (4) $\displaystyle\lim_{x\to 0}\frac{\sin ax}{\tan bx}\quad(a:\text{定数},\ b\neq 0)$

【8】 $f(x)=\begin{cases}\dfrac{\sin x}{x} & (x\neq 0)\\ 1 & (x=0)\end{cases}$ は $(-\infty,\infty)$ で連続であることを示せ.

【9】 方程式 $2x=\cos x$ は区間 $\left(0,\dfrac{\pi}{2}\right)$ で少なくとも 1 つの解をもつことを示せ.
   [ヒント:定理 1.7 を使う]

【10】 方程式 $(x^2-1)\cos x+\sqrt{2}\sin x=1$ は, 区間 $(0,1)$ で少なくとも 1 つの解をもつことを示せ.

【11】 つぎの関数 $f(x),\ g(x)$ の合成関数 $f(g(x)),\ g(f(x))$ を求めよ.
   (1) $f(x)=\dfrac{1}{\sqrt{x}},\ g(x)=x^2+1$ (2) $f(x)=e^x,\ g(x)=x^2$

【12】 つぎの関数の逆関数を求め, $y=f(x)$ と $y=f^{-1}(x)$ のグラフの概形を描け.
   (1) $f(x)=x^2+1\quad(x\geq 0)$ (2) $f(x)=\sqrt{1+x}$

【13】 つぎの値を求めよ.
   (1) $\sin^{-1}\dfrac{\sqrt{2}}{2}$ (2) $\cos^{-1}\dfrac{\sqrt{3}}{2}$ (3) $\sin^{-1}\left(-\dfrac{\sqrt{3}}{2}\right)$
   (4) $\tan^{-1}\left(-\dfrac{\sqrt{3}}{3}\right)$

【14】 つぎの値を求めよ.
   (1) $\sin\left(\cos^{-1}\dfrac{4}{5}\right)$ (2) $\cos\left(\sin^{-1}\dfrac{5}{13}\right)$ (3) $\cos\left(\tan^{-1}2\sqrt{2}\right)$
   (4) $\cos\left(\tan^{-1}\sqrt{5}\right)$ (5) $\sin\left(2\cos^{-1}\dfrac{3}{5}\right)$ (6) $\tan^{-1}\dfrac{1}{2}+\tan^{-1}\dfrac{1}{3}$

【15】 $x \geqq 0$ のとき，つぎの等式を証明せよ．

(1) $\cos^{-1} x = \sin^{-1}\sqrt{1-x^2}$ 　　(2) $\sin^{-1}\dfrac{x}{\sqrt{1+x^2}} = \tan^{-1} x$

(3) $\tan^{-1}\dfrac{x}{\sqrt{1-x^2}} = \sin^{-1} x$

【16】 つぎの式で定義される関数を **双曲線関数** と呼び，それぞれハイパボリックサイン，ハイパボリックコサイン，ハイパボリックタンジェントという．

$$\sinh x = \frac{e^x - e^{-x}}{2}, \quad \cosh x = \frac{e^x + e^{-x}}{2}, \quad \tanh x = \frac{\sinh x}{\cosh x} = \frac{e^x - e^{-x}}{e^x + e^{-x}}$$

つぎの式が成り立つことを示せ．

(1) $\cosh^2 x - \sinh^2 x = 1$

(2) $\sinh(x+y) = \sinh x \cosh y + \cosh x \sinh y$

(3) $\cosh(x+y) = \cosh x \cosh y + \sinh x \sinh y$

(4) $\tanh(x+y) = \dfrac{\tanh x + \tanh y}{1 + \tanh x \tanh y}$

【17】 双曲線関数の逆関数が次式になることを示せ．また，双曲線関数 $\sinh x$, $\cosh x$ と $\sinh^{-1} x$, $\cosh^{-1} x$ のグラフの概形を描け．ただし，$\cosh x$ は単調増加な範囲 ($x \geqq 0$) で逆関数を考える．

(1) $\sinh^{-1} x = \log(x + \sqrt{x^2 + 1})$ 　　(2) $\cosh^{-1} x = \log(x + \sqrt{x^2 - 1})$

(3) $\tanh^{-1} x = \dfrac{1}{2} \log \dfrac{1+x}{1-x}$ 　　$(-1 < x < 1)$

2 1変数の関数の微分法

2.1 微分係数の定義と接線

$x = a$ を含む開区間で定義された関数 $f(x)$ について,極限値 $\displaystyle\lim_{x \to a} \frac{f(x) - f(a)}{x - a}$ が存在するとき,$f(x)$ は $x = a$ で**微分可能**であるという.この極限値を $x = a$ における**微分係数**といい,次式で定義する.

定義 2.1 (微分係数)
$$f'(a) = \lim_{x \to a} \frac{f(x) - f(a)}{x - a} \tag{2.1}$$

$f'(a)$ は $h = x - a$ とおけば

$$f'(a) = \lim_{h \to 0} \frac{f(a+h) - f(a)}{h}$$

とも書ける.つぎに $f'(a)$ の幾何学的な意味を考える.$\dfrac{f(b) - f(a)}{b - a}$ は,$y = f(x)$ のグラフ上の 2 点 $\mathrm{P}(a, f(a))$, $\mathrm{Q}(b, f(b))$ を通る直線の傾きで,直線の式は

$$y - f(a) = \frac{f(b) - f(a)}{b - a}(x - a)$$

である.b を a に近づけた場合の極限値が微分係数であるから,微分可能であ

るということは，$f'(a)$ を傾きにもつ直線が存在するということである．この直線が点 $(a, f(a))$ における $y = f(x)$ の接線になることを示す．

定義 2.2 $y = f(x)$ で定義される曲線上の点を $\mathrm{P}(a, f(a))$ とし，P を通る直線を l とする．また，曲線上の P とは異なる点 $\mathrm{Q}(b, f(b))$ に対し，H を点 Q から直線 l に下ろした垂線の足とする．このとき

$$\lim_{b \to a} \frac{\text{線分 QH の長さ}}{\text{線分 PQ の長さ}} = 0$$

が成り立つならば，直線 l を点 P における**接線**という（図 2.1）．

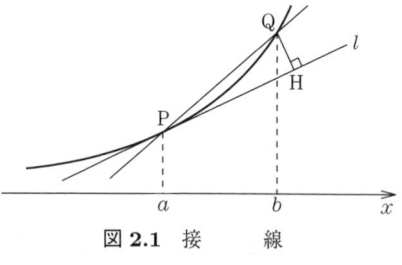

図 2.1　接　　線

定理 2.1 関数 $y = f(x)$ が $x = a$ で微分可能なとき，関数 $y = f(x)$ で定まる曲線上の点 $\mathrm{P}(a, f(a))$ を通る接線が存在し，つぎの形で与えられる．

$$y - f(a) = f'(a)(x - a). \tag{2.2}$$

証明　点 P を通る直線 l の式を $\alpha(x - a) + \beta(y - f(a)) = 0 \quad (\alpha^2 + \beta^2 \neq 0)$ とおけば

$$\text{線分 QH の長さ} = \frac{|\alpha(b - a) + \beta(f(b) - f(a))|}{\sqrt{\alpha^2 + \beta^2}},$$

$$\text{線分 PQ の長さ} = \sqrt{(b - a)^2 + (f(b) - f(a))^2}$$

より，分母と分子を $|b - a|$ で割って

$$\lim_{b \to a} \frac{\text{線分 QH の長さ}}{\text{線分 PQ の長さ}} = \lim_{b \to a} \frac{\left| \alpha + \beta \dfrac{f(b) - f(a)}{b - a} \right|}{\sqrt{1 + \left(\dfrac{f(b) - f(a)}{b - a} \right)^2} \sqrt{\alpha^2 + \beta^2}}$$

$$= \frac{|\alpha + \beta f'(a)|}{\sqrt{1 + (f'(a))^2} \sqrt{\alpha^2 + \beta^2}}.$$

ゆえに，$\displaystyle\lim_{b \to a} \frac{\text{線分 QH の長さ}}{\text{線分 PQ の長さ}} = 0 \iff \alpha + \beta f'(a) = 0$．このとき，$\alpha^2 + \beta^2 \neq 0$

より $\beta \neq 0$, すなわち

$$\text{直線 } l \text{ が点 P における接線} \iff f'(a) = -\frac{\alpha}{\beta}.$$

接線は存在し，$y - f(a) = f'(a)(x - a)$. □

例 2.1 $y = ax^2$（a：定数）上の点 $(1, a)$ における接線の方程式を求める．

$$f'(1) = \lim_{h \to 0} \frac{f(1+h) - f(1)}{h} = \lim_{h \to 0} \frac{a(1+h)^2 - a}{h} = 2a$$

を式 (2.2) に代入して接線の方程式は

$$y - a = 2a(x - 1), \quad \text{すなわち } y = 2ax - a.$$

関数 $y = f(x)$ がある区間 I 内のすべての点で微分可能なとき，$f(x)$ は I で微分可能であるという．このとき，I の各点 a にその微分係数 $f'(a)$ を対応させて得られる関数を $f(x)$ の**導関数**といい

$$f'(x), \quad y', \quad \frac{dy}{dx}, \quad \frac{df}{dx}$$

などで表す．また，$x = a$ における微分係数 $f'(a)$ は

$$y'(a), \quad \left(\frac{dy}{dx}\right)_{x=a}, \quad \frac{df}{dx}(a)$$

などでも表す．

例 2.2 $f(x) = |x| = \begin{cases} x & (x \geq 0) \\ -x & (x < 0) \end{cases}$ において，$x = 0$ での微分可能性を調べる．

$$\lim_{h \to +0} \frac{f(0+h) - f(0)}{h} = \lim_{h \to +0} \frac{|h|}{h} = \lim_{h \to +0} \frac{h}{h} = 1,$$

$$\lim_{h \to -0} \frac{f(0+h) - f(0)}{h} = \lim_{h \to -0} \frac{|h|}{h} = \lim_{h \to -0} \frac{-h}{h} = -1.$$

よって

$$\lim_{h \to +0} \frac{f(0+h) - f(0)}{h} \neq \lim_{h \to -0} \frac{f(0+h) - f(0)}{h}.$$

極限値が存在しないから，$x = 0$ で微分可能でない．

例題 2.1 次式が成り立つことを示せ．
(1) $(x^n)' = nx^{n-1}$ $(n = 0, 1, 2, 3, \cdots)$ (2) $(e^x)' = e^x$
(3) $(\sin x)' = \cos x, \ (\cos x)' = -\sin x$

【解答】 (1) $n = 1, 2, 3, \cdots$ のとき 2 項定理より

$$(x^n)' = \lim_{h \to 0} \frac{(x+h)^n - x^n}{h}$$

$$= \lim_{h \to 0} \frac{\left\{ x^n + \binom{n}{1} x^{n-1} h + \binom{n}{2} x^{n-2} h^2 + \cdots + \binom{n}{n-1} xh^{n-1} + h^n \right\} - x^n}{h}$$

$$= \lim_{h \to 0} \frac{nx^{n-1} h + \binom{n}{2} x^{n-2} h^2 + \cdots + \binom{n}{n-1} xh^{n-1} + h^n}{h} = nx^{n-1}.$$

$n = 0$ のとき，$x^0 = 1$ なので，$(x^0)' = \lim_{h \to 0} \frac{1-1}{h} = \lim_{h \to 0} 0 = 0$．

(2) 例題 1.7 (2) より $(e^x)' = \lim_{h \to 0} \frac{e^{x+h} - e^x}{h} = e^x \lim_{h \to 0} \frac{e^h - 1}{h} = e^x$．

(3) 三角関数の和差から積への変換公式より

$$\sin(x+h) - \sin x = 2 \cos\left(x + \frac{h}{2}\right) \sin \frac{h}{2}.$$

$\frac{h}{2} = k$ とおくと，$h \to 0$ のとき $k \to 0$ であるから，例題 1.5 より

$$\lim_{h \to 0} \frac{\sin(x+h) - \sin x}{h} = \lim_{k \to 0} \frac{\sin k}{k} \cos(x+k) = \cos x.$$

$(\cos x)' = -\sin x$ も同様にして成り立つ（章末問題【1】参照）． ◇

定理 2.2 関数 $f(x)$ が $x = a$ で微分可能ならば，$x = a$ で連続である．

証明 　定理 1.4 (3) より

$$\lim_{x \to a}(f(x) - f(a)) = \lim_{x \to a} \frac{(f(x) - f(a))(x - a)}{x - a}$$
$$= \lim_{x \to a} \frac{f(x) - f(a)}{x - a} \lim_{x \to a}(x - a) = f'(a) \cdot 0 = 0.$$

すなわち $\lim_{x \to a} f(x) = f(a)$ であるから，$x = a$ で連続である． □

注意：この逆は必ずしも成り立たない．例えば $f(x) = |x|$ は，$x = 0$ で連続だが微分可能ではない．なぜならば，$\lim_{x \to 0} f(x) = \lim_{x \to 0} |x| = 0 = f(0)$ が成り立つから $x = 0$ で連続であるが，例 2.2 より $x = 0$ で微分可能でない．

2.2 関数の微分公式

定理 2.3 関数 f, g が区間 I で微分可能ならば，$f + g$, kf, fg, $\dfrac{f}{g}$ も微分可能で次式が成り立つ．

(1) $(f \pm g)' = f' \pm g'$　　(2) $(kf)' = kf'$　（k：定数）

(3) $(fg)' = f'g + fg'$

(4) $\left(\dfrac{f}{g}\right)' = \dfrac{f'g - fg'}{g^2}$, $\left(\dfrac{1}{g}\right)' = -\dfrac{g'}{g^2}$　（$g(x) \neq 0$）

証明　(4) の前半のみ証明する．g が区間 I で微分可能ならば $g(x)$ は連続関数であるから，$g(x) \neq 0$ のとき十分小さい h に対し $g(x + h) \neq 0$ であることに注意する．ゆえに

$$\left(\frac{f}{g}\right)' = \lim_{h \to 0} \frac{1}{h}\left(\frac{f(x+h)}{g(x+h)} - \frac{f(x)}{g(x)}\right) = \lim_{h \to 0} \frac{1}{h}\left(\frac{f(x+h)g(x) - f(x)g(x+h)}{g(x+h)g(x)}\right)$$
$$= \lim_{h \to 0} \frac{1}{g(x+h)g(x)}\left\{\left(\frac{f(x+h) - f(x)}{h}\right) \cdot g(x) - f(x) \cdot \left(\frac{g(x+h) - g(x)}{h}\right)\right\}$$
$$= \frac{f'(x)g(x) - f(x)g'(x)}{(g(x))^2}.$$

したがって，$\dfrac{f}{g}$ は微分可能で (4) が成り立つ． □

例題 2.2 次式が成り立つことを示せ．

(1)　$(x^n)' = nx^{n-1}$ $(n = 0, \pm 1, \pm 2, \pm 3, \cdots)$　　(2)　$(\tan x)' = \dfrac{1}{\cos^2 x}$

【解答】　(1) $n = 0, 1, 2, 3, \cdots$ のときは例題 2.1 を参照．n が負の整数のとき $m = -n$ とおくと，m は正の整数であるから，定理 2.3 (4) の商の微分の公式より

$$(x^n)' = (x^{-m})' = \left(\frac{1}{x^m}\right)' = -\frac{mx^{m-1}}{(x^m)^2} = -mx^{-m-1} = nx^{n-1}.$$

(2) $\tan x = \dfrac{\sin x}{\cos x}$ であるから，定理 2.3 (4) の商の微分，例題 2.1 (3) と $\sin^2 x + \cos^2 x = 1$ を用いて

$$(\tan x)' = \frac{(\sin x)' \cos x - \sin x (\cos x)'}{\cos^2 x} = \frac{\cos^2 x + \sin^2 x}{\cos^2 x} = \frac{1}{\cos^2 x}.$$

◇

定理 2.4　(合成関数の導関数)　$u = f(x)$ が区間 I で微分可能，$y = g(u)$ が区間 J で微分可能とする．$u = f(x)$ の値域が J に含まれるとき，合成関数 $y = g(f(x))$ は区間 I で微分可能で，次式が成り立つ．

$$y' = g'(u) f'(x), \quad \text{すなわち} \quad \frac{dy}{dx} = \frac{dy}{du} \frac{du}{dx}. \tag{2.3}$$

証明　$y = g(f(x))$ が区間 I 内の任意の点 a で微分可能で，式 (2.3) を満たすことを示せばよい．$b = f(a)$ とおく．$g(u)$ は b で微分可能なので

$$\delta(k) = \begin{cases} \dfrac{g(b+k) - g(b)}{k} - g'(b) & (k \neq 0) \\ 0 & (k = 0) \end{cases} \tag{2.4}$$

とおけば，$g(u)$ が $u = b$ で微分可能であるから，$\lim\limits_{k \to 0} \delta(k) = 0 = \delta(0)$ となり，$\delta(k)$ は $k = 0$ で連続である．式 (2.4) より $g(b+k) - g(b) = kg'(b) + k\delta(k)$．この式は $k = 0$ のときも成り立つ．そこで，$k = f(a+h) - f(a)$ とおけば，$b + k = f(a+h)$ であるから

$$\frac{g(f(a+h)) - g(f(a))}{h} = \frac{g(b+k) - g(b)}{h} = \frac{k}{h} g'(b) + \frac{k}{h} \delta(k).$$

また $\lim_{h\to 0}\dfrac{k}{h} = \lim_{h\to 0}\dfrac{f(a+h)-f(a)}{h} = f'(a)$, かつ定理 2.2 より f は連続であるから, $h \to 0$ のとき $k \to 0$ である. よって
$$\lim_{h\to 0}\delta(k) = \lim_{k\to 0}\delta(k) = 0.$$
したがって, $y' = \lim_{h\to 0}\dfrac{g(f(a+h)) - g(f(a))}{h} = g'(b)f'(a) = g'(f(a))f'(a).$
□

逆関数の導関数については, つぎの定理が成り立つ.

定理 2.5 (逆関数の導関数) 関数 $y = f(x)$ は区間 I で微分可能かつ単調な関数とする. $f'(x) \neq 0$ のとき, 逆関数 $x = f^{-1}(y)$ は区間 $J = f(I)$ で微分可能で, 次式が成り立つ.
$$\frac{dx}{dy} = \frac{1}{\dfrac{dy}{dx}} = \left(\frac{dy}{dx}\right)^{-1}. \tag{2.5}$$

証明 b を区間 J の任意の点とすると $b = f(a)$ とおけ, $a = f^{-1}(b)$. また, $y = f(x)$ とおくと $x = f^{-1}(y)$. 定理 1.10 より逆関数も連続かつ単調な関数で, $y \to b$ のとき $x \to a$ かつ $f'(x) \neq 0$ であるから
$$\lim_{y\to b}\frac{f^{-1}(y) - f^{-1}(b)}{y - b} = \lim_{x\to a}\frac{x - a}{f(x) - f(a)} = \left(\lim_{x\to a}\frac{f(x) - f(a)}{x - a}\right)^{-1}.$$
したがって, 式 (2.5) が成り立つ. □

例題 2.3 次式が成り立つことを示せ.

(1) $(\log |x|)' = \dfrac{1}{x}$ (2) $(\log |f(x)|)' = \dfrac{f'(x)}{f(x)}$

(3) $(\sin^{-1} x)' = \dfrac{1}{\sqrt{1-x^2}}, \quad (\cos^{-1} x)' = -\dfrac{1}{\sqrt{1-x^2}} \quad (-1 < x < 1)$

(4) $(\tan^{-1} x)' = \dfrac{1}{1+x^2} \quad (-\infty < x < \infty)$

【解答】 (1) $x = e^y$ の逆関数は $y = \log x \ (x > 0)$ であるから，$\dfrac{dx}{dy} = e^y$.

定理 2.5 より，$x > 0$ のとき $\dfrac{dy}{dx} = \dfrac{1}{\dfrac{dx}{dy}} = \dfrac{1}{e^y} = \dfrac{1}{x}$. したがって $x > 0$ のとき $\dfrac{d}{dx}(\log x) = (\log x)' = \dfrac{1}{x}$. $x < 0$ のとき $u = -x$ とおくと，$\log|x| = \log(-x) = \log u$, $\dfrac{du}{dx} = -1$ であるから定理 2.4 より

$$\frac{d}{dx}(\log|x|) = \frac{d}{du}(\log u)\frac{du}{dx} = -\frac{1}{u} = \frac{1}{x}.$$

(2) $u = f(x)$ とおくと $\dfrac{du}{dx} = f'(x)$ であるから，定理 2.4 より

$$\frac{d}{dx}(\log|f(x)|) = \frac{d}{du}(\log|u|)\frac{du}{dx} = \frac{1}{u} \cdot f'(x) = \frac{f'(x)}{f(x)}.$$

(3) $x = \sin y \ \left(-\dfrac{\pi}{2} < y < \dfrac{\pi}{2}\right)$ の逆関数は $y = \sin^{-1} x \ (-1 < x < 1)$. $-\dfrac{\pi}{2} < y < \dfrac{\pi}{2}$ において，$\cos y > 0$ であるから

$$\frac{dx}{dy} = \cos y = \sqrt{1 - \sin^2 y} = \sqrt{1 - x^2}.$$

定理 2.5 より $\dfrac{d}{dx}(\sin^{-1} x) = \dfrac{1}{\sqrt{1-x^2}} \ (-1 < x < 1)$. 例題 1.9 より，$\sin^{-1} x + \cos^{-1} x = \dfrac{\pi}{2}$ であるから

$$(\cos^{-1} x)' = -(\sin^{-1} x)' = -\frac{1}{\sqrt{1-x^2}} \quad (-1 < x < 1).$$

(4) $x = \tan y \ \left(-\dfrac{\pi}{2} < y < \dfrac{\pi}{2}\right)$ の逆関数は $y = \tan^{-1} x \ (-\infty < x < \infty)$.

$$\frac{dx}{dy} = \frac{1}{\cos^2 y} = 1 + \tan^2 y = 1 + x^2.$$

定理 2.5 より $\dfrac{d}{dx}(\tan^{-1} x) = \dfrac{1}{1+x^2} \ (-\infty < x < \infty)$. ◇

微分したい関数 $y = f(x)$ が 0 より大きいとき，両辺の対数をとり，それを微分することにより導関数を求める方法を**対数微分法**という．

2.2 関数の微分公式

例題 2.4 次式が成り立つことを示せ.
(1) $(x^\alpha)' = \alpha x^{\alpha-1}$ $(x>0,\ \alpha:$ 実数$)$　(2) $(x^x)' = x^x(\log x + 1)$ $(x>0)$

【解答】(1) $y = x^\alpha$ とおくと $y > 0$ であるから, 両辺の対数をとって $\log y = \log x^\alpha = \alpha \log x$. 両辺を x で微分すると例題 2.3 (1), (2) より, $\dfrac{y'}{y} = \alpha \cdot \dfrac{1}{x}$.
両辺に y を掛けて, $y' = \dfrac{\alpha}{x} \cdot y = \alpha x^{\alpha-1}$.

(2) $x > 0$ のとき, $y = x^x$ とおくと $y > 0$ であるから, 両辺の対数をとって $\log y = x \log x$. 両辺を x で微分すると例題 2.3 (2) と定理 2.3 (3) より, $\dfrac{y'}{y} = \log x + x \cdot \dfrac{1}{x} = \log x + 1$. よって
$$y' = (\log x + 1)\, y = x^x (\log x + 1).$$
$\diamondsuit$

閉区間 $I = [\alpha, \beta]$ で定義された t の関数 $x = \varphi(t)$, $y = \psi(t)$ が連続のとき, 点 $(x, y) = (\varphi(t), \psi(t))$ の平面上に描く像を, パラメーター t で定義される連続曲線といい
$$x = \varphi(t), \quad y = \psi(t) \quad (\alpha \le t \le \beta)$$
を曲線の**パラメーター表示**(**媒介変数表示**)という. 特に, $\varphi(t), \psi(t)$ が微分可能, かつ $\varphi'(t), \psi'(t)$ が連続のとき, $(x, y) = (\varphi(t), \psi(t))$ は**滑らかな曲線**であるという.

定理 2.6 $x = \varphi(t)$, $y = \psi(t)$ が微分可能で, $\varphi'(t) \ne 0$ ならば, y は x について微分可能な関数になり, つぎの式が成り立つ.
$$\frac{dy}{dx} = \frac{\dfrac{dy}{dt}}{\dfrac{dx}{dt}} = \frac{\psi'(t)}{\varphi'(t)}. \tag{2.6}$$

証明　ここでは, $x = \varphi(t)$ が単調関数のとき成り立つことを示す. 定理 1.10 より逆関数 $t = \varphi^{-1}(x)$ が存在するから, $y = \psi(\varphi^{-1}(x))$ は微分可能である. 定

理 2.4 と定理 2.5 より

$$\frac{dy}{dx} = \frac{dy}{dt}\frac{dt}{dx} = \frac{\dfrac{dy}{dt}}{\dfrac{dx}{dt}} = \frac{\psi'(t)}{\varphi'(t)}.$$

□

後述の定理 2.12 より，関数 $\varphi(t)$ が区間 I で微分可能のとき，$\varphi'(t) > 0$ ならば $\varphi(t)$ は単調増加，$\varphi'(t) < 0$ ならば $\varphi(t)$ は単調減少になるから，単調関数であることは仮定しなくてもよい．

例題 2.5 $x = t^3 - 1$, $y = t + 1$ のとき，導関数 $\dfrac{dy}{dx}$，および $t = 1$ に対応する点 P における接線の方程式を求めよ．

【解答】 定理 2.6 より，$\dfrac{dy}{dx} = \dfrac{\dfrac{dy}{dt}}{\dfrac{dx}{dt}} = \dfrac{1}{3t^2}$. $t = 1$ に対応する点 P の座標は $(0, 2)$，接線の傾きは $\dfrac{1}{3}$ であるから，式 (2.2) より接線の方程式は，$y - 2 = \dfrac{1}{3}(x - 0)$. すなわち，$y = \dfrac{1}{3}x + 2$. ◇

基本的な関数の導関数

$(x^n)' = nx^{n-1} \quad (n = 0, \pm 1, \pm 2, \cdots)$.

$(x^\alpha)' = \alpha x^{\alpha-1} \quad (x > 0, \ \alpha : 実数)$.

$(e^x)' = e^x, \quad (a^x)' = (\log a) a^x \quad (a > 0)$.

$(\log |x|)' = \dfrac{1}{x}, \quad (\log |f(x)|)' = \dfrac{f'(x)}{f(x)}$.

$(\sin x)' = \cos x, \quad (\sin^{-1} x)' = \dfrac{1}{\sqrt{1 - x^2}} \quad (-1 < x < 1)$.

$(\cos x)' = -\sin x, \quad (\cos^{-1} x)' = -\dfrac{1}{\sqrt{1 - x^2}} \quad (-1 < x < 1)$.

$(\tan x)' = \dfrac{1}{\cos^2 x}, \quad (\tan^{-1} x)' = \dfrac{1}{1 + x^2}$.

2.3 高階の導関数

$y = f(x)$ の導関数 $f'(x)$ をさらに微分した関数を

$$y'', \quad f''(x), \quad \frac{d^2y}{dx^2}$$

などと書き, f の **2 階導関数**(**2 次導関数**)という. 同様に, 3 階導関数(3 次導関数), $\cdots$, **n 階導関数**(**n 次導関数**)が定義され

$$y''', f'''(x), \frac{d^3y}{dx^3} \,;\, \cdots\cdots \,;\, y^{(n)}, f^{(n)}(x), \frac{d^ny}{dx^n}$$

などで表す. $f(x)$ が n 回微分可能で, かつ n 階導関数(n 次導関数)$f^{(n)}(x)$ が連続であるとき, **C^n 級の関数**または n 回連続微分可能な関数という. 特に, 何回でも微分できる関数を, **C^∞ 級の関数**または無限回微分可能な関数という.

例 2.3 $x^m, x^\alpha, \sin x, \cos x, e^x$ などは, C^∞ 級の関数である(例題 2.6 参照).

例題 2.6 つぎの n 階導関数の公式が成り立つことを示せ.

(1) m が自然数のとき

$$(x^m)^{(n)} = \begin{cases} m(m-1)\cdots(m-n+1)x^{m-n} & (n \leqq m), \\ 0 & (n > m). \end{cases}$$

(2) α が実数で, $\alpha \neq 0, 1, 2, \cdots, n-1$ のとき

$$(x^\alpha)^{(n)} = \alpha(\alpha-1)\cdots(\alpha-n+1)x^{\alpha-n} \quad (x > 0, n = 1, 2, 3, \cdots).$$

(3) $(\sin x)^{(n)} = \sin\left(x + \dfrac{n\pi}{2}\right), \quad (\cos x)^{(n)} = \cos\left(x + \dfrac{n\pi}{2}\right)$

(4) $(e^x)^{(n)} = e^x, \quad (a^x)^{(n)} = (\log a)^n a^x \quad (a > 0)$

(5) $(\log |x|)^{(n)} = (-1)^{n-1}(n-1)!\dfrac{1}{x^n} \quad (x \neq 0)$

(6) $\left(\dfrac{1}{1-x}\right)^{(n)} = \dfrac{n!}{(1-x)^{n+1}}$ $(x \neq 1)$

【解答】 (1) 例題 2.1 (1) より $(x^m)' = mx^{m-1}$ を n 回繰り返す.

(2) 例題 2.4 (1) より $(x^\alpha)' = \alpha x^{\alpha-1}$ を n 回繰り返す.

(3) 帰納法で証明する. 例題 2.1 (3) より $(\sin x)' = \cos x = \sin\left(x + \dfrac{\pi}{2}\right)$ であるから, $n=1$ のときに成り立つ. $n=k$ のときに成り立つとすると, $(\sin x)^{(k)} = \sin\left(x + \dfrac{k\pi}{2}\right)$. この両辺を x で微分すると

$$(\sin x)^{(k+1)} = \cos\left(x + \dfrac{k\pi}{2}\right) = \sin\left(x + \dfrac{k\pi}{2} + \dfrac{\pi}{2}\right) = \sin\left\{x + \dfrac{(k+1)\pi}{2}\right\}$$

となり $n=k+1$ のときにも成り立つ. 同様に $(\cos x)^{(n)} = \cos\left(x + \dfrac{n\pi}{2}\right)$ も成り立つ (章末問題【15】参照).

(4) 例題 2.1 (2) と $(a^x)' = a^x \log a$ (章末問題【9】(12)) を, それぞれ n 回繰り返す.

(5) 例題 2.3 (1) より $(\log |x|)' = \dfrac{1}{x} = x^{-1}$. 例題 2.2 (1) を用いて, $(n-1)$ 回微分すると

$$(\log |x|)^{(n)} = (-1)(-2)\cdots(-n+1)\,x^{-n} = (-1)^{n-1}\,(n-1)!\,\dfrac{1}{x^n}.$$

(6) $\left(\dfrac{1}{1-x}\right)' = \dfrac{1}{(1-x)^2}$ であるから, $n=1$ のときに成り立つ. $n=k$ のときに成り立つと仮定すると

$$\left(\dfrac{1}{1-x}\right)^{(k)} = \dfrac{k!}{(1-x)^{k+1}} = k!\,(1-x)^{-(k+1)}.$$

この両辺を x で微分すると

$$\left(\dfrac{1}{1-x}\right)^{(k+1)} = -k!\,(k+1)\,(1-x)^{-(k+1)-1}(-1) = \dfrac{(k+1)!}{(1-x)^{(k+1)+1}}.$$

したがって, $n=k+1$ のときにも成り立つ. ◇

f と g の積 fg の n 階導関数については, 2 項定理 $(a+b)^n = \displaystyle\sum_{k=0}^{n}\binom{n}{k}a^{n-k}b^k$ によく似たライプニッツの公式が成り立ち, 2 項定理の証明と同じように

$$\binom{n}{k-1} + \binom{n}{k} = \binom{n+1}{k} \tag{2.7}$$

を用いて帰納法で証明される．ただし $\binom{n}{0} = 1$ と約束する．

定理 2.7 (ライプニッツの公式) 関数 f, g がともに n 回微分可能のとき，積 fg も n 回微分可能で，次式が成り立つ．

$$(fg)^{(n)} = \sum_{k=0}^{n} \binom{n}{k} f^{(n-k)} g^{(k)}$$
$$= f^{(n)} g + \binom{n}{1} f^{(n-1)} g' + \binom{n}{2} f^{(n-2)} g'' + \cdots + \binom{n}{n-1} f' g^{(n-1)} + f g^{(n)}$$

証明 ① $n = 1$ のとき，$(fg)' = f'g + fg'$．微分の積の公式なので成り立つ．
② $n = m$ のとき成り立つとする．

$$(fg)^{(m)} = f^{(m)} g + \binom{m}{1} f^{(m-1)} g' + \binom{m}{2} f^{(m-2)} g'' + \cdots$$
$$+ \binom{m}{m-1} f' g^{(m-1)} + f g^{(m)}.$$

この両辺を x で微分すると

$$(fg)^{(m+1)} = f^{(m+1)} g + \underline{f^{(m)} g'} + \binom{m}{1} f^{(m)} g'$$
$$+ \underline{\binom{m}{1} f^{(m-1)} g'' + \binom{m}{2} f^{(m-1)} g''} + \binom{m}{2} f^{(m-2)} g''' + \cdots$$
$$+ \binom{m}{m-1} f'' g^{(m-1)} + \underline{\binom{m}{m-1} f' g^{(m)} + f' g^{(m)}} + f g^{(m+1)}.$$

下線の部分に注意して，式 (2.7) を用いて整理すると

$$(fg)^{(m+1)} = f^{(m+1)} g + \binom{m+1}{1} f^{(m+1-1)} g' + \binom{m+1}{2} f^{(m+1-2)} g'' + \cdots$$
$$+ \binom{m+1}{m+1-1} f' g^{(m+1-1)} + f g^{(m+1)}.$$

ゆえに, $n = m+1$ のときに成り立つ. したがってすべての n について成り立つ. □

例題 2.7 $y = (x^2 + x + 1)e^x$ の n 階導関数を求めよ.

【解答】 $f(x) = e^x$, $g(x) = x^2 + x + 1$ とおいて, ライプニッツの公式を使う.
$g'(x) = 2x + 1$, $g''(x) = 2$, $g^{(k)}(x) = 0$ $(k \geq 3)$.
$f^{(n)}(x) = e^x$ $(n = 1, 2, 3, \cdots)$.

これをライプニッツの公式に代入して
$$y^{(n)} = e^x(x^2 + x + 1) + ne^x(2x + 1) + \frac{n(n-1)}{2} \cdot e^x \cdot 2$$
$$= e^x\{x^2 + (2n+1)x + n^2 + 1\}. \qquad \diamond$$

2.4 平均値の定理

つぎのロールの定理は, 直感的には明らかであるが, ここでは閉区間で連続な関数に最大値, 最小値が存在することを利用し証明する.

定理 2.8 (ロールの定理) 関数 $f(x)$ は $[a, b]$ で連続, (a, b) で微分可能のとき, $f(a) = f(b)$ ならば $f'(c) = 0$ $(a < c < b)$ を満たす c が存在する.

証明 $f(x)$ は閉区間 $[a, b]$ で連続なので, 定理 1.8 より最大値 M と最小値 m をとる.
① $M = m$ のとき, $f(x)$ は定数関数なので, $f'(x) = 0$ となり定理は成り立つ.
② $M \neq m$ のとき, $f(a) = f(b) = \alpha$ とおく. M と m のいずれか一方は α と異なる. $M \neq \alpha$ のとき, $f(\xi) = M$ である $\xi (a < \xi < b)$ が存在する. この ξ が条件を満たすことを示す. 最大値であるから, (a, b) の任意の点 $\xi + h$ で $f(\xi + h) - f(\xi) \leq 0$. $h > 0$ のとき $\dfrac{f(\xi + h) - f(\xi)}{h} \leq 0$, $h < 0$ のとき $\dfrac{f(\xi + h) - f(\xi)}{h} \geq 0$. ここで $h \to 0$ とすると, ξ で微分可能だから $f'(\xi) \leq 0$ かつ $f'(\xi) \geq 0$. すなわち, $f'(\xi) = 0$ となり ξ が条件を満たす c である. $M = \alpha$

のときは $m \neq \alpha$ である.このときも同様にして成り立つ(不等号の向きを逆にすればよい). □

注意:(a, b) で微分可能でない点があるときには,この定理は成り立たない.例えば $f(x) = 1 - |x|\,(-1 \leq x \leq 1)$ は $[-1, 1]$ で連続で $f(-1) = f(1) = 0$ であるが,$-1 < x < 0$ のとき $f'(x) = 1$,$0 < x < 1$ のとき $f'(x) = -1$.したがって,条件を満たす c は存在しない($f(x)$ は $x = 0$ で微分可能でないことに注意).

定理 2.9 (平均値の定理) 関数 $f(x)$ は $[a, b]$ で連続,(a, b) で微分可能のとき

$$\frac{f(b) - f(a)}{b - a} = f'(c) \quad (a < c < b)$$

を満たす c が存在する.

証明 $F(x) = f(x) - f(a) - \dfrac{f(b) - f(a)}{b - a}(x - a)$ とおくと,$F(x)$ は $[a, b]$ で連続,(a, b) で微分可能である.また,$F(a) = F(b) = 0$ であるから,ロールの定理より $F'(c) = 0\,(a < c < b)$ を満たす c が存在する.$F(x)$ を微分すると $F'(x) = f'(x) - \dfrac{f(b) - f(a)}{b - a}$ であるから,$F'(c) = 0$ より $f'(c) = \dfrac{f(b) - f(a)}{b - a}$ となり定理は成り立つ. □

平均値の定理は $b = a + h\ (h > 0)$ とおいて,つぎのように表すこともできる.

$$f(a + h) - f(a) = f'(c)h \quad (a < c < b).$$

また,$c = a + \theta h\,(0 < \theta < 1)$ とおいて

$$f(a + h) - f(a) = f'(a + \theta h)h \quad (0 < \theta < 1) \tag{2.8}$$

を満たす θ が少なくとも 1 つ存在するということもできる.

平均値の定理は,2 点 P$(a, f(a))$,Q$(b, f(b))$ が微分可能な曲線で結ばれているとき,直線 PQ と同じ傾きをもつ接線が図 **2.2** のように必ず引けることを意味する.

この応用としてコーシーの平均値の定理を示す.

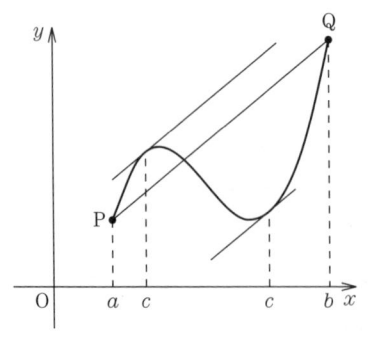

図 2.2　平均値の定理

定理 2.10　(コーシーの平均値の定理)　関数 $f(x)$, $g(x)$ は $[a, b]$ で連続, (a, b) で微分可能のとき, $g'(x) \neq 0$ ならば

$$\frac{f(b) - f(a)}{g(b) - g(a)} = \frac{f'(c)}{g'(c)} \quad (a < c < b)$$

を満たす c が存在する.

証明　最初に $g(b) \neq g(a)$ であることを示す. $g(b) = g(a)$ と仮定すれば, ロールの定理より, $g'(c) = 0$ を満たす $c \, (a < c < b)$ が存在することになり $g'(x) \neq 0$ に反する.

$$F(x) = f(x) - \frac{f(b) - f(a)}{g(b) - g(a)}(g(x) - g(a))$$ とおくと, $F(x)$ は $[a, b]$ で連続, (a, b) で微分可能である. また, $F(a) = F(b) = f(a)$ であるから, ロールの定理より $F'(x) = 0 \, (a < c < b)$ を満たす c が存在する. $F(x)$ を微分すると

$$F'(x) = f'(x) - \frac{f(b) - f(a)}{g(b) - g(a)} g'(x).$$

したがって, $F'(c) = 0$ より $f'(c) = \dfrac{f(b) - f(a)}{g(b) - g(a)} g'(c)$ になり定理は成り立つ.
□

注意：この定理は $g(x) = x$ のときは平均値の定理であるが, 逆に $f(x)$ と $g(x)$ に単純に平均値の定理を適用し, その商をとっても定理 2.10 は得られない. なぜなら, $f(x)$ と $g(x)$ に対する c の値は一般に異なるからである.

不定形の極限　つぎのタイプの極限を**不定形の極限**という.

(1) $\lim_{x\to a} f(x) = \lim_{x\to a} g(x) = 0$ のときの $\lim_{x\to a} \dfrac{f(x)}{g(x)}$ ...... $\dfrac{0}{0}$ 型

(2) $\left.\begin{array}{l}\lim_{x\to a} f(x) = \infty, \text{ または} -\infty \\ \lim_{x\to a} g(x) = \infty, \text{ または} -\infty\end{array}\right\}$ のときの $\lim_{x\to a} \dfrac{f(x)}{g(x)}$ ...... $\dfrac{\infty}{\infty}$ 型

(1), (2) の $x \to a$ を $x \to \infty$, または $x \to -\infty$ でおき換えても不定形の極限という. このほかにも, $\infty - \infty$, 0^0, 1^∞, $0 \times \infty$, ∞^0 の形の不定形がある. 不定形の極限を求めるのに, つぎの定理が役に立つ.

定理 2.11 （ロピタルの定理） $f(x)$, $g(x)$ は a の近くで定義され, 微分可能であるとする. $\lim_{x\to a} f(x) = \lim_{x\to a} g(x) = 0$ のとき $\lim_{x\to a} \dfrac{f'(x)}{g'(x)}$ が存在するならば, $\lim_{x\to a} \dfrac{f(x)}{g(x)}$ も存在して, 次式が成り立つ.

$$\lim_{x\to a} \frac{f(x)}{g(x)} = \lim_{x\to a} \frac{f'(x)}{g'(x)}.$$

証明 $f(x)$, $g(x)$ が $x = a$ で連続でないときは, $f(a) = g(a) = 0$ とおくと, $f(x)$, $g(x)$ は $x = a$ で連続になる. $f(x)$, $g(x)$ は a に十分近い x に対し, $[a, x]$ (あるいは $[x, a]$) で連続, (a, x) (あるいは (x, a)) で微分可能であるから, コーシーの平均値の定理より

$$\frac{f(x)}{g(x)} = \frac{f(x) - f(a)}{g(x) - g(a)} = \frac{f'(c)}{g'(c)}, \quad a < c < x \text{ (あるいは } a > c > x\text{)}$$

を満たす c が存在する. $x \to a$ のとき $c \to a$ であるから

$$\lim_{x\to a} \frac{f(x)}{g(x)} = \lim_{c\to a} \frac{f'(c)}{g'(c)} = \lim_{x\to a} \frac{f'(x)}{g'(x)}.$$

□

証明は略すが, $\dfrac{\infty}{\infty}$ の不定形についても同様の定理が成り立つ. また, a が $a+0$, $a-0$, ∞ または $-\infty$ のときも成り立つ. (2) の $x \to a$ と $x \to \infty$ のときの $\dfrac{\infty}{\infty}$ 型の不定形の極限の場合の証明はやさしくないが, (1) の $x \to \infty$ のときは, $t = \dfrac{1}{x}$ と変数変換することにより (1) の $x \to 0$ の場合に帰着される.

注意：定理を用いるのに, 不定形の極限であるという仮定は外せない. 例えば

$$\lim_{x \to 0} \frac{x^2 + x - 2}{x^2 + 2x - 3} = \frac{-2}{-3} = \frac{2}{3}$$

であるが，ロピタルの定理を適用してしまうとつぎのように間違える．

$$\lim_{x \to 0} \frac{x^2 + x - 2}{x^2 + 2x - 3} = \lim_{x \to 0} \frac{2x + 1}{2x + 2} = \frac{1}{2}.$$

$\infty - \infty$, 0^0, 1^∞, $0 \times \infty$, ∞^0 の形の不定形の場合には，例題 2.8 のように，対数をとったり，式を変形して $\dfrac{0}{0}$ や $\dfrac{\infty}{\infty}$ の形に直して定理を適用できる．

例題 2.8 つぎの極限値を求めよ．ただし，n は自然数とする．
(1) $\displaystyle\lim_{x \to 0} \frac{1 - \cos x}{x^2}$ (2) $\displaystyle\lim_{x \to \infty} \frac{x^n}{e^x}$ (3) $\displaystyle\lim_{x \to \infty} \frac{\log x}{x^2}$
(4) $\displaystyle\lim_{x \to 0} x^2 \log |x|$ (5) $\displaystyle\lim_{x \to 0} |x|^x$

【解答】 (1) $\dfrac{0}{0}$ 型の不定形：ロピタルの定理を 2 回適用して

$$\lim_{x \to 0} \frac{1 - \cos x}{x^2} = \lim_{x \to 0} \frac{\sin x}{2x} = \lim_{x \to 0} \frac{(\sin x)'}{(2x)'} = \lim_{x \to 0} \frac{\cos x}{2} = \frac{1}{2}.$$

(2) $\dfrac{\infty}{\infty}$ 型の不定形：ロピタルの定理を n 回繰り返して

$$\lim_{x \to \infty} \frac{x^n}{e^x} = \lim_{x \to \infty} \frac{nx^{n-1}}{e^x} = \cdots = \lim_{x \to \infty} \frac{n!}{e^x} = 0.$$

(3) $\dfrac{\infty}{\infty}$ 型の不定形：ロピタルの定理より

$$\lim_{x \to \infty} \frac{(\log x)'}{(x^2)'} = \lim_{x \to \infty} \frac{(1/x)}{2x} = \lim_{x \to \infty} \frac{1}{2x^2} = 0.$$

(4) $0 \times \infty$ 型の不定形：つぎのように変形して，$\dfrac{\infty}{\infty}$ 型の不定形の極限にしてロピタルの定理を用いると

$$\lim_{x \to 0} x^2 \log |x| = \lim_{x \to 0} \frac{\log |x|}{\dfrac{1}{x^2}} = \lim_{x \to 0} \frac{(\log |x|)'}{\left(\dfrac{1}{x^2}\right)'} = \lim_{x \to 0} \frac{\dfrac{1}{x}}{-\dfrac{2}{x^3}}$$

$$= \lim_{x \to 0} \left(-\frac{x^2}{2}\right) = 0.$$

(5) 0^0 型の不定形：$y = |x|^x$ とおいて両辺の対数をとると，$\log y = \log |x|^x = x \log |x|$ であるから

$$\lim_{x \to 0} \log y = \lim_{x \to 0} x \log |x| = \lim_{x \to 0} \frac{\log |x|}{\frac{1}{x}} = \lim_{x \to 0} \frac{\frac{1}{x}}{-\frac{1}{x^2}}$$
$$= \lim_{x \to 0} (-x) = 0.$$

$x \to 0$ のとき $\log y \to 0$ なので，$y \to 1$．したがって $\lim_{x \to 0} |x|^x = 1$． □

注意：一般に，関数 x^n, e^x, $\log x$ を影響力の小さい順に記号 $\prec$ で表すと

$$\log x \prec x^m \prec x^n \prec e^x \quad (m < n).$$

例えば，例題 2.8(2) で $x \to \infty$ のとき，$x^n \to \infty$, $e^x \to \infty$ だが，e^x の影響力が勝るので $\lim_{x \to \infty} \dfrac{x^n}{e^x} = 0$ になる．(3) では $\log x$ より x^2 のほうが強いので $\lim_{x \to \infty} \dfrac{\log x}{x^2} = 0$ を得る．

2.5 関数のグラフ

2.5.1 関数の増減と極値

微分の応用として，関数のグラフの概形を描くことと，方程式の解の近似値を求める方法を説明する．まず，関数の増減と 1 階導関数の関係を示す．

定理 2.12 関数 $f(x)$ が区間 I で微分可能のとき

(1) $f'(x) > 0$ ならば，$f(x)$ は単調増加である．

(2) $f'(x) < 0$ ならば，$f(x)$ は単調減少である．

(3) $f'(x) = 0$ ならば，$f(x) = k$ (k は定数)，すなわち定数関数である．

証明 区間 I の任意の 2 つの点 a, b をとり，$a < b$ とする．$[a, b]$ で微分可能であるから，$[a, b]$ で連続である．したがって，定理 2.9（平均値の定理）より

$$f(b) - f(a) = f'(c)(b - a) \quad (a < c < b)$$

を満たす c が存在する．

(1) $f'(x) > 0$ のとき，$f'(c) > 0$ より $f(b) - f(a) > 0$．ゆえに $f(a) < f(b)$，すなわち $f(x)$ は単調増加である．

(2) $f'(x) < 0$ のとき, $f'(c) < 0$ であるから $f(a) > f(b)$ となり単調減少である.

(3) $f'(x) = 0$ のとき, $f(a) - f(b) = 0$ であるから $f(a) = f(b) = k$ (k は定数). すなわち, $f(x) = k$ (k は定数) となり定数関数である. □

例題 2.9 不等式 $x - \dfrac{x^3}{6} < \sin x < x$ $(x > 0)$ が成り立つことを示せ.

【解答】 $x > 1$ のとき $\sin x < x$ は明らか. $0 < x \leqq 1$ のとき $f(x) = x - \sin x$ とおくと, $f'(x) = 1 - \cos x > 0$. 定理 2.12(1) より $f(x)$ は単調増加関数で, $f(0) = 0$ より $\sin x < x$. $g(x) = \sin x - \left(x - \dfrac{x^3}{6}\right)$ とおくと, $g'(x) = \cos x - 1 + \dfrac{x^2}{2}$, $g''(x) = -\sin x + x > 0$. 定理 2.12(1) より, $g'(x)$ は単調増加関数である. また, $g'(0) = 0$ より $g'(x) > 0$, すなわち $g(x)$ は単調増加関数で $g(0) = 0$ であるから $g(x) > 0$. したがって, $x - \dfrac{x^3}{6} < \sin x < x (x > 0)$. ◇

定義 2.3 a に十分近い x に対して

$$x \neq a \text{ ならば } f(x) < f(a) \quad (f(x) > f(a))$$

が成り立つとき, 関数 $f(x)$ は $x = a$ で**極大**(**極小**)になるといい, $f(a)$ を**極大値**(**極小値**)という. 極大値と極小値をあわせて**極値**という.

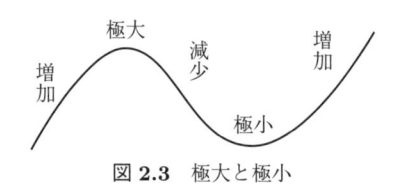

図 2.3 のように, グラフが増加から減少に変わる点で極大, 減少から増加に変わる点で極小になる. したがって, つぎの定理が成り立つ.

図 2.3 極大と極小

定理 2.13 $f(x)$ が a を含む開区間で定義され, $x = a$ で微分可能とする. $f(x)$ が $x = a$ で極値をとれば, $f'(a) = 0$.

証明 ロールの定理と同様にして証明できる. a で極大値をとるとすると, 十分

小さい h に対して $f(a+h) < f(a)$. よって $h > 0$ のとき $\dfrac{f(a+h)-f(a)}{h} < 0$, $h < 0$ のとき $\dfrac{f(a+h)-f(a)}{h} > 0$ となる. ここで $h \to 0$ とすると, $x = a$ で微分可能だから $f'(a) \leqq 0$, かつ $f'(a) \geqq 0$. したがって, $f'(a) = 0$. □

逆は，必ずしも成り立たない．$f'(a) = 0$ でも極値をとらないときがあるので，a の近くの $f'(x)$ の符号を確かめる必要がある．つぎの例題のように $f(x)$ の増減表を作るとよい．

例題 2.10 $y = 3x^4 + 4x^3 + 1$ の増減と極値を調べ，グラフを描け．

【解答】 $y' = 12x^3 + 12x^2 = 12x^2(x+1) = 0$ より, $x = 0, -1$. y' は $x = -1$ の前後で符号が $-$ から $+$ に変わるから $x = -1$ のとき極小になり，極小値 $f(-1) = 3 - 4 + 1 = 0$ をとる．また，$x = 0$ の前後では y' の符号が変わらないから，$x = 0$ は極値ではない．増減表とグラフ（図 **2.4**）はつぎのようになる．

x	$\cdots$	-1	$\cdots$	0	$\cdots$
y'	$-$	0	$+$	0	$+$
y	↘ 減少	0 極小値	↗ 増加	1	↗ 増加

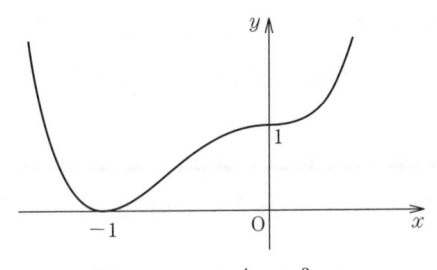

図 **2.4** $y = 3x^4 + 4x^3 + 1$

◇

2.5.2 曲線の凹凸と変曲点

定義 2.4 曲線 $y = f(x)$ 上の点 $\mathrm{A}(a, f(a))$ における接線が，点 A の十分近くにおいて曲線の下（上）にあるとき，$f(x)$ は $x = a$ で下に凸（上に

凸) であるという．下に凸から上に凸，または上に凸から下に凸に変わる
曲線上の点を**変曲点**という (図 2.5)．

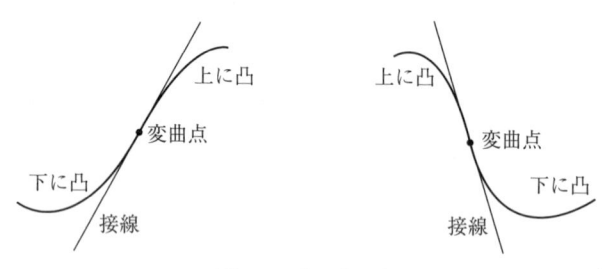

図 2.5 変 曲 点

区間 I 内の各点で下に凸（上に凸）のとき，$f(x)$ は I で下に凸（上に凸）で
あるという．下に凸から上に凸（上に凸から下に凸）に変わる変曲点では，グ
ラフは接線の上から下（下から上）に変わる（図 2.5）．

定理 2.14 $f''(x)$ が存在して，$x = a$ で連続であるとする．
(1) $f''(a) > 0$ ならば，$f(x)$ は $x = a$ で下に凸である．
(2) $f''(a) < 0$ ならば，$f(x)$ は $x = a$ で上に凸である．
(3) $f''(a) = 0$ かつ a の前後で $f''(x)$ の符号が変化するならば，$\mathrm{A}(a, f(a))$ は変曲点である．

証明 (1) 曲線 $y = f(x)$ 上の点 $\mathrm{A}(a, f(a))$ における接線は
$$y = f'(a)(x - a) + f(a).$$
曲線と接線の差を $g(x)$ とすると
$$g(x) = f(x) - f'(a)(x - a) - f(a).$$
下に凸であるためには，a に十分近い $x\,(\neq a)$ において $g(x) > 0$ であれ
ばよい．そこで，$x = a$ の近傍での $g(x)$ の増減を調べる．
$$g'(x) = f'(x) - f'(a), \quad g''(x) = f''(x)$$

より, $g(a) = g'(a) = 0$, $g''(a) = f''(a) > 0$. $g''(x)$ は連続であるから, $x = a$ の近傍で $g''(x) > 0$ になり, $g'(x)$ は単調増加である. また, $g'(a) = 0$ より

$$x < a \text{ のとき } g'(x) < 0, \ x > a \text{ のとき } g'(x) > 0.$$

ゆえに, $x < a$ のとき $g(x)$ は単調減少, $x > a$ のとき $g(x)$ は単調増加である. $g(a) = 0$ より, a の近傍で, $x \ne a$ において $g(x) > 0$. したがって下に凸である.

(2) 不等号の向きが逆だから, $g'(x)$ が単調減少になり, 同様にして成り立つ.

(3) (1), (2) と変曲点の定義より成り立つ. □

上の定理から, つぎの条件を満たすとき $f(x)$ は極値をもつことがわかる.

定理 2.15 $f(x)$ に対して, a を含む開区間において $f''(x)$ が連続で, $f'(a) = 0$ が成り立つとする. このとき

$f''(a) > 0$ ならば, $f(x)$ は $x = a$ で極小になる.

$f''(a) < 0$ ならば, $f(x)$ は $x = a$ で極大になる.

証明 $f'(a) = 0$ より $x = a$ における接線の傾きは x 軸に平行であるから, $f''(a) > 0$ ならば, 定理 2.14 より, $x = a$ で下に凸になり, $f(x)$ は $x = a$ で極小になる. $f''(a) < 0$ ならば $x = a$ で上に凸, $f(x)$ は $x = a$ で極大になる. □

例題 2.11 $y = e^{-\frac{x^2}{2}}$ の増減, 極値, 凹凸および変曲点を調べ, そのグラフを描け.

【解答】 $y' = -xe^{-\frac{x^2}{2}}$ より, $y' = 0$ を満たす x は $x = 0$. よって, $f(0) = 1$ が極値である. $y'' = (x^2 - 1)e^{-\frac{x^2}{2}}$, $e^{-\frac{x^2}{2}} > 0$ より, $y'' = 0$ を満たす x は $x = 1$, -1. $f(-1) = f(1) = e^{-1/2} = \dfrac{1}{\sqrt{e}}$. ゆえに, $\left(\pm 1, \dfrac{1}{\sqrt{e}}\right)$ が変曲点である. また, x が ∞ と $-\infty$ に近づくとき $\displaystyle\lim_{x \to \pm\infty} e^{-\frac{x^2}{2}} = 0$. したがって x 軸が漸近線になり (図 **2.6**), 増減表とグラフはつぎのようになる.

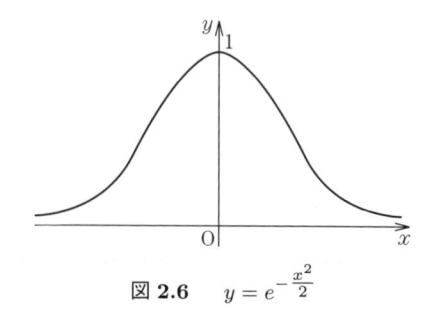

x	$-\infty \cdots$	-1	$\cdots$	0	$\cdots$	1	$\cdots \infty$
$f'(x)$	$+$	$+$	$+$	0	$-$	$-$	$-$
$f''(x)$	$+$	0	$-$	$-$	$-$	0	$+$
$f(x)$	$0 \ \nearrow$	$\dfrac{1}{\sqrt{e}}$	$\nearrow$	1	$\searrow$	$\dfrac{1}{\sqrt{e}}$	$\searrow \ 0$
	下に凸	変曲点	上に凸	極大値	上に凸	変曲点	下に凸

図 2.6　$y = e^{-\frac{x^2}{2}}$

◇

2.5.3 ニュートン法

応用として，方程式 $f(x) = 0$ の解 α の近似値を求める方法としてとても有効なニュートン法を説明する．$f'(x) > 0$, $f''(x) > 0$ の場合について証明するが，α に十分近い点では，f' と f'' の正負が一定であれば同様に成り立つ．

定理 2.16　(ニュートン法)　$f(x)$ は区間 $[a, b]$ で 2 回微分可能とする．$f(a) < 0$, $f(b) > 0$, かつ $f'(x) > 0$, $f''(x) > 0$ が成り立つとき

$$a_1 = b, \quad a_{n+1} = a_n - \frac{f(a_n)}{f'(a_n)}$$

によって定義される数列 $\{a_n\}$ は，この区間での $f(x) = 0$ のただ 1 つの解 α に収束する．

証明　中間値の定理より $f(\alpha) = 0$ を満たす解は存在し，$f'(x) > 0$ より単調増加関数であるから，ただ 1 つである．点 $(a_1, f(a_1))$ における接線の方程式は

$$y - f(a_1) = f'(a_1)(x - a_1).$$

$y=0$ のとき，$x = a_1 - \dfrac{f(a_1)}{f'(a_1)}$ になり，接線と x 軸との交点の x 座標が a_2 である．$f''(x) > 0$ より下に凸であるから図 **2.7** のように a_1 から a_2 を作る形になる．すなわち，$a_2 = a_1 - \dfrac{f(a_1)}{f'(a_1)} < a_1$, $a_2 > \alpha$. これを繰り返して

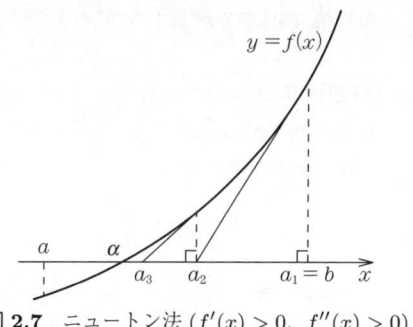

図 **2.7**　ニュートン法 $(f'(x) > 0,\ f''(x) > 0)$

$$b = a_1 > a_2 > \cdots > a_n > a_{n+1} > \cdots > \alpha.$$

ゆえに，数列 $\{a_n\}$ は有界な単調減少数列であるから，連続性の公理より収束する．$\lim_{n\to\infty} a_n = \beta$ とおき，$a_{n+1} = a_n - \dfrac{f(a_n)}{f'(a_n)}$ の両辺で $n \to \infty$ とすると

$$\beta = \beta - \dfrac{f(\beta)}{f'(\beta)}. \quad \therefore \quad f(\beta) = 0.$$

解はただ 1 つであるから，$\alpha = \beta$. □

$f'(x) > 0$, $f''(x) < 0$ のときは，$a_1 = a$ として α に収束する単調増加数列を作るとよい (図 **2.8** (a))．その他の場合も図 (b), 図 (c) のように同様に証明できる．

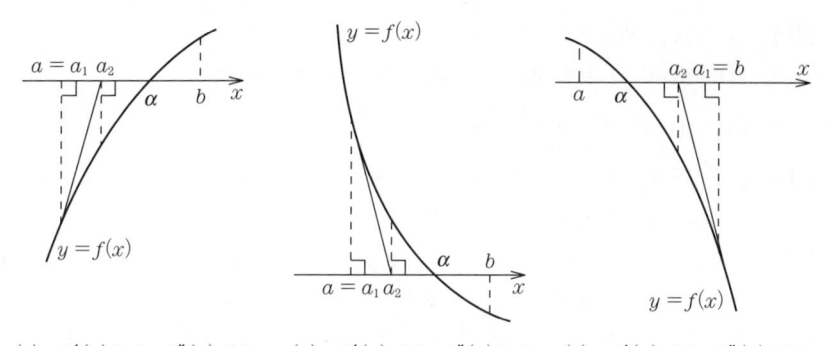

(a) $f'(x) > 0,\ f''(x) < 0$　(b) $f'(x) < 0,\ f''(x) > 0$　(c) $f'(x) < 0,\ f''(x) < 0$

図 **2.8**　ニュートン法

例題 2.12　$x^3 - 2x - 1 = 0$ の区間 $[1, 2]$ 内の解の近似値を，ニュートン

法で第 4 項まで計算して求めよ．

【解答】 $f(x) = x^3 - 2x - 1$ とおくと，$f(1) = -2 < 0$, $f(2) = 3 > 0$, 区間 $[1, 2]$ で $f'(x) = 3x^2 - 2 > 0$, $f''(x) = 6x > 0$ であるから $f(x) = 0$ は，定理 2.16 の条件を満たす．

$$a_1 = 2, \quad a_2 = a_1 - \frac{f(a_1)}{f'(a_1)} = 2 - \frac{8 - 4 - 1}{12 - 2} = 1.7.$$

$$a_3 = a_2 - \frac{f(a_2)}{f'(a_2)} = 1.7 - \frac{1.7^3 - 2 \cdot 1.7 - 1}{3 \cdot (1.7)^2 - 2} = 1.623\,088\,456.$$

$$a_4 = a_3 - \frac{f(a_3)}{f'(a_3)} = 1.623\,1 - \frac{1.623\,1^3 - 2 \cdot 1.623\,1 - 1}{3 \cdot (1.623\,1)^2 - 2} = 1.618\,055\cdots.$$

ゆえに，近似解は $x = 1.618\,1$. ◇

章　末　問　題

【1】 $(\cos x)' = -\sin x$ が成り立つことを微分係数の定義を用いて示せ．

【2】 $\sin x$, $\cos x$, $\tan x$ の逆数である余割（コセカント），正割（セカント），余接（コタンジェント）をつぎのように定義する．これらの三角関数の導関数を求めよ．

$$\operatorname{cosec} x \equiv \frac{1}{\sin x}, \quad \sec x \equiv \frac{1}{\cos x}, \quad \cot x \equiv \frac{1}{\tan x} = \frac{\cos x}{\sin x}.$$

【3】 つぎの式が成り立つことを示せ．
  (1) $(\sinh x)' = \cosh x$ (2) $(\cosh x)' = \sinh x$
  (3) $(\tanh x)' = \dfrac{1}{\cosh^2 x}$

【4】 $y = \sqrt{x}$ の，$x = a$ $(a > 0)$ における微分係数を定義式に従って求めよ．また，$x = a$ に対応するグラフ上の点における接線の方程式も求めよ．

【5】 $x = a\cos t$, $y = b\sin t$ $(a > 0, b > 0)$ のとき，導関数 $\dfrac{dy}{dx}$ と $t = \dfrac{\pi}{4}$ に対応する点における接線の方程式を求めよ．

【6】 曲線 $x = a\cos^3 t$, $y = a\sin^3 t$ $(a > 0)$ についてつぎの問いに答えよ．
  (1) $\dfrac{dy}{dx}$ を求め，$t = \theta$ $\left(\theta \neq \dfrac{n\pi}{2}\right)$ に対応する点 P における接線の方程式を求めよ．
  (2) 接線が x 軸と y 軸によって切り取られる線分の長さは一定であることを示せ．

【7】つぎの関数の導関数を求め，導関数が連続であるかどうかも調べよ．

(1) $f(x) = \begin{cases} x^2 \sin \dfrac{1}{x} & (x \neq 0) \\ 0 & (x = 0) \end{cases}$ 　　(2) $g(x) = \begin{cases} x^3 \sin \dfrac{1}{x} & (x \neq 0) \\ 0 & (x = 0) \end{cases}$

【8】つぎの関数の導関数を求めよ．

(1) $(3x^2+1)^4$ 　(2) $(2x-3)^3(x^2+1)^2$ 　(3) $e^x(\sin x + \cos x)$

(4) $x \log x$ 　(5) $\sqrt[4]{x^3+2}$ 　(6) $\sqrt{1+\cos^2 x}$ 　(7) $\left(\dfrac{x}{x^2+1}\right)^2$

(8) $\dfrac{1}{2a}\log\left|\dfrac{x-a}{x+a}\right|$ 　(a：定数) 　(9) $\dfrac{\sin x}{1+\cos x}$ 　(10) e^{x^2}

(11) $\sin^2(ax+b)$ 　(a, b：定数) 　(12) $\log(\log x^2)$

(13) $\log|\cos x|$ 　(14) $x^3 e^{2x}$ 　(15) $e^{\sin x}$ 　(16) $\sin(\sin x)$

【9】つぎの関数の導関数を求めよ（a, b：定数）．

(1) $\log|x+\sqrt{x^2+a}|$ 　(2) $\cos^{-1}(ax+b)$ 　(3) $e^{ax}\sin bx$

(4) $\tan^{-1}\left(-\dfrac{1}{x}\right)$ 　(5) $\sin^{-1}\dfrac{x}{\sqrt{1+x^2}}$ 　(6) $\dfrac{\sqrt{x^2+2}}{(x+1)^3(x-3)}$

(7) $x \sin^{-1} x + \sqrt{1-x^2}$ 　(8) $x \tan^{-1} x - \log\sqrt{1+x^2}$

(9) $x\sqrt{a^2-x^2} + a^2 \sin^{-1}\dfrac{x}{a}$ 　($a > 0$)

(10) $x\sqrt{x^2+a} + a\log|x+\sqrt{x^2+a}|$ 　(11) $\cos^{-1}\sqrt{1-x^2}$ 　($x > 0$)

(12) a^x 　($a > 0$) 　(13) $x^{\frac{1}{x}}$ 　(14) $(\sin x)^{\cos x}$ 　(15) x^{x^2}

【10】つぎの関数の2階導関数と3階導関数を求めよ．

(1) $5x^4 + 3x^2 - 4$ 　(2) $\sqrt{1-x^2}$ 　(3) $\cos 2x$ 　(4) $-\dfrac{1}{2x}$

(5) $\sin^{-1} x$ 　(6) $x^2 \log x$

【11】$y = e^x \sin x$ は微分方程式 $y'' - 2y' + 2y = 0$ を満たすことを示せ（y とその導関数 y', y'', $\cdots$ を含む方程式を**微分方程式**という）．

【12】$u = f(x)$, $y = g(u)$ がそれぞれ2回微分可能とすると，合成関数 $y = g(f(x))$ は2回微分可能で，次式が成り立つことを示せ．

$$\dfrac{d^2 y}{dx^2} = \dfrac{d^2 y}{du^2}\left(\dfrac{du}{dx}\right)^2 + \dfrac{dy}{du} \cdot \dfrac{d^2 u}{dx^2}.$$

【13】関数 $y = f(x)$ は2回微分可能かつ単調な関数とする．$f'(x) \neq 0$ のとき，逆関数 $x = f^{-1}(y)$ は2回微分可能で，次式が成り立つことを示せ．

$$\dfrac{d^2 x}{dy^2} = -\dfrac{d^2 y}{dx^2} \bigg/ \left(\dfrac{dy}{dx}\right)^3.$$

【14】$x = \varphi(t)$, $y = \psi(t)$ が2回微分可能で，$\varphi'(t) \neq 0$ ならば次式が成り立つことを示せ．

$$\frac{d^2y}{dx^2} = \frac{\varphi'(t)\psi''(t) - \varphi''(t)\psi'(t)}{\varphi'(t)^3}.$$

【15】 $(\cos x)^{(n)} = \cos\left(x + \dfrac{n\pi}{2}\right)$ が成り立つことを帰納法で証明せよ．

【16】 つぎの関数の n 階導関数を求めよ（a, b：定数）．

(1) $\log|1+x|$ (2) $(1-x)^\alpha$ (3) $x\log x$ (4) $\sin ax \cos bx$

(5) $\dfrac{1}{x^2+x-2}$ (6) $\dfrac{x}{x^2-1}$ (7) $\dfrac{x}{x+1}$ (8) $e^x \sin x$

【17】 ライプニッツの公式を利用して，つぎの関数の n 階導関数を求めよ．

(1) $(x^2+1)e^{2x}$ (2) $2^x(x^2-x)$ (3) $x^2 \sin x$

【18】 区間 $[a,b]$ において，つぎの関数についてロールの定理を満たす c を求めよ．

(1) $(x-a)(x-b)$ (2) $(x-a)^2(x-b)$

【19】 $f(x) = px^2$ $(p \neq 0)$ について，式 (2.8) を満たす θ を求めよ．

【20】 つぎの極限値を求めよ．

(1) $\displaystyle\lim_{x\to 0} \frac{1-\cos x}{x}$ (2) $\displaystyle\lim_{x\to 0} \frac{e^x-1}{x}$ (3) $\displaystyle\lim_{x\to 0} \frac{\log(1+x)}{x}$

(4) $\displaystyle\lim_{x\to 0} \frac{e^{2x}-e^{-3x}-5x}{x^2}$ (5) $\displaystyle\lim_{x\to 0} \frac{a^x-b^x}{x}$ $(a,b>0)$

(6) $\displaystyle\lim_{x\to\infty} \frac{(\log x)^2}{x}$ (7) $\displaystyle\lim_{x\to 0} \frac{\log(\cos x)}{x^2}$ (8) $\displaystyle\lim_{x\to 0} \frac{x-\sin^{-1}x}{x^3}$

(9) $\displaystyle\lim_{x\to\infty} x^{\frac{1}{x}}$ (10) $\displaystyle\lim_{x\to 0}(\cos x)^{\frac{1}{x^2}}$ (11) $\displaystyle\lim_{x\to\frac{\pi}{2}-0}(\tan x)^{\cos x}$

【21】 つぎの不等式が成り立つことを示せ．

(1) $\dfrac{x}{1+x} < \log(1+x) < \dfrac{x}{1-x}$ $(0<x<1)$

(2) $\dfrac{x}{1+x^2} \leqq \tan^{-1}x < x$ $(x>0)$

(3) $x - \dfrac{x^2}{2} < \log(1+x)$ $(x>0)$

(4) $1+x \leqq e^x \leqq \dfrac{1}{1-x}$ $(x<1)$

【22】 つぎの関数の増減と極値を調べ，グラフの概形を描け．

(1) $x\log x$ (2) x^x (3) $x^{\frac{1}{x}}$ (4) $\sin^{-1}x + \sqrt{2(1-x^2)}$

【23】 つぎの関数の増減，極値，凹凸および変曲点を調べ，グラフの概形を描け．

(1) x^3-2x^2-4x+8 (2) xe^{-x} (3) $x^2 e^{-x}$ (4) $\dfrac{\log x}{x}$

3 テイラーの定理とテイラー展開

3.1 テイラーの定理とマクローリンの定理

目的 与えられた関数 $f(x)$ と実数 a に対し，$f(a)$ の値を求めたい．多項式（関数）$f(x) = c_n x^n + c_{n-1} x^{n-1} + \cdots + c_2 x^2 + c_1 x + c_0$ の場合には，$f(a)$ の値は簡単に計算できる．

問題 与えられた関数 $f(x)$ に対し，$f(x)$ を多項式 (関数) で近似できないか．この問題は，以下に述べるテイラーの定理により，多くの関数に対して肯定的に解決される．

例 3.1 (1) $f(x) = \sin x$ は，例えば多項式 $x - \dfrac{1}{6}x^3$ で近似できる．
(2) $f(x) = \sqrt{1+x}$ は，例えば多項式 $1 + \dfrac{1}{2}x - \dfrac{1}{8}x^2 + \dfrac{1}{16}x^3 - \dfrac{5}{128}x^4$ で近似できる．

ロールの定理の復習 関数 $F(x)$ が $a,\ b\ (a \neq b)$ を含む区間で微分可能とする．もし，$F(a) = F(b)$ ならば

$$F'(c) = 0$$

となる c (c は a と b の間の数) が存在する．

定理 3.1 (テイラーの定理) 点 a を含む開区間 I で，$f(x)$ は n 回微分可能とする．このとき，I 内の点 b に対し

$$f(b) = f(a) + f'(a)(b-a) + \cdots + \frac{f^{(n-1)}(a)}{(n-1)!}(b-a)^{n-1} + \frac{f^{(n)}(c)}{n!}(b-a)^n$$

を満たす点 c が，a と b の間に存在する（$a=b$ のときは $c=a=b$ とする）．

証明 $b=a$ のときは右辺の第 2 項以降は 0 だから明らか．以下 $b \neq a$ と仮定する．

$$A = \frac{f(b) - \left\{ f(a) + f'(a)(b-a) + \cdots + \frac{f^{(n-1)}(a)}{(n-1)!}(b-a)^{n-1} \right\}}{(b-a)^n} \quad (3.1)$$

により定数 A を定める．

$$F(x) = f(b) - \Bigg\{ f(x) + f'(x)(b-x) + \frac{f''(x)}{2!}(b-x)^2 + \cdots$$
$$+ \frac{f^{(n-1)}(x)}{(n-1)!}(b-x)^{n-1} + A(b-x)^n \Bigg\}$$

とおく．$F(x)$ は区間 I で微分可能な関数であり，$F(b)=0$, $F(a)=0$ が成立する（$F(b)=0$ は明らか．$F(a)=0$ は式 (3.1) からわかる）．したがってロールの定理から，$F'(c)=0$ を満たす c が a と b の間に存在する．一方

$$F'(x) = -\Bigg\{ f'(x) + (f''(x)(b-x) - f'(x)) + \left(\frac{f'''(x)}{2}(b-x)^2 - f''(x)(b-x) \right)$$
$$+ \cdots + \left(\frac{f^{(n)}(x)}{(n-1)!}(b-x)^{n-1} - \frac{f^{(n-1)}(x)}{(n-2)!}(b-x)^{n-2} \right) - nA(b-x)^{n-1} \Bigg\}$$
$$= -\frac{f^{(n)}(x)}{(n-1)!}(b-x)^{n-1} + nA(b-x)^{n-1}.$$

したがって

$$0 = F'(c) = -\frac{f^{(n)}(c)}{(n-1)!}(b-c)^{n-1} + nA(b-c)^{n-1}.$$

$c \neq b$ なので $A = \dfrac{f^{(n)}(c)}{n!}$．これを A を定義した式 (3.1) に代入して

$$\frac{f^{(n)}(c)}{n!} = \frac{f(b) - \left\{ f(a) + f'(a)(b-a) + \cdots + \frac{f^{(n-1)}(a)}{(n-1)!}(b-a)^{n-1} \right\}}{(b-a)^n}.$$

分母 $(b-a)^n$ を払い，$f(b)$ について解くと定理が得られる． □

テイラーの定理は $a=0$ の場合がよく使われる．以下，<u>$a=0$ とおく</u>．b の代わりに x と書くことにすると，定理はつぎのようにいい換えられる．

「点 0 を含む開区間 I で，$f(x)$ は n 回微分可能とする．そのとき，I 内の点 x に対し

$$f(x) = f(0) + f'(0)x + \frac{f''(0)}{2!}x^2 + \cdots + \frac{f^{(n-1)}(0)}{(n-1)!}x^{n-1} + \frac{f^{(n)}(c)}{n!}x^n$$

を満たす点 c が，0 と x の間に存在する．」

0 と x の間にある数 c は θx $(0 < \theta < 1)$ と表せることに注意すると，定理はまたつぎのように書き表せる．

定理 3.2（マクローリンの定理）　点 0 を含む開区間 I で，$f(x)$ は n 回微分可能とする．そのとき，I 内の点 x に対して

$$f(x) = f(0) + f'(0)x + \frac{f''(0)}{2!}x^2 + \cdots + \frac{f^{(n-1)}(0)}{(n-1)!}x^{n-1} + \frac{f^{(n)}(\theta x)}{n!}x^n$$

を満たす θ $(0 < \theta < 1)$ が存在する．

3.2　初等関数への応用と近似値

マクローリンの定理を $n = 4$ としていくつかの関数に適用する．

例 3.2　(1)　$f(x) = e^x$, $n = 4$ の場合

$$f^{(k)}(x) = e^x. \quad \therefore \quad f^{(k)}(0) = 1 \ (k = 0, 1, 2, 3), \quad f^{(4)}(\theta x) = e^{\theta x}.$$

したがってマクローリンの定理より

$$\begin{aligned} e^x &= 1 + x + \frac{1}{2!}x^2 + \frac{1}{3!}x^3 + \frac{e^{\theta x}}{4!}x^4 \\ &= 1 + x + \frac{1}{2}x^2 + \frac{1}{6}x^3 + \frac{e^{\theta x}}{24}x^4 \quad (0 < \theta < 1). \end{aligned}$$

(2)　$f(x) = \sin x$, $n = 4$ の場合

$$f'(x) = \cos x, \ f''(x) = -\sin x, \ f'''(x) = -\cos x, \ f^{(4)}(x) = \sin x.$$

$$\therefore\ f(0)=0,\ f'(0)=1,\ f''(0)=0,\ f'''(0)=-1,\ f^{(4)}(\theta x)=\sin\theta x.$$

したがってマクローリンの定理より

$$\sin x = x - \frac{1}{3!}x^3 + \frac{\sin\theta x}{4!}x^4 = x - \frac{1}{6}x^3 + \frac{\sin\theta x}{24}x^4 \quad (0<\theta<1).$$

つぎの 2 つの例も同様である (章末問題【1】参照).

例 3.3 (1) $f(x)=\cos x,\ n=4$ の場合

$$\cos x = 1 - \frac{1}{2!}x^2 + \frac{\cos\theta x}{4!}x^4 = 1 - \frac{1}{2}x^2 + \frac{\cos\theta x}{24}x^4 \quad (0<\theta<1).$$

(2) $f(x)=\sqrt{1+x}\ (-1<x),\ n=4$ の場合

$$\sqrt{1+x} = 1 + \frac{1}{2}x - \frac{1}{2^2}\frac{x^2}{2!} + \frac{1\cdot 3}{2^3}\frac{x^3}{3!} - \frac{1\cdot 3\cdot 5}{2^4}\frac{x^4}{4!}(1+\theta x)^{-\frac{7}{2}}$$

$$= 1 + \frac{1}{2}x - \frac{1}{8}x^2 + \frac{1}{16}x^3 - \frac{5}{128}x^4(1+\theta x)^{-\frac{7}{2}} \quad (0<\theta<1).$$

$|x|$ の値が小さいときは上で計算した例から, 関数 $f(x)=e^x,\ \sin x,\ \cos x,$ $\sqrt{1+x}$ に対し, よい近似値が計算できる.

例 3.4 $\sin x = x - \frac{1}{6}x^3 + \frac{\sin\theta x}{24}x^4\ (0<\theta<1)$ を用い, $\sin\frac{\pi}{6}$ の値を計算してみる.

$$\sin\frac{\pi}{6} = \frac{\pi}{6} - \frac{1}{6}\left(\frac{\pi}{6}\right)^3 + \frac{\sin\frac{\theta\pi}{6}}{24}\left(\frac{\pi}{6}\right)^4 = 0.499\,674 + \frac{\sin\frac{\theta\pi}{6}}{24}\left(\frac{\pi}{6}\right)^4 \quad (0<\theta<1).$$

右辺の第 2 項を評価すると

$$\left|\frac{\sin\frac{\theta\pi}{6}}{24}\left(\frac{\pi}{6}\right)^4\right| \leq \frac{1}{24}\left(\frac{\pi}{6}\right)^4 \leq 0.003\,2.$$

したがって, $\sin\frac{\pi}{6}$ を $0.499\,674$ で近似したときの誤差はたかだか $0.003\,2$ である. 同様に, $\sin\frac{\pi}{4}$ の値を計算する.

$$\sin\frac{\pi}{4} = \frac{\pi}{4} - \frac{1}{6}\left(\frac{\pi}{4}\right)^3 + \frac{\sin\frac{\theta\pi}{4}}{24}\left(\frac{\pi}{4}\right)^4 = 0.704\,652 + \frac{\sin\frac{\theta\pi}{4}}{24}\left(\frac{\pi}{4}\right)^4 \quad (0 < \theta < 1).$$

$$\left|\frac{\sin\frac{\theta\pi}{4}}{24}\left(\frac{\pi}{4}\right)^4\right| \leq \frac{1}{24}\left(\frac{\pi}{4}\right)^4 \leq 0.016.$$

したがって，$\sin\dfrac{\pi}{4}$ を 0.704 652 で近似したときの誤差はたかだか 0.016 である ($\sin(\pi/4) = \sqrt{2}/2 = 0.707\,1$ に注意)．$|x|$ の値が大きいときは n の値をさらに大きくして，マクローリンの定理を計算しないとよい近似値は得られない．

例 3.5 (1) $f(x) = e^x$, n：一般 の場合

$$f^{(k)}(x) = e^x. \quad \therefore\ f^{(k)}(0) = 1 \ (k = 0, 1, \cdots, n-1),\ f^{(n)}(\theta x) = e^{\theta x}.$$

したがってマクローリンの定理より

$$e^x = 1 + x + \frac{1}{2!}x^2 + \frac{1}{3!}x^n + \cdots + \frac{1}{(n-1)!}x^{n-1} + \frac{e^{\theta x}}{n!}x^n \quad (0 < \theta < 1).$$

(2) $f(x) = \sin x$, $n = 2m+1$ の場合

$$f^{(k)}(x) = \sin\left(x + \frac{k\pi}{2}\right) \ (k = 0, 1, 2, \cdots).$$

よって $f(0) = 0,\ f'(0) = 1,\ f''(0) = 0,\ f'''(0) = -1,\ f^{(4)}(0) = 0, \cdots$,

$$f^{(2m-1)}(0) = \sin\frac{(2m-1)\pi}{2} = \sin\left(m\pi - \frac{\pi}{2}\right)$$
$$= (-1)^m \sin\left(-\frac{\pi}{2}\right) = (-1)^{m-1},$$

$$f^{(2m)}(0) = 0,$$
$$f^{(2m+1)}(\theta x) = \sin\left\{\theta x + \frac{(2m+1)\pi}{2}\right\} = \sin\left(\theta x + m\pi + \frac{\pi}{2}\right)$$
$$= (-1)^m \sin\left(\theta x + \frac{\pi}{2}\right) = (-1)^m \cos\theta x.$$

したがってマクローリンの定理より

$$\sin x = 0 + x + 0 - \frac{x^3}{3!} + 0 + \frac{x^5}{5!} + 0 - \frac{x^7}{7!} + \cdots$$

$$+(-1)^{m-1}\frac{x^{2m-1}}{(2m-1)!}+(-1)^m\frac{x^{2m+1}}{(2m+1)!}\cos\theta x.$$

通常は m の代わりに n とおき,定理 3.3(2) の形で書かれる.

同様に $\cos x$, $\log(1+x)$ の場合も計算して (章末問題【2】参照),つぎの定理が得られる.

定理 3.3 つぎの各式を満たす θ $(0<\theta<1)$ がそれぞれ存在する.

(1) $\quad e^x = 1 + x + \dfrac{1}{2!}x^2 + \dfrac{1}{3!}x^n + \cdots + \dfrac{1}{(n-1)!}x^{n-1} + \dfrac{e^{\theta x}}{n!}x^n$

(2) $\quad \sin x = x - \dfrac{x^3}{3!} + \dfrac{x^5}{5!} - \dfrac{x^7}{7!} + \cdots$
$$+ (-1)^{n-1}\frac{x^{2n-1}}{(2n-1)!} + (-1)^n \frac{x^{2n+1}}{(2n+1)!}\cos\theta x$$

(3) $\quad \cos x = 1 - \dfrac{x^2}{2!} + \dfrac{x^4}{4!} - \dfrac{x^6}{6!} + \cdots$
$$+ (-1)^{n-1}\frac{x^{2n-2}}{(2n-2)!} + (-1)^n \frac{x^{2n}}{(2n)!}\cos\theta x$$

(4) $\quad \log(1+x) = x - \dfrac{x^2}{2} + \dfrac{x^3}{3} - \dfrac{x^4}{4} + \cdots$
$$+ (-1)^{n-2}\frac{x^{n-1}}{n-1} + (-1)^{n-1}\frac{x^n}{n(1+\theta x)^n} \quad (-1 < x)$$

定理 3.3 を使って再び近似値の計算を試みる.

例 3.6 e^x のマクローリン展開を $n=10$ として書き表す.

$$e^x = 1 + x + \frac{1}{2!}x^2 + \frac{1}{3!}x^3 + \cdots + \frac{1}{9!}x^9 + \frac{e^{\theta x}}{10!}x^{10} \quad (0 < \theta < 1).$$

$x=1$ とおくと

$$e = 1 + 1 + \frac{1}{2!} + \frac{1}{3!} + \cdots + \frac{1}{9!} + \frac{e^\theta}{10!} = 2.718\,281\,525\,5 + \frac{e^\theta}{10!}.$$

誤差 $\dfrac{e^\theta}{10!}$ を評価すると $\theta<1$ から,$\left|\dfrac{e^\theta}{10!}\right| = \dfrac{e^\theta}{10!} < \dfrac{e}{10!} \leq \dfrac{3}{10!} \leq 0.000\,000\,83$.

本当の e の値は $2.718\,281\,828\,4\cdots$ である.

例 3.7 $\sin x = x - \dfrac{x^3}{3!} + \dfrac{x^5}{5!} - \dfrac{x^7}{7!} + \dfrac{x^9}{9!} - \dfrac{x^{11}}{11!}\cos\theta x\,(0<\theta<1).$ $x = \dfrac{\pi}{6}$ とおいて，$\sin\dfrac{\pi}{6}$ の値を計算すると

$$\sin\frac{\pi}{6} = \frac{\pi}{6} - \frac{1}{3!}\left(\frac{\pi}{6}\right)^3 + \frac{1}{5!}\left(\frac{\pi}{6}\right)^5 - \frac{1}{7!}\left(\frac{\pi}{6}\right)^7 + \frac{1}{9!}\left(\frac{\pi}{6}\right)^9 - \frac{1}{11!}\left(\frac{\pi}{6}\right)^{11}\cos\frac{\theta\pi}{6}$$
$$= 0.500\,000\,000\,020\,27 - \frac{1}{11!}\left(\frac{\pi}{6}\right)^{11}\cos\frac{\theta\pi}{6}.$$

誤差の評価：$\left|\dfrac{1}{11!}\left(\dfrac{\pi}{6}\right)^{11}\cos\dfrac{\theta\pi}{6}\right| \leqq \left|\dfrac{1}{11!}\left(\dfrac{\pi}{6}\right)^{11}\right| \leqq 0.000\,000\,000\,020\,32.$

$y = \sin x$，および $y = x - \dfrac{x^3}{3!} + \dfrac{x^5}{5!} - \dfrac{x^7}{7!} + \dfrac{x^9}{9!}$ のグラフを図 **3.1** に示す．

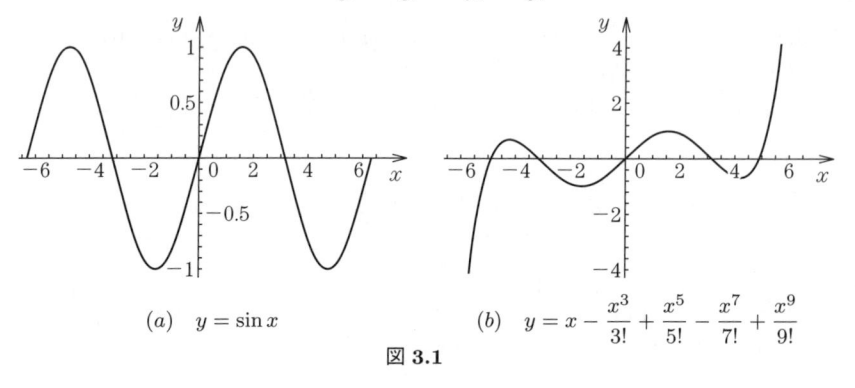

(a)　$y = \sin x$

(b)　$y = x - \dfrac{x^3}{3!} + \dfrac{x^5}{5!} - \dfrac{x^7}{7!} + \dfrac{x^9}{9!}$

図 **3.1**

3.3　ランダウの記号

$x = 0$ 付近での関数の挙動に関する事柄を調べたいとき（例えば，極限値の計算や，極値について調べたいときなど），ランダウの記号を用いると見通しがよくなりとても便利である．

定義 3.1　$x = a$ の近くで定義された関数 $f(x)$ と $g(x)$ に対して

$$\lim_{x\to a}\frac{f(x)}{g(x)} = 0$$

が成り立つとき

$$f(x) = o(g(x)) \quad (x \to a)$$

と表し，$o(\ )$ を**ランダウの記号**という．o は**スモールオー**と読む．

要するに，$f(x) = o(g(x))\,(x \to a)$ とは，『$x = a$ の近くでは，$g(x)$ に比較して $f(x)$ はずっと小さい』ということである．特に，$a = 0$，$g(x) = x^n$ ($n = 0, 1, 2, \cdots$) の場合を以下考える.

$$f(x) = o(x^n)\ (x \to 0) \iff \lim_{x \to 0} \frac{f(x)}{x^n} = 0.$$

例 3.8 (1) $\cos x - 1 = o(x)\,(x \to 0)$, $\sin x - x = o(x^2)\,(x \to 0)$.

$\because\ \displaystyle\lim_{x \to 0} \frac{\cos x - 1}{x} = \lim_{x \to 0} \frac{-\sin x}{1} = 0$, $\displaystyle\lim_{x \to 0} \frac{\sin x - x}{x^2} = \lim_{x \to 0} \frac{\cos x - 1}{2x} = 0.$

(2) $e^x - 1 - x - \dfrac{x^2}{2} = o(x^2)\,(x \to 0)$.

$\because\ \displaystyle\lim_{x \to 0} \frac{e^x - 1 - x - \dfrac{x^2}{2}}{x^2} = \lim_{x \to 0} \frac{e^x - 1 - x}{2x} = \lim_{x \to 0} \frac{e^x - 1}{2} = 0.$

関数 $f(x)$ と $g(x)$ に対して，$f(x) = g(x) + o(x^n)\,(x \to 0)$ とは，$f(x)$ が $h(x) = o(x^n)\,(x \to 0)$ となるある関数 $h(x)$ により $f(x) = g(x) + h(x)$ と表せることを意味するものとする．

例 3.9 (1) $\cos x = 1 + o(x)\,(x \to 0)$

$\because\ \cos x = 1 + (\cos x - 1)$．例 3.8(1) より，$\cos x - 1 = o(x)\,(x \to 0)$.

(2) $\sin x = x + o(x^2)\,(x \to 0)$

$\because\ \sin x = x + (\sin x - x)$．例 3.8(1) より，$\sin x - x = o(x^2)\,(x \to 0)$.

注意：ランダウの記号を含む等式は，左辺を右辺で評価する **評価式** であって，普通の意味での等式ではないことに注意する．例えば，$x \to 0$ のとき，$o(x^2) = o(x)$，すなわち『 $f(x) = o(x^2) \Longrightarrow f(x) = o(x)$ 』が成り立つ (定理 3.4(4))．しかし，$o(x) = o(x^2)$，すなわち『 $f(x) = o(x) \Longrightarrow f(x) = o(x^2)$ 』は一般には成立しない．例えば $f(x) = x^2$ とおくと $f(x) = o(x)$ だが，$\lim_{x \to 0} \dfrac{x^2}{x^2} = 1 \neq 0$ なので $f(x) \neq o(x^2)$．したがって $o(x) \neq o(x^2)$ である．

定理 3.4 (ランダウの記号の性質) $x \to 0$ のとき

(1) $o(x^n) + o(x^n) = o(x^n)$　　　(2) 定数 c に対し，$c \cdot o(x^n) = o(x^n)$．

(3) $x^{n+m} = o(x^n)$ $(m > 0)$　　　(4) $o(x^{n+m}) = o(x^n)$ $(m \geq 0)$

(5) $x^n o(x^m) = o(x^{n+m})$　　　(6) $o(x^n) o(x^m) = o(x^{n+m})$

(7) $f(x)$ が多項式のとき，$f(x) o(x^n) = o(x^n)$．

証明 (1) $f(x) = o(x^n)$, $g(x) = o(x^n)$ とする．そのとき

$$\lim_{x \to 0} \frac{f(x) + g(x)}{x^n} = \lim_{x \to 0} \frac{f(x)}{x^n} + \lim_{x \to 0} \frac{g(x)}{x^n} = 0 + 0 = 0.$$

(2) $f(x) = o(x^n)$ とする．そのとき

$$\lim_{x \to 0} \frac{c \cdot f(x)}{x^n} = c \lim_{x \to 0} \frac{f(x)}{x^n} = c \cdot 0 = 0.$$

(3) $\lim_{x \to 0} \dfrac{x^{n+m}}{x^n} = \lim_{x \to 0} x^m = 0.$ ∴ $x^{n+m} = o(x^n)$．

(4) $f(x) = o(x^{n+m})$ とする．$\lim_{x \to 0} \dfrac{f(x)}{x^n} = \lim_{x \to 0} \dfrac{f(x)}{x^{n+m}} \times x^m = 0.$

∴ $f(x) = o(x^n)$．

(5) $f(x) = o(x^m)$ とする．$\lim_{x \to 0} \dfrac{x^n f(x)}{x^{n+m}} = \lim_{x \to 0} \dfrac{f(x)}{x^m} = 0.$

∴ $x^n o(x^m) = o(x^{n+m})$．

(6) $f(x) = o(x^n)$, $g(x) = o(x^m)$ とする．

$$\lim_{x \to 0} \frac{f(x) g(x)}{x^{n+m}} = \lim_{x \to 0} \frac{f(x)}{x^n} \frac{g(x)}{x^m} = 0 \times 0 = 0.$$

∴ $o(x^n) o(x^m) = o(x^{n+m})$．

(7) $f(x) = a_0 + a_1 x + a_2 x^2 + \cdots + a_m x^m$ とすると, (5), (4), (2), (1) を順次用い

$$f(x)\,o(x^n) = a_0 o(x^n) + a_1 x o(x^n) + a_2 x^2 o(x^n) + \cdots + a_m x^m o(x^n)$$
$$= o(x^n) + o(x^n) + o(x^n) + \cdots + o(x^n) = o(x^n).$$

$$\therefore \quad f(x)\,o(x^n) = o(x^n). \qquad \square$$

$x \to 0$ のとき, (3) から例えば, $x^3 = o(x)$, $x^3 = o(x^2)$, $x^4 = o(x^3)$, $x^2 \sqrt{x} = x^{5/2} = o(x^2)$ などと表せる.

注意: $x \to 0$ のとき, $o(x^n) - o(x^n) = 0$ とするのは一般には誤り. なぜなら最初の関数 $o(x^n)$ と 2 番目の関数 $o(x^n)$ は一般には異なるからである. 例えば $x^3 = o(x^2)$, $x^4 = o(x^2)$ であるから, $x^3 - x^4 = o(x^2) - o(x^2)$ だが, このときの $o(x^2) - o(x^2)$ は 0 でない. なお, $\displaystyle\lim_{x \to 0} \frac{x^n}{x^n} = 1 \neq 0$ となるので, $x^n \neq o(x^n)$ である.

例 3.10 (1) $(1-x)(1+x+o(x)) + 3x + o(x)\,(x \to 0)$ を $o(x)$ で表すと

$$(1-x)(1+x+o(x)) + 3x + o(x)$$
$$= 1 - x^2 + o(x) - xo(x) + 3x + o(x)$$
$$= 1 + 3x - x^2 - xo(x) + o(x)$$
$$= 1 + 3x + o(x) \quad (x \to 0).$$
$$(\because \quad x^2 = o(x),\ xo(x) = o(x^2) = o(x))$$

(2) $(x + x^2 + o(x^2))(1 - x + o(x))\,(x \to 0)$ を $o(x^2)$ を用いて表すと

$$(x + x^2 + o(x^2))(1 - x + o(x))$$
$$= x - x^2 + xo(x) + x^2 - x^3 + x^2 o(x) + o(x^2)(1 - x + o(x))$$
$$= x - x^3 + o(x^2) + o(x^3) + o(x^2)$$
$$(\because\ xo(x) = o(x^2),\ x^2 o(x) = o(x^3),\ o(x^2)(1-x+o(x)) = o(x^2))$$
$$= x + o(x^2).$$
$$(\because \quad x^3 = o(x^2),\ o(x^3) = o(x^2))$$

3.4 漸近展開

この節で,マクローリンの定理をランダウの記号を用いて表す.ここでの結果は,次節で極限値の計算や極値の判定等に応用される.

定理 3.5 (**漸近展開**) 0 を含む開区間において,$f(x)$ が C^n 級ならば
$$f(x) = f(0) + f'(0)x + \frac{f''(0)}{2!}x^2 + \cdots + \frac{f^{(n)}(0)}{n!}x^n + o(x^n).$$

証明 定理 3.2 より,θ $(0 < \theta < 1)$ が存在して
$$f(x) = f(0) + f'(0)x + \frac{f''(0)}{2!}x^2 + \cdots + \frac{f^{(n-1)}(0)}{(n-1)!}x^{n-1} + \frac{f^{(n)}(\theta x)}{n!}x^n$$
$$= f(0) + f'(0)x + \frac{f''(0)}{2!}x^2 + \cdots$$
$$+ \frac{f^{(n-1)}(0)}{(n-1)!}x^{n-1} + \frac{f^{(n)}(0)}{n!}x^n + \frac{f^{(n)}(\theta x) - f^{(n)}(0)}{n!}x^n.$$

$f^{(n)}(x)$ が $x = 0$ で連続だから,$0 < \theta < 1$ に注意して
$$\lim_{x \to 0} \frac{f^{(n)}(\theta x) - f^{(n)}(0)}{n!} = 0.$$
ゆえに定理が成立する. □

例 3.11 e^x, $\sin x$, $\sqrt{1+x}$ の漸近展開をそれぞれ $o(x)$ で表すと
$$e^x = 1 + x + o(x), \quad \sin x = x + o(x), \quad \sqrt{1+x} = 1 + \frac{x}{2} + o(x).$$
これらの式を求めるには,それぞれの場合に $f(0)$ と $f'(0)$ の値を求め,定理 3.5 を適用すればよい.さらに,$f''(0)$ の値も計算すると,x^2 の項までとった e^x, $\sin x$, $\sqrt{1+x}$ の各漸近展開を示すことができる.
$$e^x = 1 + x + \frac{x^2}{2} + o(x^2), \quad \sin x = x + o(x^2), \quad \sqrt{1+x} = 1 + \frac{x}{2} - \frac{x^2}{8} + o(x^2).$$

例題 3.1 つぎの関数の漸近展開を $o(x^3)$ を用いて表せ.
(1) $\cos x$ (2) $(1+x^2)\cos x$

【解答】 (1) $f(x) = \cos x$ とおくと
$$f'(x) = -\sin x, \ f''(x) = -\cos x, \ f'''(x) = \sin x.$$
よって, $f(0) = 1, \ f'(0) = 0, \ f''(0) = -1, \ f'''(0) = 0.$
$$\therefore \ \cos x = 1 + 0 \cdot x + \frac{-1}{2!}x^2 + 0 \cdot x^3 + o(x^3) = 1 - \frac{x^2}{2} + o(x^3).$$
(2) $f(x) = (1+x^2)\cos x$ とおくと, (1) より
$$f(x) = \cos x + x^2 \cos x = \left(1 - \frac{x^2}{2!} + o(x^3)\right) + x^2\left(1 - \frac{x^2}{2!} + o(x^3)\right)$$
$$= 1 + \frac{x^2}{2} + \left(o(x^3) - \frac{x^4}{2} + x^2 o(x^3)\right).$$
したがって定理 3.4 より, $(1+x^2)\cos x = 1 + \frac{x^2}{2} + o(x^3).$ ◇

関数の漸近展開を求めるとき, n の値が大きいほうがそのぶん精密な結果になるが, その代わり式の処理がたいへんになる. どのべきまで展開するかの見極めが大事になる.

3.5 漸近展開の応用

前節の結果の応用の 1 つとして極限値の計算を試みる. また, 関数の極値の有無についても調べる.

例題 3.2 つぎの極限値を求めよ.
(1) $\displaystyle\lim_{x \to 0} \frac{e^x - \sin x - 1}{x^2}$ (2) $\displaystyle\lim_{x \to 0} \frac{e^{x^2} - \cos x}{\sin^2 x}$

【解答】 (1) $e^x = 1 + x + \frac{x^2}{2!} + o(x^2), \ \sin x = x + o(x^2).$

$$\lim_{x\to 0}\frac{e^x-\sin x-1}{x^2}=\lim_{x\to 0}\frac{1+x+\dfrac{x^2}{2!}+o(x^2)-(x+o(x^2))-1}{x^2}$$

$$=\lim_{x\to 0}\frac{\dfrac{x^2}{2}+o(x^2)-o(x^2)}{x^2}$$

$$=\lim_{x\to 0}\left(\frac{1}{2}+\frac{o(x^2)}{x^2}\right)=\frac{1}{2}.$$

(2) $e^x=1+x+o(x)$. x に x^2 を代入して, $e^{x^2}=1+x^2+o(x^2)$. $\sin x=x+o(x)$.

$$\therefore\ \sin^2 x=x^2+2x\,o(x)+o(x)^2=x^2+o(x^2).$$

$\cos x=1-\dfrac{x^2}{2!}+o(x^2)$ なので

$$\lim_{x\to 0}\frac{e^{x^2}-\cos x}{\sin^2 x}=\lim_{x\to 0}\frac{1+x^2+o(x^2)-\left(1-\dfrac{x^2}{2!}+o(x^2)\right)}{(x+o(x))^2}$$

$$=\lim_{x\to 0}\frac{\dfrac{3}{2}x^2+o(x^2)-o(x^2)}{x^2+o(x^2)}$$

$$=\lim_{x\to 0}\frac{\dfrac{3}{2}+\dfrac{o(x^2)}{x^2}}{1+\dfrac{o(x^2)}{x^2}}=\frac{3}{2}.$$

$\diamond$

関数の極限値は，基本的には一番次数の低い項で決まることになる．

例題 3.3 つぎの関数が $x=0$ で極値をもつかどうか調べよ．

(1) $f(x)=x^2\cos x-x\sin x$ \qquad (2) $x^2 e^x-\sin(x^2)$

【解答】 (1) $\cos x=1-\dfrac{x^2}{2!}+o(x^2)$, $\sin x=x-\dfrac{x^3}{3!}+o(x^3)$, $f(0)=0$ より

$$f(x)-f(0)=x^2\left(1-\frac{x^2}{2!}+o(x^2)\right)-x\left(x-\frac{x^3}{3!}+o(x^3)\right)$$

$$=x^2-\frac{x^4}{2}+x^2 o(x^2)-x^2+\frac{x^4}{6}-x o(x^3)$$

$$= -\frac{x^4}{3} + x^2 o(x^2) - xo(x^3) = -\frac{x^4}{3} + o(x^4)$$
$$= x^4 \left(-\frac{1}{3} + \frac{o(x^4)}{x^4} \right).$$

$\lim_{x \to 0} \left(-\frac{1}{3} + \frac{o(x^4)}{x^4} \right) = -\frac{1}{3}$ なので,x の値が 0 に近いとき,$f(x) - f(0) < 0$,すなわち $f(x) < f(0)\, (x \neq 0)$. したがって $f(x)$ は $x = 0$ で極大値 0 をとる.

(2) $e^x = 1 + x + o(x)$. 一方 $\sin x = x + o(x^2)$. x に x^2 を代入して $\sin(x^2) = x^2 + o(x^4)$,また $f(0) = 0$. よって

$$f(x) - f(0) = x^2\left(1 + x + o(x)\right) - \left(x^2 + o(x^4)\right) = x^3 + x^2 o(x) - o(x^4)$$
$$= x^3 + o(x^3) = x^3 \left(1 + \frac{o(x^3)}{x^3} \right).$$

$\lim_{x \to 0} \left(1 + \frac{o(x^3)}{x^3} \right) = 1$ なので,x の値が 0 に近いとき

$$\begin{cases} x > 0 \text{ ならば, } f(x) - f(0) > 0, \\ x < 0 \text{ ならば, } f(x) - f(0) < 0. \end{cases}$$

したがって,$f(x)$ は $x = 0$ の近くで $f(0)$ より大きくも小さくもなり,$x = 0$ で極値をとらない. $\diamondsuit$

3.6 テイラー展開とマクローリン展開

まず,べき級数についての一般的な事柄を整理しておこう.$a_k\ (k = 0,\ 1,\ 2,\ 3,\ \cdots)$ を与えられた実数として,n 次の多項式

$$f_n(x) = a_0 + a_1(x - a) + a_2(x - a)^2 + a_3(x - a)^3 + \cdots + a_n(x - a)^n$$

を考える.以下,R は正の実数,または ∞ とする.

定義 3.2 区間 $|x - a| < R$ 内の各点 x で,$f_n(x)$ が,$n \to \infty$ のとき,ある関数 $f(x)$ に限りなく近づくとする.このとき多項式の列 $\{f_n(x)\}$ は,区間 $|x - a| < R$ で,関数 $f(x)$ に**収束**するといい

$$\lim_{n\to\infty} f_n(x) = f(x) \quad (|x-a| < R)$$

または

$$f_n(x) \to f(x) \quad (n\to\infty\,;\, |x-a| < R)$$

と書く．またこのとき，$f(x) = \displaystyle\sum_{n=0}^{\infty} a_n(x-a)^n$，または

$$f(x) = a_0 + a_1(x-a) + a_2(x-a)^2 + a_3(x-a)^3 + \cdots + a_k(x-a)^k + \cdots$$

と表し，$f(x)$ を x のべき級数という．

例 3.12　$f_n(x) = 1 + x + x^2 + x^3 + \cdots + x^n$ とおく（$a=0$ の場合）．$f_n(x) = \dfrac{1-x^{n+1}}{1-x}$ が成立するので，もし $|x| < 1$ ならば，$\displaystyle\lim_{n\to\infty} x^{n+1} = 0$ となり，$\displaystyle\lim_{n\to 0} f_n(x) = \dfrac{1}{1-x}$ となる．すなわち，つぎが成立する．

$$1 + x + x^2 + x^3 + \cdots + x^n + \cdots = \frac{1}{1-x} \quad (|x| < 1).$$

準備ができたので，テイラー展開，およびマクローリン展開についての解説を行う．テイラーの定理をもう一度書くと

$$f(x) = f(a) + f'(a)(x-a) + \frac{f''(a)}{2!}(x-a)^2 + \cdots + \frac{f^{(n-1)}(a)}{(n-1)!}(x-a)^{n-1} + R_n.$$

ただし，$R_n = \dfrac{f^{(n)}(c)}{n!}(x-a)^n$（$c$ は a と b の間の数）．$\displaystyle\lim_{n\to\infty} R_n = 0$ が成り立つことと

$$\lim_{n\to\infty}\left\{f(a) + f'(a)(x-a) + \frac{f''(a)}{2!}(x-a)^2 + \cdots + \frac{f^{(n)}(a)}{n!}(x-a)^n\right\}$$
$$= f(x)$$

が成り立つことが同値であることに注意しよう．R_n は**剰余項**と呼ばれる．定義 3.2 の $f_n(x)$ として

$$f_n(x) = f(a) + f'(a)(x-a) + \frac{f''(a)}{2!}(x-a)^2 + \cdots + \frac{f^{(n)}(a)}{n!}(x-a)^n$$

を考えれば，つぎの事実が成り立つ．

定理 3.6 $f(x)$ が区間 $|x-a| < R$ でべき級数

$$f(x) = f(a) + f'(a)(x-a) + \frac{f''(a)}{2!}(x-a)^2 \\ + \cdots + \frac{f^{(n)}(a)}{n!}(x-a)^n + \cdots \quad (3.2)$$

として表せるための必要十分条件は，区間 $|x-a| < R$ 内の各点 x で剰余項 R_n に対して

$$\lim_{n \to \infty} R_n = 0$$

が成り立つことである．

定義 3.3 式 (3.2) が成り立つとき，$f(x)$ は**テイラー展開可能**であるという．また，式 (3.2) を $f(x)$ の**テイラー展開**という．特に $a = 0$ の場合，$f(x)$ は**マクローリン展開可能**であるといい，式 (3.2) を $f(x)$ の**マクローリン展開**という．

注意：$x - a = t$ とおき，$F(t) = f(x)$ とおけば，式 (3.2) は

$$F(t) = F(0) + F'(0)\,t + \frac{F''(0)}{2!}t^2 + \cdots + \frac{F^{(n)}(0)}{n!}t^n + \cdots$$

と書き直せるので，テイラー展開の性質を知るにはマクローリン展開の性質を調べておけば十分である．

以下，簡単のため $a = 0$ の場合を考える．

初等関数のマクローリン展開について，詳しく見ていこう．マクローリンの定理 3.3 (1)~(4) の各式右辺の剰余項を R_n とおいたとき，つぎが成り立つ．

(1) から (3) の $e^x, \sin x, \cos x$ のマクローリンの定理の剰余項 R_n に関しては，$|x| < \infty$ (すなわち $R = \infty$) で，$\lim_{n \to \infty} R_n = 0$ が成立．(4) の $\log(1+x)$

のマクローリンの定理の剰余項 R_n に関しては，$|x| < 1$（すなわち $R = 1$）で，$\lim_{n \to \infty} R_n = 0$ が成立．

まず，(2) の $\sin x$ の証明をする．証明方法は例 3.4 や例 3.7 にでてくる論法によく似ている．$\sin x$ のマクローリンの剰余項は $R_n = (-1)^n \dfrac{x^{2n+1}}{(2n+1)!} \cos \theta x$ である．したがって

$$|R_n| = \left|(-1)^n \frac{x^{2n+1}}{(2n+1)!} \cos \theta x\right| = \frac{|x^{2n+1}|}{(2n+1)!} |\cos \theta x| \leq \frac{|x^{2n+1}|}{(2n+1)!}.$$

$\therefore \lim_{n \to \infty} R_n = 0$ ((2) の証明終)

まったく同様に (3) の事実も示せる．

(1) の e^x のマクローリンの剰余項は $R_n = \dfrac{x^n}{n!} e^{\theta x}$ ($0 < \theta < 1$). 正の数 K を任意にとり，x は $|x| < K$ を満たすとする．このとき

$$|R_n| = \left|\frac{x^n}{n!} e^{\theta x}\right| = \frac{|x|^n}{n!} e^{\theta x} \leq \frac{|x|^n}{n!} e^{|\theta x|} \leq \frac{|x|^n}{n!} e^{|x|} \leq \frac{K^n}{n!} e^K.$$

$K < n_0$ を満たす正の整数 n_0 を任意に 1 つ選んでおく．$n > n_0$ のとき

$$\begin{aligned}
\frac{K^n}{n!} &= \frac{K \cdot K \cdot K \cdots K}{1 \cdot 2 \cdot 3 \cdots n} \\
&= \frac{K \cdot K \cdot K \cdots K}{1 \cdot 2 \cdot 3 \cdots (n_0 - 1)} \cdot \frac{K \cdot K \cdot K \cdots\cdots K}{n_0 \cdot (n_0 + 1) \cdot (n_0 + 2) \cdots n} \\
&< \frac{K \cdot K \cdot K \cdots K}{1 \cdot 2 \cdot 3 \cdots (n_0 - 1)} \cdot \frac{K \cdot K \cdot K \cdots K}{n_0 \cdot n_0 \cdot n_0 \cdots n_0} \\
&= \frac{K \cdot K \cdot K \cdots\cdots K}{1 \cdot 2 \cdot 3 \cdots (n_0 - 1)} \cdot \left(\frac{K}{n_0}\right)^{n-(n_0-1)}.
\end{aligned}$$

$K < n_0$ より，$\lim_{n \to 0} \left(\dfrac{K}{n_0}\right)^{n-(n_0-1)} = 0$．$\dfrac{K \cdot K \cdot K \cdots K}{1 \cdot 2 \cdot 3 \cdots (n_0 - 1)}$ は n に無関係な値（定数）なので，$\lim_{n \to 0} \dfrac{K^n}{n!} = 0$．したがって，$\lim_{n \to \infty} |R_n| = 0$，すなわち $\lim_{n \to \infty} R_n = 0$ が成立する．K は任意の正の数なので $R = \infty$．((2) の証明終)

(4) の証明はそれほど容易ではなく，例えば例 3.12 とつぎの節の定理 3.10 を用いて示される．

以上をつぎの定理の形でまとめておく．

定理 3.7 e^x, $\sin x$, $\cos x$, $\log(1+x)$ はそれぞれ（ ）内の範囲でマクローリン展開可能で，つぎの式が成り立つ．

(1) $\quad e^x = 1 + x + \dfrac{1}{2!}x^2 + \dfrac{1}{3!}x^3 + \cdots + \dfrac{1}{n!}x^n + \cdots \quad (|x| < \infty)$

(2) $\quad \sin x = x - \dfrac{x^3}{3!} + \dfrac{x^5}{5!} - \dfrac{x^7}{7!} + \cdots + (-1)^n \dfrac{x^{2n+1}}{(2n+1)!} + \cdots \quad (|x| < \infty)$

(3) $\quad \cos x = 1 - \dfrac{x^2}{2!} + \dfrac{x^4}{4!} - \dfrac{x^6}{6!} + \cdots + (-1)^n \dfrac{x^{2n}}{(2n)!} + \cdots \quad (|x| < \infty)$

(4) $\quad \log(1+x) = x - \dfrac{x^2}{2} + \dfrac{x^3}{3} - \dfrac{x^4}{4} + \cdots + (-1)^{n-1} \dfrac{x^n}{n} + \cdots \quad (|x| < 1)$

3.7 マクローリン展開の性質

この節では，マクローリン展開で知っていると便利なことを証明なしで述べる．

定理 3.8（ダランベールの定理） べき級数 $\displaystyle\sum_{n=0}^{\infty} a_n x^n$ において

$$R = \lim_{n \to \infty} \left| \frac{a_n}{a_{n+1}} \right|$$

が存在したとする．そのとき，つぎの (1), (2) が成立する．

(1) $|x| < R$ のとき，べき級数は収束する．

(2) $|x| > R$ のとき，べき級数は発散する．

R をべき級数の**収束半径**という．

注意：$|x| = R$ のときは，収束するかどうかはケース・バイ・ケースである．例えば，べき級数

$$x + \frac{x^2}{2} + \frac{x^3}{3} + \cdots + \frac{x^n}{n} + \cdots$$

を考える．$a_n = \dfrac{1}{n}$ であり，$\displaystyle\lim_{n \to \infty} \dfrac{a_n}{a_{n+1}} = \lim_{n \to \infty} \dfrac{n+1}{n} = 1$ で収束半径は 1 である．

$|x| < 1$ のとき，この級数は $-\log(1-x)$ のマクローリン展開になっていることに注意する．この級数は $x = 1$ のとき発散する（4 章章末問題【13】）．一方この級数は $x = -1$ のとき $-\log 2$ に収束することが知られている．

定理 3.9 $f(x)$ が区間 $(-R, R)$ で

$$f(x) = a_0 + a_1 x + a_2 x^2 + a_3 x^3 + \cdots + a_n x^n + \cdots$$

とべき級数展開できるとき，$f(x)$ は $(-R, R)$ で無限回微分可能で

$$f'(x) = a_1 + 2a_2 x + 3a_3 x^2 + \cdots + n a_n x^{n-1} + \cdots$$

と表せる．すなわち $f(x)$ は項別微分可能である．

例 3.13 (1) 指数関数 e^x は $(-\infty, \infty)$ でマクローリン展開できるので，定理 3.9 より

$$(e^x)' = 1 + \frac{2x}{2!} + \frac{3x^2}{3!} + \frac{4x^3}{4!} + \cdots = 1 + x + \frac{x^2}{2!} + \frac{x^3}{3!} + \frac{x^4}{4!} + \cdots = e^x.$$

(2) 三角関数 $\sin x$ は $(-\infty, \infty)$ でマクローリン展開できるので，定理 3.9 より

$$(\sin x)' = 1 - \frac{3x^2}{3!} + \frac{5x^4}{5!} - \frac{7x^6}{7!} + \cdots = 1 - \frac{x^2}{2!} + \frac{x^4}{4!} - \frac{x^6}{6!} + \cdots = \cos x.$$

この定理を用いると，マクローリン展開の係数に $\dfrac{f^n(0)}{n!}$ が現れる自然性が理解できる．$f(x)$ が区間 $(-R, R)$ で

$$f(x) = a_0 + a_1 x + a_2 x^2 + a_3 x^3 + a_4 x^4 + \cdots + a_n x^n + \cdots$$

とべき級数展開できたとする．そのとき，$x = 0$ を代入すると $\underline{f(0) = a_0}$．

つぎに，上のべき級数の両辺を x で微分すると

$$f'(x) = a_1 + 2a_2 x + 3a_3 x^2 + 4a_4 x^3 + \cdots + n a_n x^{n-1} + \cdots.$$

$x = 0$ とおくと $f'(0) = a_1$. 再び,上の式の両辺を x で微分すると

$$f''(x) = 2a_2 + 3 \cdot 2a_3 x + 4 \cdot 3a_4 x^2 + \cdots + n(n-1)a_n x^{n-2} + \cdots.$$

この式で $x = 0$ とおくと $f''(0) = 2a_2$, すなわち $a_2 = \dfrac{f''(0)}{2!}$. これを繰り返すことにより,順次 $a_3, a_4, \cdots, a_n, \cdots$ が決まり,$a_n = \dfrac{f^n(0)}{n!}$ が導かれる.

定理 3.10 $f(x)$ が区間 $(-R, R)$ において

$$f(x) = a_0 + a_1 x + a_2 x^2 + a_3 x^3 + \cdots + a_n x^n + \cdots$$

とべき級数展開できるとき,$|x| < R$ に対してつぎの式が成り立つ.

$$\int_0^x f(t)\, dt = a_0 x + \frac{a_1}{2} x^2 + \frac{a_2}{3} x^3 + \frac{a_3}{4} x^4 + \cdots + \frac{a_n}{n+1} x^{n+1} + \cdots.$$

積分については次章を参照.

3.8 オイラーの公式

指数関数と三角関数の関係を導く.

指数関数 e^x のマクローリン展開の公式を用いて,指数関数の定義域を複素数の範囲に拡張しておく.e^x のマクローリン展開を思い出すと

$$e^x = 1 + x + \frac{1}{2!} x^2 + \frac{1}{3!} x^3 + \cdots + \frac{1}{n!} x^n + \cdots.$$

i を虚数単位,すなわち $i^2 = -1$ を満たす複素数とする.証明は省略するが,上式の右辺の x に ix を代入した級数も $-\infty < x < \infty$ で収束する.すなわち,任意の実数 x に対して,極限値

$$\lim_{n \to \infty} \left\{ 1 + ix + \frac{1}{2!}(ix)^2 + \frac{1}{3!}(ix)^3 + \cdots + \frac{1}{n!}(ix)^n \right\}$$

が存在する({ } 内の式の実数部分と虚数部分が共に $n \to \infty$ のとき収束する

という意味).この極限値を e^{ix} とおこう.

$$e^{ix} = 1 + ix + \frac{1}{2!}(ix)^2 + \frac{1}{3!}(ix)^3 + \cdots + \frac{1}{n!}(ix)^n + \cdots.$$

つぎの定理の式はオイラーの公式の名で知られている.

定理 3.11 (オイラーの公式)
$$e^{ix} = \cos x + i\sin x$$

証明

$$e^{ix} = 1 + ix + \frac{1}{2!}(ix)^2 + \frac{1}{3!}(ix)^3 + \frac{1}{4!}(ix)^4 + \frac{1}{5!}(ix)^5 + \frac{1}{6!}(ix)^6 + \frac{1}{7!}(ix)^7 + \cdots$$

$$= 1 + ix + \frac{1}{2!}i^2 x^2 + \frac{1}{3!}i^3 x^3 + \frac{1}{4!}i^4 x^4 + \frac{1}{5!}i^5 x^5 + \frac{1}{6!}i^6 x^6 + \frac{1}{7!}i^7 x^7 + \cdots$$

$$= 1 + ix - \frac{1}{2!}x^2 - i\frac{1}{3!}x^3 + \frac{1}{4!}x^4 + i\frac{1}{5!}x^5 - \frac{1}{6!}x^6 - i\frac{1}{7!}x^7 + \cdots$$

$$= \left(1 - \frac{1}{2!}x^2 + \frac{1}{4!}x^4 - \frac{1}{6!}x^6 + \cdots\right) + i\left(x - \frac{1}{3!}x^3 + \frac{1}{5!}x^5 - \frac{1}{7!}x^7 + \cdots\right)$$

$$= \cos x + i\sin x \quad (\cos x と \sin x のマクローリン展開による)$$

□

一般の複素数 $\lambda = p + iq$ のときは, $e^\lambda = e^p e^{iq}$ と考えて

$$e^\lambda = e^p(\cos q + i\sin q)$$

で定義される.つぎの定理は,7.5節で用いられる(証明は容易なので各自確かめよ).

定理 3.12 $(e^{\lambda x})' = \dfrac{d}{dx}e^{\lambda x} (\lambda = p + iq,\ x は実数変数)を (e^{\lambda x})' = (e^{px}\cos qx)' + i(e^{px}\sin qx)'$ により定義するとき,$(e^{\lambda x})' = \lambda e^{\lambda x}$ が成り立つ.

章 末 問 題

【1】 関数 $\cos x$ と $\sqrt{1+x}$ にマクローリンの定理を適用し，$n=4$ の場合を書き表せ（例 3.3(1),(2) 参照）．

【2】 関数 $\cos x$ と $\log(1+x)$ にマクローリンの定理を適用し，定理 3.3(3), (4) の式を導け．

【3】 マクローリンの定理を利用して，つぎの不等式が括弧内の区間で成立することを証明せよ．

(1) $\quad -\dfrac{x^4}{24} \leq \sin x - x + \dfrac{x^3}{6} \leq \dfrac{x^4}{24} \quad (-\infty < x < \infty)$

(2) $\quad -\dfrac{x^4}{24} \leq \cos x - 1 + \dfrac{x^2}{2} \leq \dfrac{x^4}{24} \quad (-\infty < x < \infty)$

(3) $\quad -\dfrac{x^4}{4} \leq \log(1+x) - x + \dfrac{1}{2}x^2 - \dfrac{1}{3}x^3 \leq -\dfrac{x^4}{64} \quad (0 \leq x \leq 1)$

【4】 つぎの関数の漸近展開を $o(x^3)$ を用いて表せ．

(1) $\quad x \sin x \qquad$ (2) $\quad \log(1+x) \qquad$ (3) $\quad xe^{2x} \qquad$ (4) $\quad \dfrac{1}{1-x}$

【5】 つぎの極限値を求めよ．

(1) $\quad \lim\limits_{x \to 0} \dfrac{e^x - \cos x}{\sin x} \qquad$ (2) $\quad \lim\limits_{x \to 0} \dfrac{\sin x - \log(1+x)}{x^2}$

(3) $\quad \lim\limits_{x \to 0} \dfrac{x - \sin x}{x^3} \qquad$ (4) $\quad \lim\limits_{x \to 0} \dfrac{\sqrt{1+x^2} + \cos x - 2}{x^4}$

(5) $\quad \lim\limits_{x \to 0} \dfrac{\cos^2 x + x^2 e^x - 1}{x(\cos x - 1)} \qquad$ (6) $\quad \lim\limits_{x \to 0} \dfrac{(1+x)\sin x - x \cos x}{x \sin x}$

【6】 つぎの関数が $x=0$ で極値をとるかどうか調べよ．

(1) $\quad f(x) = x \sin x - x^2 \qquad$ (2) $\quad f(x) = x \cos x - \sin x$

(3) $\quad f(x) = x^3 e^x - x^2 \sin x \qquad$ (4) $\quad f(x) = e^{x^2} - \log(1+x^2)$

【7】 α を定数とするとき，つぎの式が成り立つことを示せ．

$$(1+x)^\alpha = \sum_{n=0}^{\infty} \binom{\alpha}{n} x^n \quad (-1 < x < 1).$$

ここで，$\dbinom{\alpha}{n} = \dfrac{\alpha(\alpha-1)\cdots(\alpha-n+1)}{n!} \quad (n=1, 2, \cdots)$, $\dbinom{\alpha}{0} = 1$.

【8】【7】と定理 3.10 を用い，つぎの式が成り立つことを順に示せ．

$$\frac{1}{1+x} = 1 - x + x^2 - x^3 + \cdots + (-1)^n x^n + \cdots \quad (-1 < x < 1),$$

$$\frac{1}{1+x^2} = 1 - x^2 + x^4 - x^6 + \cdots + (-1)^n x^{2n} + \cdots \quad (-1 < x < 1),$$

$$\tan^{-1} x = x - \frac{x^3}{3} + \frac{x^5}{5} - \cdots + \frac{(-1)^n}{2n+1} x^{2n+1} + \cdots \quad (-1 < x < 1).$$

【9】 $e^{i(\alpha+\beta)} = e^{i\alpha} e^{i\beta}$ を示せ．

【10】 C^2 級の関数 $f(x)$ が $f''(a) \neq 0$ を満たすとき，平均値の定理

$$f(a+h) = f(a) + hf'(a+\theta h)$$

において，$\lim_{h \to 0} \theta = \frac{1}{2}$ となることを示せ．

【11】 $f(x) = \tan^{-1} x$ とおく．

(1) $(1+x^2) f'(x) = 1$ にライプニッツの公式を適用し，つぎの式が成り立つことを示せ．

$$(1+x^2) f^{(n+1)}(x) + 2nx f^{(n)}(x) + n(n-1) f^{(n-1)}(x) = 0 \ (n \geq 1).$$

(2) $f^{(2k)}(0) = 0, \ f^{(2k+1)}(0) = (-1)^k (2k)!$ を示せ．

(3) $\tan^{-1} x$ に関するマクローリン展開が，つぎの形で与えられることを示せ．

$$\tan^{-1} x = x - \frac{x^3}{3} + \frac{x^5}{5} - \cdots + \frac{(-1)^n}{2n+1} x^{2n+1} + \cdots.$$

注意：この式で，$x = 1$ とおくと

$$\frac{\pi}{4} = 1 - \frac{1}{3} + \frac{1}{5} - \cdots + \frac{(-1)^n}{2n+1} + \cdots$$

を得る（グレゴリ級数）．実際，グレゴリ級数は収束することが知られている．

【12】 C^n 級の関数 $f(x)$ が，自然数 n に対して

$$f^{(k)}(a) = 0 \ (1 \leq k \leq n-1), \quad f^{(n)}(a) \neq 0$$

を満たしている．このとき，つぎのことを示せ．

(1) n が偶数で $f^{(n)}(a) > 0$ ならば，$f(x)$ は a で極小値をとる．
(2) n が偶数で $f^{(n)}(a) < 0$ ならば，$f(x)$ は a で極大値をとる．
(3) n が奇数ならば，$f(x)$ は a で極値をとらない．

4　1変数関数の積分法

4.1　不定積分の定義と簡単な性質

関数 $f(x)$ に対し，$F'(x) = f(x)$ を満たす $F(x)$ を $f(x)$ の**原始関数**という．例えば，x^2 や $x^2 + 1$ は共に $2x$ の原始関数である．このように，原始関数はただ 1 通りには定まらない．しかし，2 つの原始関数の間にはつぎの関係が成り立っている．

定理 4.1　関数 $F(x)$, $G(x)$ が共に，ある区間で $f(x)$ の原始関数であるとき

$$G(x) = F(x) + C$$

となる定数 C が存在する．

証明　$F(x)$, $G(x)$ が $f(x)$ の原始関数であることから

$$(G(x) - F(x))' = G'(x) - F'(x) = f(x) - f(x) = 0.$$

このとき，定理 2.12 により，これが成り立つ区間において

$$G(x) - F(x) = C \quad (\text{定数関数})$$

であり，$G(x) = F(x) + C$ を得る． □

この定理からわかるように，$F(x)$ を $f(x)$ の原始関数の 1 つとするとき，$f(x)$ のすべての原始関数は適当な定数 C を用いて

$$F(x) + C$$

と表される．これを $f(x)$ の**不定積分**といい，$\int f(x)\,dx$ で表す．すなわち

$$\int f(x)\,dx = F(x) + C.$$

このとき，C を**積分定数**，$f(x)$ を**被積分関数**という．

例 4.1 関数 $2x$ の不定積分は

$$\int 2x\,dx = x^2 + C \quad (C \text{ は積分定数}).$$

不定積分を求めることを**積分**するという．以後，積分定数は省略する．

定理 4.2 関数 $f(x), g(x)$ は区間 $[a,b]$ において積分可能とする．このとき

(1) $\displaystyle\int (f(x) \pm g(x))\,dx = \int f(x)\,dx \pm \int g(x)\,dx$ （複号同順）

(2) $\displaystyle\int k f(x)\,dx = k \int f(x)\,dx \quad (k：定数)$

2.2 節 (p.34) に示した基本的な関数の導関数より，ただちにつぎの公式が得られる．ただし $a \neq 0$ とする．

$$\int x^\alpha\,dx = \frac{1}{\alpha + 1} x^{\alpha+1} \quad (\alpha \neq -1).$$

$$\int \frac{dx}{x} = \log|x|.$$

$$\int e^x\,dx = e^x.$$

$$\int a^x\,dx = \frac{a^x}{\log a} \quad (a > 0,\ a \neq 1).$$

$$\int \log x\,dx = x \log x - x.$$

$$\int \sin x\,dx = -\cos x.$$

$$\int \cos x \, dx = \sin x.$$

$$\int \frac{1}{\cos^2 x} \, dx = \tan x.$$

$$\int \frac{dx}{\sqrt{a^2 - x^2}} = \sin^{-1} \frac{x}{|a|}.$$

$$\int \frac{dx}{a^2 + x^2} = \frac{1}{a} \tan^{-1} \frac{x}{a}.$$

$$\int \sqrt{a^2 - x^2} \, dx = \frac{1}{2} \left(x\sqrt{a^2 - x^2} + a^2 \sin^{-1} \frac{x}{|a|} \right).$$

$$\int \frac{dx}{\sqrt{x^2 + a}} = \log|x + \sqrt{x^2 + a}|.$$

$$\int \sqrt{x^2 + a} \, dx = \frac{1}{2} \left(x\sqrt{x^2 + a} + a \log|x + \sqrt{x^2 + a}| \right).$$

$$\int \frac{f'(x)}{f(x)} \, dx = \log|f(x)| \ (f(x) \neq 0).$$

4.2 置換積分法と部分積分法

定理 4.3 (置換積分法) C^1 級関数 $\varphi(t)$ により変数変換 $x = \varphi(t)$ を行うと

$$\int f(x) \, dx = \int f(\varphi(t)) \frac{d\varphi}{dt}(t) \, dt.$$

証明 $F(x)$ を $f(x)$ の原始関数とすると,合成関数の微分法により

$$\frac{dF(\varphi(t))}{dt} = \frac{dF}{dx}(\varphi(t)) \frac{d\varphi}{dt}(t) = f(\varphi(t)) \frac{d\varphi}{dt}(t)$$

となる.よって $F(\varphi(t))$ は $f(\varphi(t)) \frac{d\varphi}{dt}(t)$ の原始関数となるから

$$\int f(\varphi(t)) \frac{d\varphi}{dt}(t) \, dt = F(\varphi(t)) = F(x) = \int f(x) \, dx. \qquad \square$$

注意:この定理において,t と x を入れ替え,左辺と右辺を交換したつぎの形

$$\int f(\varphi(x))\varphi'(x)\,dx = \int f(t)\,dt \ (t = \varphi(x)) \tag{4.1}$$

もよく用いられる．

つぎの定理の積分はよく現れるので，すぐ結果が求まるようにしておくことが望ましい．

定理 4.4 $f(x)$ の原始関数の 1 つを $F(x)$ とするとき，つぎの式が成り立つ．

$$\int f(ax+b)\,dx = \frac{1}{a}F(ax+b) \quad (a,\ b:\text{定数},\ a \neq 0).$$

証明 $t = \varphi(x) = ax + b$ として式 (4.1) を用いると

$$\int f(ax+b)\,dx = \frac{1}{a}\int f(ax+b)\,(ax+b)'\,dx = \frac{1}{a}\int f(t)\,dt = \frac{1}{a}F(ax+b).$$

□

例 4.2 (1) $\displaystyle\int (3x+1)^5\,dx = \frac{1}{3}\cdot\frac{1}{6}(3x+1)^6 = \frac{1}{18}(3x+1)^6$

(2) $\displaystyle\int \sin(2x+1)\,dx = -\frac{1}{2}\cos(2x+1)$

(3) $\displaystyle\int e^{3x}\,dx = \frac{1}{3}e^{3x}$

(4) $\displaystyle\int \sqrt{2x+5}\,dx = \frac{1}{2}\cdot\frac{2}{3}(2x+5)^{\frac{3}{2}} = \frac{1}{3}(2x+5)\sqrt{2x+5}$

(5) $\displaystyle\int \frac{1}{4x-1}\,dx = \frac{1}{4}\log|4x-1|$

例題 4.1 置換積分法により，つぎの積分を求めよ．

(1) $\displaystyle\int xe^{x^2}\,dx$ (2) $\displaystyle\int \sin^3 x\cos x\,dx$ (3) $\displaystyle\int \frac{(\log x)^3}{x}\,dx$

(4) $\displaystyle\int \frac{e^x}{e^x+1}\,dx$ (5) $\displaystyle\int \tan x\,dx$

【解答】 (1) $t = x^2$ とおくと $\dfrac{dt}{dx} = 2x$ となり

$$\int xe^{x^2}\,dx = \frac{1}{2}\int e^{x^2}\frac{dt}{dx}\,dx = \frac{1}{2}\int e^t\,dt = \frac{1}{2}e^t = \frac{1}{2}e^{x^2}.$$

(2) $t = \sin x$ とおくと $\dfrac{dt}{dx} = \cos x$ となり

$$\int \sin^3 x \cos x\,dx = \int \sin^3 x \frac{dt}{dx}\,dx = \int t^3\,dt = \frac{1}{4}t^4 = \frac{1}{4}\sin^4 x.$$

(3) $t = \log x$ とおくと $\dfrac{dt}{dx} = \dfrac{1}{x}$ となり

$$\int \frac{(\log x)^3}{x}\,dx = \int (\log x)^3 \frac{dt}{dx}\,dx = \int t^3\,dt = \frac{t^4}{4} = \frac{(\log x)^4}{4}.$$

(4) $t = e^x + 1\ (>0)$ とおくと $\dfrac{dt}{dx} = e^x$ となり

$$\int \frac{e^x}{e^x+1}\,dx = \int \frac{1}{e^x+1}\frac{dt}{dx}\,dx = \int \frac{1}{t}\,dt = \log t = \log(e^x+1).$$

(5) $\tan x = \dfrac{\sin x}{\cos x}$ なので, $t = \cos x$ とおくと $\dfrac{dt}{dx} = -\sin x$ となり

$$\int \tan x\,dx = -\int \frac{1}{\cos x}\frac{dt}{dx}\,dx = -\int \frac{1}{t}\,dt = -\log|t| = -\log|\cos x|.$$

$\diamondsuit$

定理 4.5 (部分積分法) $f(x)$ と $g(x)$ が微分可能であるとき

$$\int f(x)g'(x)\,dx = f(x)g(x) - \int f'(x)g(x)\,dx.$$

証明 $P(x) = f(x)g(x)$ とおくと $P'(x) = f'(x)g(x) + f(x)g'(x)$ となる. したがって, $P(x)$ は $f'(x)g(x) + f(x)g'(x)$ の原始関数の 1 つとなるので

$$\int (f'(x)g(x) + f(x)g'(x))\,dx = f(x)g(x).$$

定理 4.2 (1) より, 左辺を展開して

$$\int f'(x)g(x)\,dx + \int f(x)g'(x)\,dx = f(x)g(x).$$

左辺第 1 項を右辺に移項すると, 定理の式が得られる. □

例題 4.2 部分積分法により，つぎの積分を求めよ．
(1) $\displaystyle\int x\cos x\,dx$ (2) $\displaystyle\int \log x\,dx$ (3) $\displaystyle\int e^x\cos x\,dx$

【解答】 (1) $\displaystyle\int x\cos x\,dx = \int x(\sin x)'\,dx = x\sin x - \int 1\cdot\sin x\,dx$
$= x\sin x + \cos x$

(2) $\displaystyle\int \log x\,dx = \int \log x\cdot(x)'\,dx = \log x\cdot x - \int \frac{1}{x}\cdot x\,dx = x\log x - x$

(3) $I = \displaystyle\int e^x\cos x\,dx$ とおくと，$I = \displaystyle\int (e^x)'\cos x\,dx = e^x\cos x + \int e^x\sin x\,dx$
$= e^x\cos x + \displaystyle\int (e^x)'\sin x\,dx = e^x\cos x + e^x\sin x - \int e^x\cos x\,dx.$
$2I = e^x\cos x + e^x\sin x.$ ∴ $I = \dfrac{e^x(\cos x + \sin x)}{2}.$ ◇

例題 4.3 $I_n = \displaystyle\int \cos^n x\,dx$ とおく．つぎの漸化式が成り立つことを示せ．

$$I_n = \frac{\sin x\cos^{n-1}x}{n} + \frac{n-1}{n}I_{n-2} \quad (n\geq 2).$$

【解答】 $n \geq 2$ のとき，部分積分法より

$$I_n - I_{n-2} = \int (\cos^2 x - 1)\cos^{n-2}x\,dx = \int \sin x\cdot(-\sin x\cos^{n-2}x)\,dx$$
$$= \int \sin x\left(\frac{\cos^{n-1}x}{n-1}\right)'\,dx = \sin x\left(\frac{\cos^{n-1}x}{n-1}\right) - \frac{1}{n-1}I_n.$$

整理してつぎの漸化式が得られ，例題の漸化式が成り立つ．

$$\frac{n}{n-1}I_n = \frac{\sin x\cos^{n-1}x}{n-1} + I_{n-2}.$$ ◇

$I_0 = x$, $I_1 = \sin x$ から漸化式を用いて，$I_2, I_3, \cdots$ が求められる．

4.3 いくつかのタイプの不定積分の計算

4.3.1 有理式の積分

2つの多項式 $P(x), Q(x)$ の比で表される関数 $f(x) = \dfrac{P(x)}{Q(x)}$ を有理関数と

いう．有理関数 $f(x)$ は，つぎの形の式の有限個の和として表される．これを $f(x)$ の**部分分数展開**という．

$$x \text{ の多項式} \tag{4.2}$$

$$\frac{A}{(x-a)^n} \tag{4.3}$$

$$\frac{Ax+B}{\{(x-a)^2+b^2\}^n} \tag{4.4}$$

よって，$f(x)$ の積分は，部分分数展開により式 (4.2), (4.3), (4.4) の積分に帰着される．式 (4.2) と式 (4.3) は容易に積分できる．式 (4.4) については，$t = x - a$ と置換して

$$\frac{Ax+B}{\{(x-a)^2+b^2\}^n} = \frac{At}{(t^2+b^2)^n} + \frac{Aa+B}{(t^2+b^2)^n}$$

と分解されるので，2つの積分

$$\int \frac{t}{(t^2+b^2)^n} \, dt, \quad \int \frac{dt}{(t^2+b^2)^n}$$

を計算すればよい．前者の積分は $s = t^2 + b^2$ と置換すれば，式 (4.3) の積分に帰着される．後者の積分を $I_n = \displaystyle\int \frac{dt}{(t^2+b^2)^n}$ とおき部分積分すると

$$I_{n-1} = t \cdot \frac{1}{(t^2+b^2)^{n-1}} + \int t \cdot \frac{2(n-1)t}{(t^2+b^2)^n} \, dt$$

$$= t \cdot \frac{1}{(t^2+b^2)^{n-1}} + 2(n-1) \int \frac{(t^2+b^2) - b^2}{(t^2+b^2)^n} \, dt$$

$$= t \cdot \frac{1}{(t^2+b^2)^{n-1}} + 2(n-1) \int \frac{1}{(t^2+b^2)^{n-1}} \, dt$$

$$\quad - 2(n-1)b^2 \int \frac{1}{(t^2+b^2)^n} \, dt$$

$$= t \cdot \frac{1}{(t^2+b^2)^{n-1}} + 2(n-1)I_{n-1} - 2(n-1)b^2 I_n.$$

$$\therefore \quad I_n = \frac{1}{2(n-1)b^2} \left\{ \frac{t}{(t^2+b^2)^{n-1}} + (2n-3)I_{n-1} \right\}.$$

例題 4.4 $f(x) = \dfrac{1}{x^2 - a^2}$ $(a \neq 0)$ の不定積分を求めよ．

【解答】 $f(x) = \dfrac{1}{(x-a)(x+a)}$ を部分分数展開したものを

$$\frac{1}{(x-a)(x+a)} = \frac{A}{x-a} + \frac{B}{x+a} \tag{4.5}$$

とおく．まず，式 (4.5) の両辺に $(x-a)(x+a)$ を掛け，$x = a$ を代入すると $A = \dfrac{1}{2a}$ を得る．つぎに，$x = -a$ を代入し $B = -\dfrac{1}{2a}$ を得る．したがって

$$\int f(x)\,dx = \frac{1}{2a}\left(\log|x-a| - \log|x+a|\right) = \frac{1}{2a}\log\left|\frac{x-a}{x+a}\right|. \qquad \diamond$$

例題 4.5 $f(x) = \dfrac{x^2 + 2x - 1}{(x-1)^2(x^2+1)}$ の不定積分を求めよ．

【解答】 $f(x)$ を部分分数展開したものを

$$\frac{x^2+2x-1}{(x-1)^2(x^2+1)} = \frac{A}{x-1} + \frac{B}{(x-1)^2} + \frac{Cx+D}{x^2+1} \tag{4.6}$$

とおく．まず，式 (4.6) の両辺に $(x-1)^2(x^2+1)$ を掛け，整理すると

$$\begin{aligned}
x^2 + 2x - 1 &= A(x-1)(x^2+1) + B(x^2+1) + (Cx+D)(x-1)^2 \\
&= (A+C)x^3 + (-A+B-2C+D)x^2 \\
&\quad + (A+C-2D)x - A + B + D.
\end{aligned}$$

$x = 1$ を代入すると，$B = 1$ を得る．係数を比較すると

$A + C = 0, \ -A + B - 2C + D = 1, \ A + C - 2D = 2, \ -A + B + D = -1$.

$\therefore \quad D = -1, \quad A = 1, \quad C = -1.$

したがって

$$\begin{aligned}
\int f(x)\,dx &= \int \frac{1}{x-1}\,dx + \int \frac{1}{(x-1)^2}\,dx - \int \frac{x+1}{x^2+1}\,dx \\
&= \log|x-1| - \frac{1}{x-1} - \frac{1}{2}\log(x^2+1) - \tan^{-1} x. \qquad \diamond
\end{aligned}$$

4.3.2 三角関数の有理式の積分

分母と分子が u, v の多項式からなる $R(u,v) = \dfrac{P(u,v)}{Q(u,v)}$ も同様に u, v の有

理関数という．$R(u,v)$ において，変数 u, v をそれぞれ，$\sin x$, $\cos x$ でおき換えてできる関数 $R(\sin x, \cos x)$ の原始関数を求める．$t = \tan\dfrac{x}{2}$ とおけば

$$\sin x = 2\sin\frac{x}{2}\cos\frac{x}{2} = \frac{2\sin\dfrac{x}{2}\cos\dfrac{x}{2}}{\cos^2\dfrac{x}{2}+\sin^2\dfrac{x}{2}} = \frac{2\tan\dfrac{x}{2}}{1+\tan^2\dfrac{x}{2}} = \frac{2t}{1+t^2},$$

$$\cos x = \frac{\cos^2\dfrac{x}{2}-\sin^2\dfrac{x}{2}}{\cos^2\dfrac{x}{2}+\sin^2\dfrac{x}{2}} = \frac{1-\tan^2\dfrac{x}{2}}{1+\tan^2\dfrac{x}{2}} = \frac{1-t^2}{1+t^2}.$$

また，$\dfrac{dt}{dx} = \dfrac{1}{2}\dfrac{1}{\cos^2\dfrac{x}{2}} = \dfrac{1}{2}\left(1+\tan^2\dfrac{x}{2}\right) = \dfrac{1+t^2}{2}$ より，$\dfrac{dx}{dt} = \dfrac{2}{1+t^2}$．以上より

$$\int R(\sin x, \cos x)\,dx = \int R\left(\frac{2t}{1+t^2}, \frac{1-t^2}{1+t^2}\right)\frac{2}{1+t^2}\,dt \tag{4.7}$$

となり，有理関数の積分に帰着する．

例題 4.6 $I = \displaystyle\int \frac{1}{\sin x}\,dx$ を求めよ．

【解答】 $t = \tan\dfrac{x}{2}$ とおくと，式 (4.7) より

$$I = \int \frac{1}{\dfrac{2t}{1+t^2}} \cdot \frac{2}{1+t^2}\,dt = \int \frac{1}{t}\,dt = \log|t| = \log\left|\tan\frac{x}{2}\right|. \qquad \diamondsuit$$

4.3.3 無理関数の積分

有理関数 $R(x,y)$ において，変数 y を $\sqrt[n]{ax+b}$ $(a \neq 0)$ でおき換えてできる関数 $R(x, \sqrt[n]{ax+b})$ の原始関数を求める．$t = \sqrt[n]{ax+b}$ とおくと，$t^n = ax+b$．よって $x = \dfrac{1}{a}(t^n - b)$．また，$\dfrac{dx}{dt} = \dfrac{n}{a}t^{n-1}$．よって

$$\int R(x, \sqrt[n]{ax+b})\,dx = \int R\left(\frac{1}{a}(t^n - b), t\right)\frac{n}{a}t^{n-1}\,dt$$

となり，有理関数の積分に帰着される．$R\left(x, \sqrt[n]{\dfrac{ax+b}{cx+d}}\right)$ $(ad-bc \neq 0)$ も同様である．

4.3 いくつかのタイプの不定積分の計算

例題 4.7 $\int \dfrac{1-x}{\sqrt{1+x}}\,dx$ を求めよ．

【解答】 $t=\sqrt{1+x}$ とおけば，$t^2=1+x$．よって $x=t^2-1$．また，$\dfrac{dx}{dt}=2t$．よって

$$\int \frac{1-x}{\sqrt{1+x}}\,dx = \int \frac{2-t^2}{t}\cdot 2t\,dt = \int (4-2t^2)\,dt = 4t-\frac{2}{3}t^3 = t\left(4-\frac{2}{3}t^2\right)$$

$$= \sqrt{1+x}\left\{4-\frac{2}{3}(1+x)\right\} = \frac{2}{3}(5-x)\sqrt{1+x}. \qquad \diamondsuit$$

今度は有理関数 $R(x,y)$ において，変数 y を $\sqrt{ax^2+bx+c}\ (a\neq 0)$ でおき換えてできる関数 $R(x,\sqrt{ax^2+bx+c})$ の原始関数

$$I = \int R(x,\sqrt{ax^2+bx+c})\,dx$$

を求める．

(1) $a>0$ の場合．$t=\sqrt{ax^2+bx+c}+\sqrt{a}\,x$ とおくと，t の有理式の積分になる（例題 4.8）．

(2) $a<0$ の場合．相異なる 2 つの実数 $\alpha,\beta\ (\alpha<\beta)$ を用いて $ax^2+bx+c = a(x-\alpha)(x-\beta)$ と因数分解できるときを考える．$t=\sqrt{\dfrac{\beta-x}{x-\alpha}}$ とおくと，t の有理式の積分になる（例題 4.9）．

(3) 上記 (1), (2) 以外の場合は根号の中がいつも 0 以下となるので，この場合は考えなくてよい．

また，適当なおき換えによって，$\sqrt{a^2-x^2}$ や $\sqrt{x^2+a^2}$ の形に変形して解く方法もある．

例題 4.8 つぎの積分を計算せよ．$I = \displaystyle\int \frac{dx}{(1-x)\sqrt{1+x+x^2}}$．

【解答】 $\sqrt{1+x+x^2}+x=t$ とおく．$1+x+x^2=(t-x)^2$ を x について解き

$$x = \frac{t^2-1}{1+2t}. \quad \therefore\quad \frac{dx}{dt} = \frac{2(t^2+t+1)}{(1+2t)^2}.$$

また，$1-x = \dfrac{2+2t-t^2}{1+2t}$, $\sqrt{1+x+x^2} = \dfrac{t^2+t+1}{1+2t}$ であるから

$$I = -2\int \frac{dt}{t^2 - 2t - 2} = -2\int \frac{dt}{(t-1)^2 - 3} = \frac{1}{\sqrt{3}}\log\left|\frac{t-1+\sqrt{3}}{t-1-\sqrt{3}}\right|$$
$$= \frac{1}{\sqrt{3}}\log\left|\frac{\sqrt{1+x+x^2}+x-1+\sqrt{3}}{\sqrt{1+x+x^2}+x-1-\sqrt{3}}\right|. \qquad \diamondsuit$$

例題 4.9 つぎの積分を計算せよ．$I = \int \dfrac{dx}{\sqrt{2-x-x^2}}$．

【解答】 （解法 1）$\sqrt{2-x-x^2} = \sqrt{-(x+2)(x-1)}$ であるから $\sqrt{\dfrac{1-x}{x+2}} = t$
とおけば，$x = \dfrac{1-2t^2}{t^2+1} = -2 + \dfrac{3}{t^2+1}$ より

$$\sqrt{2-x-x^2} = (x+2)t = \frac{3t}{t^2+1}, \quad \frac{dx}{dt} = \frac{-6t}{(t^2+1)^2}.$$
$$\therefore \quad I = \int \frac{t^2+1}{3t}\frac{-6t}{(t^2+1)^2}dt = -2\int \frac{dt}{t^2+1}$$
$$= -2\tan^{-1}t = -2\tan^{-1}\sqrt{\frac{1-x}{x+2}}.$$

（解法 2）$\dfrac{1}{\sqrt{a^2-x^2}}$ の積分公式 (p.78) より

$$I = \int \frac{dx}{\sqrt{\frac{9}{4} - \left(x+\frac{1}{2}\right)^2}} = \sin^{-1}\left(\frac{2x+1}{3}\right). \qquad \diamondsuit$$

4.4 定積分の定義と簡単な性質

$f(x)$ は閉区間 $[a, b]$ で有界な関数とする．この区間の**分割**

$$\Delta : a = x_0 < x_1 < \cdots < x_{n-1} < x_n = b$$

に対して，$\max\limits_{1 \leqq j \leqq n}\{x_j - x_{j-1}\}$ を $|\Delta|$ で表し，分割 Δ の**ノルム**という．分割 Δ の分点 $x_0, x_1, x_2, \cdots, x_n$ の間にさらに分点をとって得られる分割

$$\Delta' : a = x'_0 < x'_1 < \cdots < x'_{m-1} < x'_m = b$$

を Δ の**細分**という．定義から Δ の各分点 x_j は Δ' の分点 x'_i のいずれかになる．

分割 Δ と，集合

$$T = \{t_1, t_2, \cdots, t_n\} \quad (x_{j-1} \leqq t_j \leqq x_j, j = 1, 2, \cdots, n) \tag{4.8}$$

に対して

$$S(f, \Delta, T) = \sum_{j=1}^{n} f(t_j)(x_j - x_{j-1}) \tag{4.9}$$

とおく．$f(x)$ が正の場合は，$S(f, \Delta, T)$ は図 **4.1** の長方形の面積の総和であり，$f(x)$ が負の場合は，図 **4.2** の長方形の面積の総和にマイナスの符号をつけたものになる．

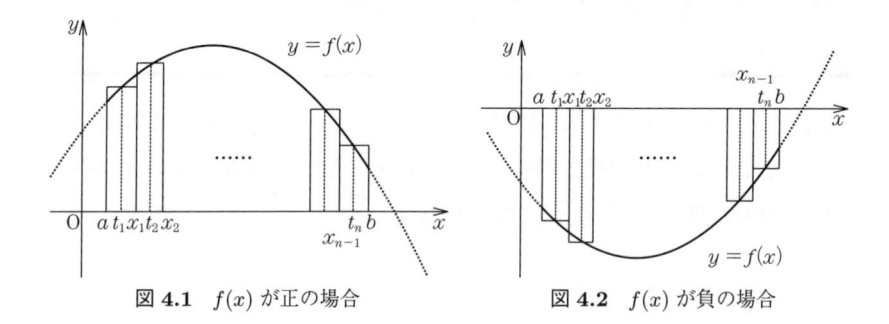

図 **4.1** $f(x)$ が正の場合

図 **4.2** $f(x)$ が負の場合

分割 Δ と $T = \{t_1, t_2, \cdots, t_n\}$ に対し，特に各 t_j $(1 \leqq j \leqq n)$ を $[x_{j-1}, x_j]$ の上限 M_j となるように選んだものを $S(f, \Delta)$, $[x_{j-1}, x_j]$ の下限 m_j となるように選んだものを $s(f, \Delta)$ とおくと

$$S(f, \Delta) = \sum_{j=1}^{n} M_j (x_j - x_{j-1}) \quad (M_j = \sup\{f(x) \mid x_{j-1} \leqq x \leqq x_j\}),$$

$$s(f, \Delta) = \sum_{j=1}^{n} m_j (x_j - x_{j-1}) \quad (m_j = \inf\{f(x) \mid x_{j-1} \leqq x \leqq x_j\}).$$

分割 Δ を動かしたときの，$S(f, \Delta)$ の下限を $S(f)$，$s(f, \Delta)$ の上限を $s(f)$ とおくと

$$S(f) = \inf_{\Delta} \{S(f, \Delta)\}, \quad s(f) = \sup_{\Delta} \{s(f, \Delta)\}.$$

$f(x)$ が有界な関数なので，$S(f)$ も $s(f)$ も実数値をとることに注意しよう．

補題 4.1 $[a, b]$ で有界な関数 $f(x)$ に対し, $s(f) \leqq S(f)$ が成り立つ.

証明 Δ, Δ' を $[a, b]$ の任意の分割とする. Δ, Δ' 両方の細分になっているような分割 Δ'' を選ぶ. $s(f, \Delta), S(f, \Delta)$ の定義からただちにわかるように

$$s(f, \Delta) \leqq s(f, \Delta''), \quad S(f, \Delta'') \leqq S(f, \Delta').$$

したがって, $s(f, \Delta) \leqq S(f, \Delta')$ が成立する. この式で, 分割 Δ' を固定し, Δ を動かして $s(f, \Delta)$ の上限をとると $s(f) \leqq S(f, \Delta')$ を得る. この式で今度は Δ' を動かし $S(f, \Delta')$ の下限をとると $s(f) \leqq S(f)$ が成り立つ. □

定義 4.1 $[a, b]$ 上で有界な関数 $f(x)$ に対し, $s(f) = S(f)$ が成り立つとき, $f(x)$ は閉区間 $[a, b]$ で**積分可能**であるという. また, この値 $s(f) = S(f)$ を $f(x)$ の閉区間 $[a, b]$ における**定積分**といい

$$\int_a^b f(x)\, dx = s(f) = S(f)$$

と書き表す.

定理 4.6 f は閉区間 $[a, b]$ で連続とする. このとき, f は $[a, b]$ で積分可能である.

証明 f が閉区間 $[a, b]$ で連続なので, 定理 1.8 より f は有界な関数になる. また, 区間 $[a, b]$ の分割 $\Delta: a = x_0 < x_1 < \cdots < x_{n-1} < x_n = b$ に対して, 各小区間 $[x_{j-1}, x_j]$ での f の上限 M_j, 下限 m_j はそれぞれこの小区間での f の最大値, 最小値となることに注意する.

さて, f は $[a, b]$ で一様連続 (p.204, 定理 A.1) であることより, 正の数 ε が任意に与えられたとき, つぎを満たす数 δ をみつけることができる.

$$x', x'' \in [a, b] \text{ かつ } |x' - x''| < \delta \text{ ならば } |f(x') - f(x'')| < \frac{\varepsilon}{b-a}.$$

したがって, もし $|\Delta| < \delta$ であれば

$$M_j - m_j < \frac{\varepsilon}{b-a}$$

となり

$$S(f,\Delta) - s(f,\Delta) = \sum_{j=1}^{n} M_j(x_j - x_{j-1}) - \sum_{j=1}^{n} m_j(x_j - x_{j-1})$$
$$= \sum_{j=1}^{n}(M_j - m_j)(x_j - x_{j-1})$$
$$< \sum_{j=1}^{n}\frac{\varepsilon}{b-a}(x_j - x_{j-1}) = \varepsilon.$$

すなわち,任意の正の数 ε に対して,つぎを満たす正の数 δ が存在する.

$$|\Delta| < \delta \text{ ならば } S(f,\Delta) - s(f,\Delta) < \varepsilon. \tag{4.10}$$

$s(f,\Delta) \leqq s(f)$, および $S(f) \leqq S(f,\Delta)$ に注意すると,式 (4.10) より

$$S(f) - s(f) \leqq S(f,\Delta) - s(f,\Delta) < \varepsilon$$

が成り立つ. ε は任意の正の数なので,$S(f) = s(f)$ が成立し,$f(x)$ は積分可能である. □

定理 4.7 $f(x)$ は閉区間 $[a,b]$ で連続であるとする.このとき $|\Delta| \to 0$ とすると,式 (4.9) で定義された $S(f,\Delta,T)$ は式 (4.8) の T にかかわらず収束して

$$\lim_{|\Delta|\to 0} S(f,\Delta,T) = \int_a^b f(x)\,dx$$

が成り立つ.

証明 $[a,b]$ の分割 Δ と式 (4.8) の T に対して

$$s(f,\Delta) \leqq S(f,\Delta,T) \leqq S(f,\Delta)$$

が成り立つ.ここで,$|\Delta| \to 0$ とすると,式 (4.10) より $s(f,\Delta) \to \int_a^b f(x)\,dx$, $S(f,\Delta) \to \int_a^b f(x)\,dx$ となることに注意すると,定理 1.1 (6) の証明と同様な議論により

$$\int_a^b f(x)\,dx \leqq \lim_{|\Delta|\to 0} S(f,\Delta,T) \leqq \int_a^b f(x)\,dx.$$

すなわち，$\displaystyle\lim_{|\Delta|\to 0} S(f,\Delta,T) = \int_a^b f(x)\,dx$ が成り立つ． □

さて，閉区間 $[a,b]$ において有界で，積分可能な関数 $f(x)$ を考える．いま，区間 $[a,b]$ を n 等分してできる分割 Δ を

$$\Delta: a = x_0 < x_1 < \cdots < x_{n-1} < x_n = b,\ x_k = a + \frac{b-a}{n}\cdot k$$

とし，式 (4.8) の集合 $T = \{t_1, t_2, \ldots, t_n\}$ として各小区間 $[x_i, x_{i+1}]$ の左端の点からなる集合をとり，$T = \{x_0, x_1, \ldots, x_{n-1}\}$ とする．このとき n を大きくしていくと，$|\Delta|$ の値は 0 に近づくことより，$S(f,\Delta,T)$ は $\int_a^b f(x)\,dx$ に近づいていく．よって

$$\int_a^b f(x)\,dx = \lim_{n\to\infty} \frac{b-a}{n} \sum_{i=1}^n f\left\{a + \frac{b-a}{n}(i-1)\right\}. \tag{4.11}$$

同様に，$T = \{t_1, t_2, \ldots, t_n\}$ として各小区間 $[x_i, x_{i+1}]$ の右端の点をとることにより

$$\int_a^b f(x)\,dx = \lim_{n\to\infty} \frac{b-a}{n} \sum_{i=1}^n f\left(a + \frac{b-a}{n}i\right). \tag{4.12}$$

このような定積分の求め方を**区分求積法**という．

例題 4.10 k を定数とするとき，$\int_a^b k\,dx = k(b-a)$ であることを示せ．

【解答】 式 (4.12) より

$$\int_a^b k\,dx = \lim_{n\to\infty} \frac{b-a}{n} \sum_{i=1}^n f\left(a + \frac{b-a}{n}i\right) = \lim_{n\to\infty} \frac{b-a}{n} \sum_{i=1}^n k = k(b-a).$$

◇

例題 4.11 $\int_a^b x^2\,dx = \dfrac{b^3 - a^3}{3}$ であることを示せ．

【解答】 式 (4.12) より

$$\int_a^b x^2\,dx = \lim_{n\to\infty} \frac{b-a}{n} \sum_{k=1}^n \left\{a^2 + 2a\cdot\frac{b-a}{n}\cdot k + \frac{(b-a)^2}{n^2}\cdot k^2\right\}$$

$$= \lim_{n\to\infty} \frac{b-a}{n} \left\{ na^2 + 2a \cdot \frac{b-a}{n} \cdot \frac{n(n+1)}{2} + \frac{(b-a)^2}{n^2} \cdot \frac{n(n+1)(2n+1)}{6} \right\}$$

$$= (b-a) \left\{ a^2 + a(b-a) + \frac{1}{3}(b-a)^2 \right\} = \frac{b^3 - a^3}{3}. \qquad \diamondsuit$$

つぎに，定積分に関するいくつかの基本的性質について述べる．

定理 4.8 関数 $f(x), g(x)$ は区間 $[a,b]$ において積分可能とする．このとき

(1) $\displaystyle\int_a^b (f(x) \pm g(x))\,dx = \int_a^b f(x)\,dx \pm \int_a^b g(x)\,dx$ （複号同順）

(2) $\displaystyle\int_a^b kf(x)\,dx = k\int_a^b f(x)\,dx$ （k：定数）

(3) $a < c < b$ のとき，$\displaystyle\int_a^b f(x)\,dx = \int_a^c f(x)\,dx + \int_c^b f(x)\,dx$．

(4) $f(x) \leqq g(x)$ （$a \leqq x \leqq b$）のとき，$\displaystyle\int_a^b f(x)\,dx \leqq \int_a^b g(x)\,dx$．

(5) $\left|\displaystyle\int_a^b f(x)\,dx\right| \leqq \displaystyle\int_a^b |f(x)|\,dx$

注意：$a > b$ のとき，$\displaystyle\int_a^b f(x)\,dx$ を $-\displaystyle\int_b^a f(x)\,dx$ で定義し，$a = b$ のときは，$\displaystyle\int_a^b f(x)\,dx = 0$ と定める．また，連続な関数 $f(x)$ について，つぎが成り立つ．

$$\int_{-a}^a f(x)\,dx = \begin{cases} 2\displaystyle\int_0^a f(x)\,dx & (f(x)：偶関数), \\ 0 & (f(x)：奇関数). \end{cases}$$

定理 4.9 （積分の平均値の定理） 関数 $f(x)$ が区間 $[a,b]$ で連続のとき

$$\int_a^b f(x)\,dx = f(c)(b-a) \quad (a < c < b)$$

を満たす c が存在する．

証明 $f(x)$ が定数のときは，任意の c $(a<c<b)$ を選べる．$f(x)$ が定数でないとする．$f(x)$ が $[a,b]$ で連続であることより，最大値 M と最小値 m が存在して

$$m \leqq f(x) \leqq M \quad (a \leqq x \leqq b)$$

となる．このとき定理 4.8 (4) により，$f(x)$ が定数でないことに注意しながら

$$\int_a^b m\,dx < \int_a^b f(x)\,dx < \int_a^b M\,dx.$$

また例題 4.10 より

$$\int_a^b m\,dx = m(b-a), \quad \int_a^b M\,dx = M(b-a)$$

であるから

$$m < \frac{1}{b-a}\int_a^b f(x)\,dx < M$$

が成り立つ．このとき中間値の定理より，ある c $(a<c<b)$ が存在して

$$\frac{1}{b-a}\int_a^b f(x)\,dx = f(c)$$

が満たされ，定理が証明される． □

4.5 定積分の計算

定理 4.10 (微分積分学の基本定理) 関数 $f(x)$ が区間 $[a,b]$ で連続のとき

$$F(x) = \int_a^x f(t)\,dt \quad (a \leqq x \leqq b)$$

は $F'(x) = f(x)$ を満たす．これより，連続関数は必ず原始関数をもつ．

証明 $F(x)$ の定義より，$F(x+h) = \int_a^{x+h} f(t)\,dt$ であり，定理 4.8 (3) より

$$\frac{F(x+h)-F(x)}{h} = \frac{1}{h}\left(\int_a^{x+h} f(t)\,dt - \int_a^x f(t)\,dt\right) = \frac{1}{h}\int_x^{x+h} f(t)\,dt.$$

ここで，上式の右辺は，積分の平均値の定理により，x と $x+h$ の間にある定数

c が存在して $f(c)$ と等しくなる．よって

$$\frac{F(x+h)-F(x)}{h}=f(c)$$

となり，$h \to 0$ のとき $c \to x$ であるから，ただちに $F'(x)=f(x)$ を得る． □

定理 4.11 関数 $f(x)$ は閉区間 $[a,b]$ で連続で，$F(x)$ は $f(x)$ の原始関数とする．このとき

$$\int_a^b f(x)\,dx = \Bigl[F(x)\Bigr]_a^b$$

が成り立つ．ここで，$\Bigl[F(x)\Bigr]_a^b = F(b)-F(a)$ とおいた．

証明 定理 4.10 より $\int_a^x f(t)\,dt$ は $f(x)$ の原始関数の 1 つであるので

$$\int_a^x f(t)\,dt = F(x)+C \quad (C \text{ は積分定数})$$

と表される．ここで，$x=a$ とすると $C=-F(a)$ が得られるので

$$\int_a^x f(t)\,dt = F(x)-F(a)$$

となる．さらに，$x=b$ とおけば定理の式が得られる． □

例 4.3 $\displaystyle\int_0^{\pi/3} \sin x\,dx = \Bigl[-\cos x\Bigr]_0^{\pi/3} = -\cos\frac{\pi}{3}+\cos 0 = \frac{1}{2}$．

定理 4.12（**置換積分法**） 関数 $f(x)$ は区間 $[a,b]$ において連続，$\varphi(t)$ は $a=\varphi(\alpha)$，$b=\varphi(\beta)$ かつ $a \leqq \varphi(t) \leqq b$ を満たす C^1 級関数とする．このとき

$$\int_a^b f(x)\,dx = \int_\alpha^\beta f(\varphi(t))\frac{d\varphi}{dt}\,dt$$

が成り立つ．

証明 $f(x)$ の原始関数を $F(x)$ とするとき，定理 4.3 より，$F(\varphi(t))$ が $f(\varphi(t))\varphi'(t)$ の原始関数になるので

$$\int_\alpha^\beta f(\varphi(t))\varphi'(t)\,dt = F(\varphi(\beta)) - F(\varphi(\alpha)) = F(b) - F(a) = \int_a^b f(x)\,dx$$

となり定理が成立する. □

注意：実際には，この定理において t と x を入れ替え，左辺と右辺を交換したつぎの形

$$\int_\alpha^\beta f(\varphi(x))\varphi'(x)\,dx = \int_a^b f(t)\,dt$$

もよく使われる.

例題 4.12 つぎの定積分の値を求めよ.

(1) $\displaystyle\int_1^3 (2x+5)^3\,dx$ (2) $\displaystyle\int_0^1 x\sqrt{2x^2+1}\,dx$

【解答】 (1) $t = 2x+5$ とおくと $\dfrac{dt}{dx} = 2$ であり，$x=1$ のとき $t=7$，$x=3$ のとき $t=11$ となるから

$$\int_1^3 (2x+5)^3\,dx = \frac{1}{2}\int_7^{11} t^3\,dt = \frac{1}{2}\left[\frac{1}{4}t^4\right]_7^{11} = \frac{1}{8}\cdot 11^4 - \frac{1}{8}\cdot 7^4 = 1530.$$

(2) $t = 2x^2+1$ とおくと $\dfrac{dt}{dx} = 4x$ であり，$x=0$ のとき $t=1$，$x=1$ のとき $t=3$ となるから

$$\int_0^1 x\sqrt{2x^2+1}\,dx = \frac{1}{4}\int_1^3 \sqrt{t}\,dt = \frac{1}{4}\left[\frac{2}{3}t^{3/2}\right]_1^3 = \frac{1}{6}(3\sqrt{3}-1). \diamond$$

定理 4.13 (部分積分法) 区間 $[a,b]$ において，関数 $f(x)$, $g(x)$ が C^1 級であるとき

$$\int_a^b f(x)g'(x)\,dx = \Big[f(x)g(x)\Big]_a^b - \int_a^b f'(x)g(x)\,dx.$$

証明 定理 4.5 より

$$\int_a^b f(x)g'(x)\,dx = \left[f(x)g(x) - \int f'(x)g(x)\,dx\right]_a^b$$

となり定理が成立する. □

例題 4.13 つぎの定積分の値を求めよ.

(1) $\displaystyle\int_0^1 xe^{-x}\,dx$ (2) $\displaystyle\int_1^e x\log x\,dx$ (3) $\displaystyle\int_0^{1/2} \sin^{-1} x\,dx$

【解答】 (1) $\displaystyle\int_0^1 xe^{-x}\,dx = \int_0^1 x\left(-e^{-x}\right)'\,dx = \left[x(-e^{-x})\right]_0^1 - \int_0^1 1\cdot\left(-e^{-x}\right)\,dx$
$$= -\frac{1}{e} + \left[-e^{-x}\right]_0^1 = \frac{e-2}{e}$$

(2) $\displaystyle\int_1^e x\log x\,dx = \int_1^e \log x\cdot\left(\frac{1}{2}x^2\right)'\,dx = \left[\log x\cdot\left(\frac{1}{2}x^2\right)\right]_1^e - \int_1^e \frac{1}{x}\cdot\frac{1}{2}x^2\,dx$
$$= \frac{1}{2}e^2 - \frac{1}{2}\left[\frac{1}{2}x^2\right]_1^e = \frac{e^2+1}{4}$$

(3) $\sin^{-1} x = 1\cdot\sin^{-1} x = (x)'\sin^{-1} x$ と考えると
$$\int_0^{1/2}\sin^{-1} x\,dx = \left[x\sin^{-1} x\right]_0^{1/2} - \int_0^{1/2}\frac{x}{\sqrt{1-x^2}}\,dx.$$

右辺の第 2 項を $1-x^2 = t$ とおいて置換積分すると, $x=0$ のとき $t=1$, $x=1/2$ のとき $t=3/4$, $-2x\,dx = dt$ より, $x\,dx = -\dfrac{1}{2}dt$ であるから
$$\int_0^{1/2}\frac{x}{\sqrt{1-x^2}}\,dx = -\int_1^{3/4}\frac{1}{2\sqrt{t}}\,dt = -\left[\sqrt{t}\right]_1^{3/4} = 1 - \frac{\sqrt{3}}{2}.$$
$$\therefore\quad \int_0^{1/2}\sin^{-1} x\,dx = \frac{1}{2}\sin^{-1}\frac{1}{2} + \frac{\sqrt{3}}{2} - 1 = \frac{\pi}{12} + \frac{\sqrt{3}}{2} - 1.$$

また, 積分に慣れたらつぎのような解き方もできる.
$$\int_0^{1/2}\frac{x}{\sqrt{1-x^2}}\,dx = -\int_0^{1/2}\frac{(1-x^2)'}{2\sqrt{1-x^2}}\,dx = -\left[\sqrt{1-x^2}\right]_0^{1/2}. \quad\diamond$$

4.6 定積分の応用

例題 4.10 より, $\displaystyle\int_a^b k\,dx = k(b-a)$ であった. $k>0$ のとき, これは直線 $y=k$, $y=0$, $x=a$ および $x=b$ で囲まれた長方形の面積である. この一般化として, つぎの定理が知られている.

定理 4.14 連続な 2 曲線 $y = f(x)$, $y = g(x)$ において, $f(x) \leqq g(x)$ $(a \leqq x \leqq b)$ とする. この 2 曲線と 2 直線 $x = a$, $x = b$ により囲まれた図形の面積は

$$S = \int_a^b (g(x) - f(x)) \, dx$$

で与えられる.

直感的には明らかであるが, 証明するには面積を厳密に定義し, それに基づいて証明しなければならないので省略する.

例題 4.14 2 つの放物線 $y = x^2 - 3x - 5$ と $y = -x^2 + x + 1$ により囲まれた図形の面積 S を求めよ.

【解答】 $x^2 - 3x - 5 = -x^2 + x + 1$ を解いて, $x = -1$, $x = 3$. したがって 2 つの放物線は $x = -1$ と $x = 3$ において交わっている (図 4.3). また $-1 \leqq x \leqq 3$ において, $-x^2 + x + 1 \geqq x^2 - 3x - 5$. 求める面積 S は

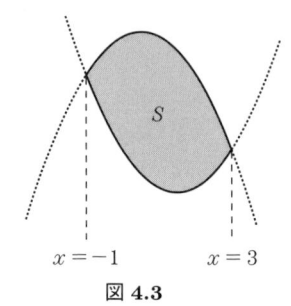

$$S = \int_{-1}^{3} \{(-x^2 + x + 1) - (x^2 - 3x - 5)\} \, dx$$

$$= \int_{-1}^{3} (-2x^2 + 4x + 6) \, dx$$

$$= \left[-\frac{2}{3}x^3 + 2x^2 + 6x \right]_{-1}^{3} = \frac{64}{3}. \quad \diamondsuit$$

図 4.3

例題 4.15 楕円 $\dfrac{x^2}{a^2} + \dfrac{y^2}{b^2} = 1$ $(a > 0, \ b > 0)$ によって囲まれた図形の面積を求めよ.

【解答】 $\dfrac{x^2}{a^2} + \dfrac{y^2}{b^2} = 1$ を y について解くと, $y^2 = b^2 \left(1 - \dfrac{x^2}{a^2}\right) = \dfrac{b^2}{a^2}(a^2 - x^2)$. 楕円が x 軸, および y 軸について対称だから, 求める面積を S とすると

$$S = 4\int_0^a \frac{b}{a}\sqrt{a^2-x^2}\,dx = \frac{4b}{a}\int_0^a \sqrt{a^2-x^2}\,dx.$$

$x = a\sin\theta$ とおくと，$\dfrac{dx}{d\theta} = a\cos\theta$ であり，また θ が 0 から $\dfrac{\pi}{2}$ の範囲を動くとき，x は 0 から a までの範囲を動く（図 4.4）．このとき $\cos\theta \geqq 0$ なので

$$\sqrt{a^2-x^2} = \sqrt{a^2(1-\sin^2\theta)} = a\sqrt{\cos^2\theta} = a\cos\theta.$$

図 4.4

$$\therefore \quad \int_0^a \sqrt{a^2-x^2}\,dx = \int_0^{\pi/2} a\cos\theta \cdot a\cos\theta\,d\theta$$
$$= a^2 \int_0^{\pi/2} \cos^2\theta\,d\theta = a^2 \int_0^{\pi/2} \frac{1+\cos 2\theta}{2}\,d\theta$$
$$= \frac{a^2}{2}\left[\theta + \frac{1}{2}\sin 2\theta\right]_0^{\pi/2} = \frac{\pi}{4}a^2.$$

ゆえに，$S = \dfrac{4b}{a} \cdot \dfrac{\pi}{4}a^2 = \pi ab$. $\diamond$

平面上の点 $\mathrm{P}(x, y) \neq \mathrm{O}(0, 0)$ を，$x = r\cos\theta$，$y = r\sin\theta$ と表したときの組 (r, θ) を P の **極座標表示**（図 4.5）という．r は原点 O と P の距離，θ は P の **偏角** である．$\mathrm{P}(x, y) \neq \mathrm{O}(0, 0)$ に対し，$r > 0$，$0 \leqq \theta < 2\pi$ の範囲で極座標表示 (r, θ) がただ 1 組定まる．なお原点 O に対しては $r = 0$ となるが，θ は自由にとれることに注意する．平面の点の極座標表示は，例えば原点に対し対称な現象を調べる場合などにとても便利である．

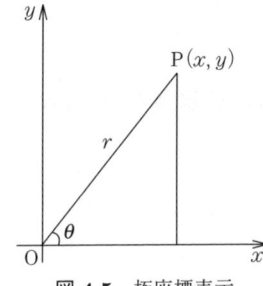

図 4.5 極座標表示

さて，曲線 C が極座標 (r, θ) を用い，極方程式

$$C : r = f(\theta) \quad (\alpha \leqq \theta \leqq \beta) \tag{4.13}$$

により与えられたとき，曲線 C と 2 つの半直線

$$\theta = \alpha, \quad \theta = \beta \tag{4.14}$$

によって囲まれた図形の面積を求める公式を導こう．

定理 4.15 $f(\theta)$ が $[\alpha, \beta]$ で連続なとき, 式 (4.13) で与えられた曲線 C, および 2 つの半直線 (4.14) により囲まれた図形の面積 S は, つぎの式で与えられる.

$$S = \frac{1}{2}\int_\alpha^\beta f(\theta)^2\, d\theta. \tag{4.15}$$

証明 θ の区間 $[\alpha, \beta]$ の分割 Δ と集合 T

$$\Delta: \alpha = \theta_0 < \theta_1 < \cdots < \theta_{n-1} < \theta_n = \beta,$$
$$T = \{t_1, t_2, \cdots, t_n\} \quad (\theta_{j-1} \leqq t_j \leqq \theta_j,\ 1 \leqq j \leqq n)$$

をとる. C と $\theta = \theta_{j-1}$ で定義される xy 平面の半直線 l_{j-1} と $\theta = \theta_j$ で定義される xy 平面の半直線 l_j で囲まれた図形の面積を, 原点を中心とした半径 $|f(t_j)|$ の円弧と 2 つの半直線 l_{j-1}, l_j で囲まれた扇形の面積 (図 4.6)

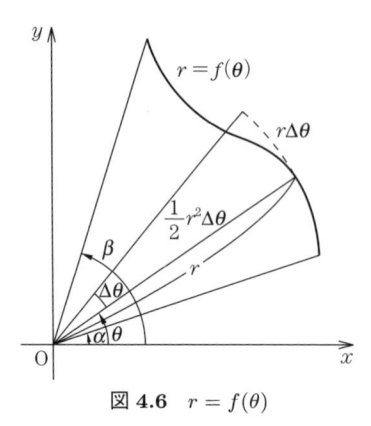

$$\pi |f(t_j)|^2 \cdot \frac{\theta_j - \theta_{j-1}}{2\pi} = \frac{1}{2} f(t_j)^2 (\theta_j - \theta_{j-1})$$

で近似し, その近似和

$$\sum_{j=1}^n \frac{1}{2} f(t_j)^2 (\theta_j - \theta_{j-1})$$

を考える. すると, $f(x)$ が連続なので定理 4.7 より

$$\lim_{|\Delta| \to 0} \sum_{j=1}^n \frac{1}{2} f(t_j)^2 (\theta_j - \theta_{j-1})$$

図 4.6 $r = f(\theta)$

$$= \lim_{|\Delta| \to 0} S\left(\frac{1}{2}f^2, \Delta, T\right) = \frac{1}{2} \int_\alpha^\beta f(\theta)^2\, d\theta$$

となり, 定理が示される. □

例題 4.16 極方程式 $r = \cos\dfrac{\theta}{2}$ で定義される曲線と, 2 つの半直線 $\theta = 0$, $\theta = \dfrac{\pi}{2}$ で囲まれた図形の面積を求めよ.

【解答】 式 (4.15) より

$$S = \frac{1}{2}\int_0^{\pi/2} \cos^2\frac{\theta}{2}\,d\theta = \frac{1}{4}\int_0^{\pi/2}(1+\cos\theta)\,d\theta = \frac{1}{4}\Big[\theta+\sin\theta\Big]_0^{\pi/2} = \frac{1}{4}\left(\frac{\pi}{2}+1\right).$$

◇

定理 4.16 （カバリエリの公式） 図 4.7 のような x 軸上の区間 $a \leqq x \leqq b$ に対し，x 軸に垂直な平面による断面積が $G(x)$ である立体の体積 V は，$G(x)$ が連続であるとき

$$V = \int_a^b G(x)\,dx$$

で与えられる．

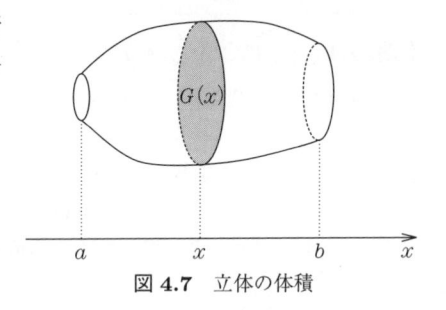

図 4.7 立体の体積

ここでは直感的に説明しよう．区間 $[a,b]$ の分割

$$\Delta : a = x_0 < x_1 < \cdots < x_{n-1} < x_n = b$$

をとり，各小区間 $[x_{i-1}, x_i]$ から任意の点 t_i を選び，$T = \{t_1, t_2, \ldots, t_n\}$ とする．この立体の $x_{i-1} \leqq x \leqq x_i$ の部分の体積を，底面積 $G(t_i)$，高さ $x_i - x_{i-1}$ の柱状図形の体積で近似し，その総和を求めると

$$\sum_{i=1}^n G(t_i)(x_i - x_{i-1}) = S(G, \Delta, T)$$

となる．仮定より $G(x)$ は連続であるから，$|\Delta| \to 0$ とすると

$$V = \lim_{|\Delta|\to 0} S(G, \Delta, T) = \int_a^b G(x)\,dx.$$

定理 4.17 区間 $[a,b]$ 上の連続な曲線 $y = f(x)$ と x 軸との間にある部分を，x 軸のまわりに 1 回転させてできる立体の体積 V は

$$V = \pi \int_a^b f(x)^2\, dx$$

となる.

証明　x 軸に垂直な平面による断面積が $\pi f(x)^2$ であるので,定理 4.16 よりただちに定理が証明される.　□

例題 4.17　x 軸と放物線 $y = 1 - x^2$ で囲まれた図形を,x 軸のまわりに回転させて得られる図形の体積を求めよ.

【解答】　$1 - x^2 = 0$ を解いて,$x = \pm 1$.よって放物線は x 軸と $x = \pm 1$ において交わっている.$-1 \leq x \leq 1$ における図形の断面積 $S(x)$ は半径 $1 - x^2$ の円で $S(x) = \pi(1 - x^2)^2$.よって,求める体積 V は

$$V = \pi \int_{-1}^1 (1-x^2)^2\, dx = 2\pi \int_0^1 (1 - 2x^2 + x^4)\, dx$$
$$= 2\pi \left[x - \frac{2}{3}x^3 + \frac{1}{5}x^5 \right]_0^1 = \frac{16}{15}\pi. \qquad \diamondsuit$$

曲線の長さ　曲線 $C : y = f(x)$ の $a \leq x \leq b$ に対する曲線の弧の長さを求める.区間 $[a, b]$ の分割を

$$\Delta : a = x_0 < x_1 < \cdots < x_{n-1} < x_n = b$$

とする.x_i に対応する曲線上の点を P_i とし,i 番目の小区間 $[x_{i-1}, x_i]$ における曲線の弧の代わりに弦 $\overline{\mathrm{P}_{i-1}\mathrm{P}_i}$ を考え,その長さの和

$$\overline{\mathrm{P}_0\mathrm{P}_1} + \overline{\mathrm{P}_1\mathrm{P}_2} + \cdots + \overline{\mathrm{P}_{n-1}\mathrm{P}_n} = \sum_{i=1}^n \overline{\mathrm{P}_{i-1}\mathrm{P}_i} \qquad (4.16)$$

を考える.分割 Δ のノルム $|\Delta|$ を小さくしたとき,式 (4.16) は C の長さに近づいていくと考えられる.そこで,$|\Delta| \to 0$ としたとき,式 (4.16) が一定の値に収束するならば,C は長さをもつという.そして,この極限値を C の**長さ**といい,$L(C)$ と書く.

定理 4.18 （曲線の長さ） $f(x)$ が $[a,b]$ で連続な導関数をもつとき, $[a,b]$ における曲線 $C\colon y=f(x)$ の長さ $L(C)$ は

$$L(C) = \int_a^b \sqrt{1+f'(x)^2}\,dx$$

で与えられる.

証明 区間 $[a,b]$ の分割を

$$\Delta\colon a = x_0 < x_1 < \cdots < x_{n-1} < x_n = b$$

とする. C 上に点 $P_0(x_0,f(x_0)), P_1(x_1,f(x_1)), P_2(x_2,f(x_2)), \cdots, P_n(x_n,f(x_n))$ をとる. 各線分 P_0P_1, P_1P_2, $\cdots$, $P_{n-1}P_n$ の長さの総和は

$$\sum_{i=1}^n \overline{P_{i-1}P_i} = \sum_{i=1}^n \sqrt{(x_i-x_{i-1})^2 + (f(x_i)-f(x_{i-1}))^2}$$
$$= \sum_{i=1}^n \sqrt{1+\left(\frac{f(x_i)-f(x_{i-1})}{x_i-x_{i-1}}\right)^2}\,(x_i-x_{i-1}).$$

ここで, 平均値の定理より, $\dfrac{f(x_i)-f(x_{i-1})}{x_i-x_{i-1}} = f'(c_i)\ (x_{i-1} < c_i < x_i)$ を満たす c_i が存在するので

$$\sum_{i=1}^n \overline{P_{i-1}P_i} = \sum_{i=1}^n \sqrt{1+f'(c_i)^2}\,(x_i-x_{i-1})$$
$$= S\left(\sqrt{1+f'(x)^2}, \Delta, T\right) \quad (T = \{c_1, c_2, \cdots, c_n\}).$$

いま, $|\Delta| \to 0$ とすると, $f'(x)$ が連続であるので $\sqrt{1+f'(x)^2}$ も連続となるから, 定理 4.7 より

$$L(C) = \lim_{n\to\infty} \sum_{i=1}^n \overline{P_{i-1}P_i}$$
$$= \lim_{|\Delta|\to 0} S\left(\sqrt{1+f'(x)^2}, \Delta, T\right) = \int_a^b \sqrt{1+f'(x)^2}\,dx.$$

□

例題 4.18 $y = \dfrac{1}{2}x^2 + 1\ (0 \leqq x \leqq 1)$ の長さ L を求めよ．

【解答】 定理 4.18 と $\sqrt{x^2 + a}$ の積分公式 (p.78) より

$$L = \int_0^1 \sqrt{1 + (y')^2}\, dx = \int_0^1 \sqrt{1 + x^2}\, dx$$
$$= \left[\dfrac{1}{2}\left(x\sqrt{x^2+1} + \log|x + \sqrt{x^2+1}|\right)\right]_0^1 = \dfrac{1}{2}\left\{\sqrt{2} + \log(1+\sqrt{2})\right\}.$$

$\diamondsuit$

さて，t を媒介変数として，$x = f(t),\ y = g(t),\ a \leqq t \leqq b$ で与えられる曲線の長さも，定理 4.18 と同様に求められる．

定理 4.19 曲線 C の方程式が t を媒介変数として，$x = f(t), y = g(t)\ (\alpha \leqq t \leqq \beta)$ で与えられ，$f(t)$ と $g(t)$ が C^1 級のとき，その長さ $L(C)$ は

$$L(C) = \int_\alpha^\beta \sqrt{\left(\dfrac{dx}{dt}\right)^2 + \left(\dfrac{dy}{dt}\right)^2}\, dt.$$

注意：$f'(t) > 0$ のときは，定理 4.18 を用いてつぎのように簡単に示せる．媒介変数表示：$x = f(t),\ y = g(t)$ と $f'(t) > 0$ から，y は $y = g(f^{-1}(x))$ により x の関数で表せる．この関数を $y = F(x)$ とおく．$a = f(\alpha),\ b = f(\beta)$ とおくと，定理 2.6 より $F'(x) = g'(x)/f'(x)$ が成り立つので，定理 4.18 から

$$L(C) = \int_a^b \sqrt{1 + F'(x)^2}\, dx = \int_\alpha^\beta \sqrt{1 + \left(\dfrac{g'(t)}{f'(t)}\right)^2}\, f'(t)\, dt$$

となり，$f'(t) > 0$ より定理が成り立つ．ここで，$dx = f'(t)\, dt$ を用いた．

例題 4.19 アステロイド $C : x^{2/3} + y^{2/3} = a^{2/3}\ (a > 0)$ の長さ $L(C)$ を求めよ．

【解答】 曲線 C は $x = a\cos^3 t,\ y = a\sin^3 t\ (0 \leqq t \leqq 2\pi)$ で媒介変数表示できる（図 **4.8**）．第 1 象限の部分を 4 倍すればよいので

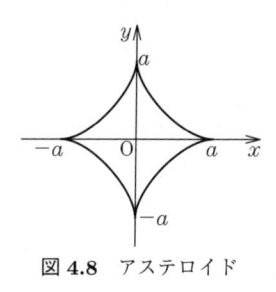

$$L(C) = 4\int_0^{\pi/2} \sqrt{\left(\frac{dx}{dt}\right)^2 + \left(\frac{dy}{dt}\right)^2}\, dt$$

$$= 12a\int_0^{\pi/2} \sqrt{\cos^4 t \sin^2 t + \sin^4 t \cos^2 t}\, dt$$

$$= 12a\int_0^{\pi/2} \sin t \cos t\, dt$$

$$= 6a\int_0^{\pi/2} \sin 2t\, dt = 3a\Big[-\cos 2t\Big]_0^{\pi/2} = 6a.$$

◇

図 4.8 アステロイド

4.7 広 義 積 分

これまでは，閉区間 $[a,b]$ における定積分のみを扱った．この節では，閉区間以外の区間における定積分を定義する．これらの積分は**広義積分**と呼ばれる．

まず，有限区間 $(a,b]$ における広義積分をつぎのように定義する．関数 $f(x)$ は区間 $(a,b]$ において連続とする．$\displaystyle\lim_{\varepsilon \to +0}\int_{a+\varepsilon}^{b} f(x)\,dx$ が存在するとき，$f(x)$ は区間 $(a,b]$ で広義積分は存在する（積分可能，積分が収束する）といい

$$\int_a^b f(x)\,dx = \lim_{\varepsilon \to +0}\int_{a+\varepsilon}^b f(x)\,dx$$

と定義する．ここで，右辺の極限値が存在しないときは，「広義積分は発散する」という．区間が $[a,b)$ の場合についても同様に定義する．

例題 4.20 広義積分 $\displaystyle\int_0^1 \frac{1}{\sqrt{x}}\,dx$ の値を求めよ．

【解答】 $\dfrac{1}{\sqrt{x}}$ は区間 $(0,1]$ において連続であるが，$\displaystyle\lim_{x \to +0}\dfrac{1}{\sqrt{x}} = \infty$ となり，この区間において有界ではない（図 4.9）．先の定義により

$$\int_0^1 \frac{1}{\sqrt{x}}\,dx = \lim_{\varepsilon \to +0}\int_\varepsilon^1 \frac{1}{\sqrt{x}}\,dx$$

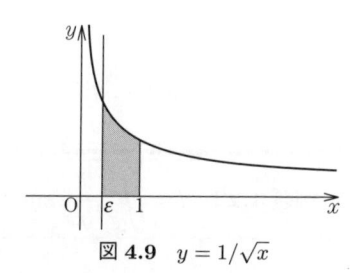

図 4.9 $y = 1/\sqrt{x}$

$$= \lim_{\varepsilon \to +0} \left[2x^{1/2} \right]_\varepsilon^1 = \lim_{\varepsilon \to +0} 2(1 - \sqrt{\varepsilon}) = 2. \qquad \diamondsuit$$

例題 4.21 実数 $\alpha > 0$ に対して，つぎが成り立つことを示せ．

$$\int_0^1 \frac{1}{x^\alpha} dx = \begin{cases} \dfrac{1}{1-\alpha} & (0 < \alpha < 1), \\ \text{発散} & (\alpha \geq 1). \end{cases}$$

【解答】 与えられた広義積分を I とおくと，$\alpha \neq 1$ のとき

$$I = \lim_{\varepsilon \to +0} \int_\varepsilon^1 \frac{1}{x^\alpha} dx = \lim_{\varepsilon \to +0} \left[\frac{1}{1-\alpha} \frac{1}{x^{\alpha-1}} \right]_\varepsilon^1 = \lim_{\varepsilon \to +0} \frac{1}{1-\alpha} \left(1 - \frac{1}{\varepsilon^{\alpha-1}} \right).$$

$\alpha = 1$ のとき

$$I = \lim_{\varepsilon \to +0} \int_\varepsilon^1 \frac{1}{x} dx = \lim_{\varepsilon \to +0} \Big[\log |x| \Big]_\varepsilon^1 = \lim_{\varepsilon \to +0} (-\log \varepsilon).$$

よって，$0 < \alpha < 1$ ならば $\displaystyle\lim_{\varepsilon \to +0} \frac{1}{\varepsilon^{\alpha-1}} = 0$ であるから，広義積分 I は存在して $I = \dfrac{1}{1-\alpha}$．一方，$\alpha > 1$ のときは $\displaystyle\lim_{\varepsilon \to +0} \frac{1}{\varepsilon^{\alpha-1}} = +\infty$．また，$\alpha = 1$ のときは $\displaystyle\lim_{\varepsilon \to +0} (-\log \varepsilon) = +\infty$．したがって，$\alpha \geq 1$ のときこの広義積分 I は発散する． $\diamondsuit$

ここで広義積分の存在を判定するための 1 つの十分条件を述べるが，証明は省略する．

定理 4.20 関数 $f(x)$, $g(x)$ は区間 $(a, b]$ で連続であるとする．連続関数 $g(x)$ で，つぎの (i), (ii) を満たすものが存在すれば $\displaystyle\int_a^b f(x)$ は存在する．

(i) $|f(x)| \leq g(x)$ (ii) $\displaystyle\int_a^b g(x)\, dx$ が存在する．

例題 4.22 $I = \displaystyle\int_0^1 \frac{1}{\sqrt{x}} \sin x\, dx$ は存在することを示せ．

【解答】 まず $\left|\dfrac{1}{\sqrt{x}}\sin x\right| \leqq \dfrac{1}{\sqrt{x}}$ であり，$\displaystyle\int_0^1 \dfrac{1}{\sqrt{x}}\,dx$ は存在するから（例題 4.21 で $\alpha = 1/2 < 1$），広義積分 I は存在する． ◇

つぎに広義積分が発散するための 1 つの十分条件を述べる．

定理 4.21 関数 $f(x)$, $g(x)$ は区間 $(a, b]$ で連続であるとする．関数 $g(x)$ で，つぎの (i)，(ii) を満たすものが存在すれば $\displaystyle\int_a^b f(x)\,dx$ は発散する．

(i) $0 \leqq g(x) \leqq f(x)$ (ii) $\displaystyle\int_a^b g(x)\,dx$ が発散する．

例題 4.23 $I = \displaystyle\int_0^1 \dfrac{1}{x\sqrt{1+x^2}}\,dx$ は発散することを示せ．

【解答】 $0 < x \leqq 1$ において $\dfrac{1}{x\sqrt{1+1}} \leqq \dfrac{1}{x\sqrt{1+x^2}}$ であり，$\displaystyle\int_0^1 \dfrac{1}{\sqrt{2}x}\,dx$ は発散するから（例題 4.21 で $\alpha = 1$），I は発散する． ◇

つぎに，無限区間 $[a, \infty)$ における広義積分をつぎのように定義する．

$$\int_a^\infty f(x)\,dx = \lim_{N \to \infty} \int_a^N f(x)\,dx.$$

区間 $(-\infty, b]$ における広義積分も同様に定義する．

例題 4.24 広義積分 $I = \displaystyle\int_a^\infty \dfrac{1}{x^k}\,dx$ $(k > 0, a > 0)$ は，$k > 1$ ならば存在し

$$I = \dfrac{1}{(k-1)a^{k-1}}$$

であり，$k \leqq 1$ ならば発散することを示せ．

【解答】 $k \neq 1$ のとき

$$\lim_{N \to \infty} \int_a^N \dfrac{1}{x^k}\,dx = \lim_{N \to \infty} \dfrac{1}{1-k}\left(\dfrac{1}{N^{k-1}} - \dfrac{1}{a^{k-1}}\right) = \begin{cases} \dfrac{1}{k-1}\dfrac{1}{a^{k-1}} & (k > 1), \\ \infty & (k < 1). \end{cases}$$

また，$k=1$ のときは

$$\lim_{N\to\infty}\int_a^N \frac{1}{x}dx = \lim_{N\to\infty}\Big[\log|x|\Big]_a^N = \lim_{N\to\infty}(\log N - \log a) = \infty.$$

以上より，$k>1$ のとき積分 I は存在し $I = \dfrac{1}{(k-1)a^{k-1}}$．$k \leqq 1$ のとき発散する． ◇

例題 4.25 広義積分 $\displaystyle\int_0^\infty \frac{dx}{1+x^2}$ の値を求めよ．

【解答】

$$\int_0^\infty \frac{dx}{1+x^2} = \lim_{N\to\infty}\int_0^N \frac{dx}{1+x^2} = \lim_{N\to\infty}\Big[\tan^{-1}x\Big]_0^N = \lim_{N\to\infty}\tan^{-1}N = \frac{\pi}{2}$$

◇

章 末 問 題

【1】 つぎの関数の不定積分を求めよ．

(1) x^3 (2) $x^{\frac{2}{5}}$ (3) x^{-3} (4) $\sqrt{x^3}$ (5) 2^x

(6) e^{3x} (7) $\sin(2x+3)$ (8) $\dfrac{1}{\cos^2(4x+1)}$ (9) $\dfrac{1}{\sqrt{4-x^2}}$

(10) $\dfrac{1}{9+x^2}$

【2】 つぎの関数の不定積分を求めよ．

(1) $(2x-5)^3$ (2) $\sqrt{2x-4}$ (3) xe^{-x^2+1} (4) $\sin^2 x$

(5) $\cos^6 x \sin x$ (6) $(3x+1)\cos x$ (7) $x\sin 3x$ (8) $\sin^3 x$

(9) $\dfrac{1}{\sqrt{1-4x^2}}$ (10) $\dfrac{1}{2+5x^2}$ (11) $\dfrac{x+1}{x^2+2x+4}$

(12) $\dfrac{1}{x\log x}$ (13) $\tan^{-1}\dfrac{x}{3}$ (14) $x\tan^{-1}x$ (15) $x^2 e^{2x}$

(16) $x^3 \log x$

【3】 つぎの関数の不定積分を求めよ．

(1) $\dfrac{x-1}{x^2+1}$ (2) $\dfrac{x+1}{x^2+5x+6}$ (3) $\dfrac{2x^2-11}{x^2-x-2}$

(4) $\dfrac{x-1}{(x+2)(x^2+1)}$ (5) $\dfrac{2x+3}{(x+1)(x-2)^2}$ (6) $\dfrac{1}{1+\cos x}$

(7) $\dfrac{\sin x}{1+\sin x}$ (8) $\dfrac{1}{1+\sin x - \cos x}$ (9) $x\sqrt{1-x}$

(10) $\dfrac{x}{\sqrt{x+2}}$ (11) $\sqrt{\dfrac{2-x}{x}}$ (12) $\dfrac{1}{x\sqrt{x^2+3x+3}}$

(13) $\dfrac{1}{\sqrt{-x^2+x+2}}$

【4】 つぎの定積分の値を求めよ．

(1) $\displaystyle\int_0^1 \sqrt{x}\,dx$ (2) $\displaystyle\int_0^2 (2x+1)^3\,dx$ (3) $\displaystyle\int_1^3 3^x\,dx$

(4) $\displaystyle\int_0^{\frac{1}{2}} \sqrt{1-2x}\,dx$ (5) $\displaystyle\int_0^2 \sqrt{4-x^2}\,dx$ (6) $\displaystyle\int_0^{\frac{\pi}{4}} x\sin x\,dx$

(7) $\displaystyle\int_0^{\frac{1}{2}} \sin^{-1} x\,dx$ (8) $\displaystyle\int_{-1}^0 \dfrac{x^3}{(1-x)^2}\,dx$ (9) $\displaystyle\int_0^{\frac{\pi}{6}} \dfrac{1}{\cos x}\,dx$

(10) $\displaystyle\int_0^{\frac{\pi}{2}} \dfrac{1}{1+\sin x}\,dx$ (11) $\displaystyle\int_0^1 \dfrac{1}{(x^2+1)^2}\,dx$

(12) $\displaystyle\int_0^{\frac{1}{6}} \dfrac{1}{\sqrt{1-9x^2}}\,dx$

【5】 つぎの曲線と直線で囲まれた部分の面積を求めよ．

(1) $y=\sin x\,(0\leqq x\leqq \pi)$ と x 軸 (2) 放物線 $y=x^2$ と直線 $y=-x+2$

(3) $y=x\sqrt{1-x^2}\ (x\geqq 0)$ と x 軸 (4) $\sqrt{x}+\sqrt{y}=1$ と x 軸と y 軸

【6】 つぎの曲線で囲まれる図形の面積を求めよ．

(1) $r=a(1+\cos\theta)\quad (a>0)$ （カージオイド（ハート型））

(2) $r^2=2a^2\cos 2\theta\quad (a>0)$ （レムニスケート）

【7】 つぎの曲線の長さを求めよ．

(1) $y=\dfrac{1}{2}x^2\quad (-1\leqq x\leqq 1)$

(2) 懸垂線（カテナリー）：$y=\cosh x=\dfrac{e^x+e^{-x}}{2}\quad (0\leqq x\leqq 1)$

(3) サイクロイド：$x=a(t-\sin t),\ y=a(1-\cos t)\quad (a>0, 0\leqq t\leqq 2\pi)$

【8】 つぎの図形を x 軸のまわりに回転してできる回転体の体積を求めよ．

(1) $y=x^2-1\quad (-1\leqq x\leqq 1)$ と x 軸で囲まれた図形

(2) 円：$x^2+(y-2)^2=1$ の内部

(3) サイクロイド：$x=a(\theta-\sin\theta),\ y=a(1-\cos\theta)\quad (a>0,\ 0\leqq\theta\leqq 2\pi)$
と x 軸で囲まれた図形

【9】 つぎの広義積分の値を求めよ $(a>0)$．

(1) $\displaystyle\int_0^1 \log x\, dx$ (2) $\displaystyle\int_1^\infty xe^{-x}\, dx$ (3) $\displaystyle\int_0^\infty xe^{-x^2}\, dx$
(4) $\displaystyle\int_0^\infty \frac{1}{a^2+x^2}\, dx$ (5) $\displaystyle\int_1^\infty \frac{1}{x(x+1)}\, dx$ (6) $\displaystyle\int_1^\infty \frac{\log(1+x^2)}{x^2}\, dx$

【10】 $I = \displaystyle\int e^{ax}\sin bx\, dx,\ J = \int e^{ax}\cos bx\, dx$ とおく．ただし，$a^2+b^2 \neq 0$．このときつぎの式を示せ．
$$I = \frac{e^{ax}(a\sin bx - b\cos bx)}{a^2+b^2},\quad J = \frac{e^{ax}(a\cos bx + b\sin bx)}{a^2+b^2}.$$

【11】 自然数 $n = 1, 2, \ldots$ に対して
$$I_n = \int (\log x)^n\, dx$$
とおくとき，漸化式 $I_n = x(\log x)^n - nI_{n-1}\ (n=2,3,\ldots)$ を示せ．

【12】 区分求積法を用いてつぎの I の値を求めよ．
$$I = \lim_{n\to\infty}\left(\frac{1}{n+1} + \frac{1}{n+2} + \cdots + \frac{1}{n+n}\right).$$

【13】 (1) つぎの不等式を示せ．
$$\int_1^{n+1}\frac{1}{x}\, dx < 1 + \frac{1}{2} + \frac{1}{3} + + \frac{1}{4}\cdots + \frac{1}{n}.$$
(2) つぎの級数が発散することを示せ．
$$1 + \frac{1}{2} + \frac{1}{3} + \cdots + \frac{1}{n} + \cdots.$$

【14】 $s > 0$ に対して $\Gamma(s) = \displaystyle\int_0^\infty x^{s-1}e^{-x}\, dx$ を s の関数とみて，ガンマ関数という．例えば，$\Gamma(1) = \displaystyle\int_0^\infty e^{-x}\, dx = \left[-e^{-x}\right]_0^\infty = 1$ となる．
(1) $s > 1$ に対して $\Gamma(s) = (s-1)\Gamma(s-1)$ となることを示せ．
(2) 自然数 n に対して $\Gamma(n) = (n-1)!$ となることを示せ．

【15】 2 以上の整数 m に対してつぎの式を示せ．
$$\int_0^{\pi/2}\sin^m x\, dx = \int_0^{\pi/2}\cos^m x\, dx = \begin{cases}\dfrac{(2k-1)!!}{(2k)!!}\dfrac{\pi}{2} & (m=2k:\text{偶数}),\\[2mm] \dfrac{(2k)!!}{(2k+1)!!} & (m=2k+1:\text{奇数}).\end{cases}$$
ここで，$(2k)!! = 2k\cdot(2k-2)\cdots 4\cdot 2,\ (2k+1)!! = (2k+1)\cdot(2k-1)\cdots 3\cdot 1$ とおいた．

【16】 つぎの式を示せ.

$$\lim_{n\to\infty} \frac{1}{n} \left(\frac{(2n)!!}{(2n-1)!!} \right)^2 = \pi \quad (\text{ウォリスの公式})$$

【17】 正規分布を表す関数 $f(x) = \dfrac{1}{\sqrt{2\pi}\,\sigma} e^{-\frac{(x-m)^2}{2\sigma^2}}$ について，つぎの公式を示せ. ただし，m は平均と呼ばれる定数，σ は標準偏差と呼ばれる正の定数である. なお必要ならば，$\displaystyle\int_0^\infty e^{-x^2}\,dx = \dfrac{\sqrt{\pi}}{2}$（例題 6.7 参照）を用いよ.

(1) $\displaystyle\int_{-\infty}^\infty f(x)\,dx = 1$ (2) $\displaystyle\int_{-\infty}^\infty x f(x)\,dx = m$

(3) $\displaystyle\int_{-\infty}^\infty (x-m)^2 f(x)\,dx = \sigma^2$

5
2変数関数の微分法

5.1 2 変 数 関 数

2つの変数 x, y の1組の値 (x, y) に対応して,z の値が1つ定まるとき,z は x, y の **2変数関数** であるといい,$z = f(x, y)$ などと書く.x, y のとり得る値の範囲,すなわち点 (x, y) の存在し得る範囲をその関数の **定義域**,z のとり得る値の範囲をその関数の **値域** という.通常,関数が数式により定義されている場合,その数式が意味をもつ x, y の値の範囲をその関数の定義域とする.

以下,xy 平面全体 $= \{(x, y) \mid x \in \mathbb{R}, y \in \mathbb{R}\}$ を $\mathbb{R}^2$ で表す.

例 5.1 (1) $z = xy$ は x, y が任意の値をとることができるので定義域は $\mathbb{R}^2$,また値域は $\mathbb{R}$ である.

(2) $z = \sqrt{1 - x^2 - y^2}$.ルートの中は非負値なので,$1 - x^2 - y^2 \geqq 0$.したがって,定義域 $= \{(x, y) \in \mathbb{R}^2 \mid x^2 + y^2 \leqq 1\}$,値域 $= \{z \in \mathbb{R} \mid 0 \leqq z \leqq 1\}$.

3次元空間に原点 O と直交軸 xyz 軸をとる.2変数関数 $f(x, y)$ とその定義域内の点 (x, y) に対して,点 P$(x, y, 0)$,Q$(x, y, f(x, y))$ を定義する.点 P が関数 $z = f(x, y)$ の定義域 D 内を動くとき,それに応じて定まる点 Q の全体を関数 $z = f(x, y)$ の**グラフ**という.通常現れる関数に対しては,関数 $z = f(x, y)$ のグラフは曲面を描くことが多い(図 **5.1**).

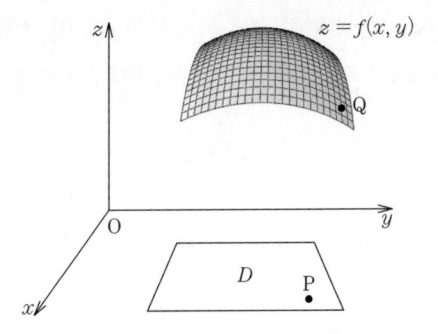

図 5.1　2 変数関数のグラフ

例 5.2　(1)　$z = ax + by + c$　　(a, b, c：定数).

x, y が xy 平面全体を動くと，$z = ax + by + c$ は xyz 空間内の平面を表す．

(2)　$z = \sqrt{1 - x^2 - y^2}$.

$$z = \sqrt{1 - x^2 - y^2} \iff x^2 + y^2 + z^2 = 1 \quad (z \geq 0)$$

それゆえ，x, y が定義域 $x^2 + y^2 \leq 1$ を動くとき，$z = \sqrt{1 - x^2 - y^2}$ のグラフは原点 O を中心とした球面 $x^2 + y^2 + z^2 = 1$ の上半分になる．

D を $\mathbb{R}^2$ の部分集合としよう．D の任意の点 (a, b) に対して，(a, b) を中心とした円盤 $D_\varepsilon = \{(x, y) \in \mathbb{R}^2 \mid (x - a)^2 + (y - b)^2 < \varepsilon\}$ $(\varepsilon > 0)$ を十分小さくとると $D_\varepsilon \subset D$ が成立するとき，D は**開集合**であるという．D の任意の 2 点 P, Q に対して，P と Q が D 内に含まれる折れ線で結ばれるとき，D は**弧状連結**な集合，または**領域**という．特に，領域 D が境界を含まないとき D を**開領域**，境界を含むとき D を**閉領域**という（図 5.2, 図 5.3）．

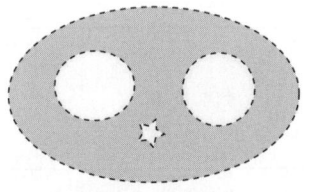

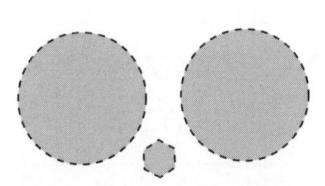

図 5.2　開領域　　　　　　図 5.3　弧状連結でない開集合

例 5.3　円の内部，$\mathbb{R}^2$ の上半平面 $\{(x, y) \in \mathbb{R}^2 \,|\, y > 0\}$ は開領域である．一方，円の内部に境界を加えたもの，上半平面に境界を加えたもの $\{(x, y) \in \mathbb{R}^2 \,|\, y \geqq 0\}$ は閉領域である．

2 変数関数に対する微分を定義するため，極限の概念を導入しておこう．

点 $\mathrm{P}(x, y)$ が点 $\mathrm{A}(a, b)$ に限りなく近づくとは，P と A の距離
$$\sqrt{(x-a)^2 + (y-b)^2}$$
が限りなく 0 に近づくことを意味し
$$(x, y) \to (a, b) \quad \text{または，} \quad x \to a, \quad y \to b$$
と書く．また，点 (a, b) の近くで定義された関数 $f(x, y)$ において，$(x, y) \to (a, b)$ のとき $f(x, y)$ が一定の値 l に限りなく近づくならば，$(x, y) \to (a, b)$ のときの $f(x, y)$ の**極限値**は l であるといい
$$\lim_{(x, y) \to (a, b)} f(x, y) = l \quad \text{または，} \quad \lim_{x \to a, \, y \to b} f(x, y) = l$$
と書く．ただし (x, y) は (a, b) とは異なりながら (a, b) に近づくものとする．2 変数のときは xy 平面上のさまざまな方向から (x, y) が (a, b) に近づくことになるため，1 変数のときに比べ極限の議論は難しくなる．

例 5.4　(1) $\displaystyle\lim_{(x, y) \to (2, 1)} x^3 y = 2^3 \cdot 1 = 8$

(2) $\displaystyle\lim_{(x, y) \to (0, 0)} \frac{x^4 + x^2 + y^2 - y^4}{x^2 + y^2}$
$= \displaystyle\lim_{(x, y) \to (0, 0)} \frac{(x^2 + y^2)(x^2 - y^2) + x^2 + y^2}{x^2 + y^2}$
$= \displaystyle\lim_{(x, y) \to (0, 0)} \frac{(x^2 + y^2)(x^2 - y^2 + 1)}{x^2 + y^2}$
$= \displaystyle\lim_{(x, y) \to (0, 0)} (x^2 - y^2 + 1) = 1$

例題 5.1　つぎの極限値を求めよ．

(1) $\displaystyle\lim_{(x, y) \to (0, 0)} \frac{xy}{x^2 + y^2}$　　(2) $\displaystyle\lim_{(x, y) \to (0, 0)} \frac{x^2 y}{x^2 + y^2}$

【解答】　(1)　直線 $y = mx$（m は定数）に沿って，(x, y) を原点に近づけると

$$\lim_{(x,\,y)\to(0,\,0)} \frac{xy}{x^2+y^2} = \lim_{x\to 0}\frac{x\cdot mx}{x^2+(mx)^2} = \lim_{x\to 0}\frac{m}{1+m^2}.$$

原点 O への近づき方により値が異なるので,極限は存在しない (図 5.4).

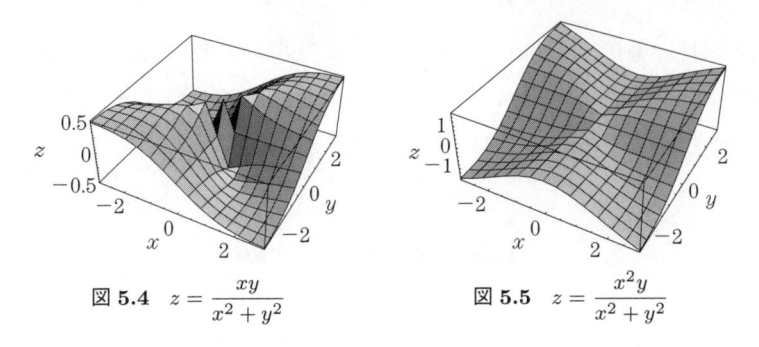

図 5.4 $z = \dfrac{xy}{x^2+y^2}$ 図 5.5 $z = \dfrac{x^2y}{x^2+y^2}$

(2) 極座標 $x = r\cos\theta$, $y = r\sin\theta$ を用いて表すと

$$\lim_{(x,\,y)\to(0,\,0)}\frac{x^2y}{x^2+y^2} = \lim_{r\to 0}\frac{r^3\cos^2\theta\sin\theta}{r^2\cos^2\theta+r^2\sin^2\theta} = \lim_{r\to 0}r\cos^2\theta\sin\theta = 0.$$

となり,極限値は 0 である (図 5.5).   ◇

関数 $f(x, y)$ が点 (a, b) およびその近くで定義されていて,$\displaystyle\lim_{(x,\,y)\to(a,\,b)}f(x, y)$
$= f(a, b)$ を満たすとき,$f(x, y)$ は点 (a, b) で**連続**であるという.$f(x, y)$ が平面内の領域 D のすべての点で連続であるとき,$f(x, y)$ は D で連続であるという.つぎの定理は明らかであろう.

定理 5.1 $f(x, y)$ と $g(x, y)$ が点 (a, b) で連続ならば

$$f+g,\quad cf\ (c:\text{定数}),\quad fg,\quad \frac{f}{g}\ (g(a, b)\neq 0)$$

はそれぞれ点 (a, b) で連続である.

通常,扱う関数は定義されている範囲で連続なことが多いが,もちろん連続でない関数の例はたくさんある.

例 5.5 関数 $f(x, y)$ と $g(x, y)$ をつぎのように定義する.

$$f(x, y) = \begin{cases} \dfrac{xy}{x^2+y^2} & ((x, y) \neq (0, 0)), \\ 0 & ((x, y) = (0, 0)), \end{cases} \quad g(x, y) = \begin{cases} \dfrac{x^2 y}{x^2+y^2} & ((x, y) \neq (0, 0)), \\ 0 & ((x, y) = (0, 0)). \end{cases}$$

例題 5.1(1) より, $\displaystyle\lim_{(x,y)\to(0,0)} f(x, y)$ は存在しないので, $f(x, y)$ は $(0, 0)$ で連続でない. 一方, $g(x, y)$ については, 例題 5.1(2) より $\displaystyle\lim_{(x,y)\to(0,0)} g(x, y) = 0 = g(0, 0)$ となり, $g(x, y)$ は $(0, 0)$ で連続となる.

5.2 偏導関数

関数 $z = f(x, y)$ が点 (a, b) およびその近くで定義されているとする.

$y = b$ とおくと, x だけの関数 $f(x, b)$ が得られる. $f(x, b)$ の $x = a$ における微分係数が存在するとき, この値を $f(x, y)$ の (a, b) における x に関する**偏微分係数**といい

$$f_x(a, b), \quad \left(\dfrac{\partial f}{\partial x}\right)_{x=a, y=b}, \quad \left(\dfrac{\partial z}{\partial x}\right)_{x=a, y=b}, \quad (z_x)_{(x,y)=(a,b)}$$

などと表す. y に関する偏微分係数も同様に定義する. 点 (a, b) において $f(x, y)$ の x および y に関する偏微分係数が存在するとき, $f(x, y)$ は点 (a, b) において**偏微分可能**であるという.

$z = f(x, y)$ の x に関する偏微分係数がある領域 D の各点 (x, y) で存在するとき, x に関する偏微分係数 $f_x(x, y)$ は x, y の関数とみなせるが, これを $f(x, y)$ の x に関する**偏導関数**といい

$$f_x(x, y), \quad \dfrac{\partial f}{\partial x}, \quad \dfrac{\partial z}{\partial x}, \quad z_x$$

などと表す. $z = f(x, y)$ の y に関する偏導関数も同様に得られる.

以上を極限の記号を用いていい換えると, $z = f(x, y)$ に対し x に関する偏導関数は, y を固定し (定数と思い), z を x で微分したもの

$$f_x(x, y) = \lim_{h\to 0} \dfrac{f(x+h, y) - f(x, y)}{h}.$$

また，y に関する偏導関数は，x を固定し（定数と思い），z を y で微分したもの
$$f_y(x, y) = \lim_{k \to 0} \frac{f(x, y+k) - f(x, y)}{k}$$
である．偏導関数を求めることを**偏微分**するという．

例 5.6 (1) $f(x, y) = x^3 y^2$ のとき，$f_x = 3x^2 y^2$, $f_y = 2x^3 y$.

(2) $z = x^3 + x^2 y + 2y + 1$ のとき
$$z_x = 3x^2 + 2xy, \quad \ll 間違って 2y を残さないように \gg$$
$$z_y = x^2 + 2. \quad \ll x^3 を加えると誤り \gg$$

(3) $z = e^x \sin y$ のとき，$\dfrac{\partial z}{\partial x} = e^x \sin y$, $\dfrac{\partial z}{\partial y} = e^x \cos y$.

定理 5.2 領域 D 内にある y 座標が等しい任意の 2 点に対し，この 2 点を結ぶ線分が D に含まれるとする．このとき，もし偏微分可能な関数 $f(x, y)$ が D で $f_x(x, y) = 0$ ならば，$f(x, y)$ は y のみの関数である．

同様に，領域 D 内の x 座標が等しい任意の 2 点を結ぶ線分が D に含まれ，$f_y(x, y) = 0$ のときは，$f(x, y)$ は x のみの関数になる．

特に，上の両方の仮定を満たす場合，$f(x, y)$ は定数となる．

証明 $f_x(x, y) = 0$ とする．偏微分の意味と 1 変数関数の定理から，仮定は，y を定数と思い $f(x, y)$ を x で微分したものが 0 になることを意味するので，$f(x, y)$ は x に関して定数である．すなわち，$f(x, y)$ は y のみの関数である． □

注意：『領域 D 内にある y 座標（または，x 座標）が等しい任意の 2 点に対し，この 2 点を結ぶ線分が D に含まれる』という条件がないと，上の結果は必ずしも成立しない．

5.3 全微分可能性と接平面

2 変数関数の全微分可能性の概念を理解するために，1 変数関数の微分係数の定義をランダウの記号を用いて表すことから始めよう．

補題 5.1 $f(x)$ が微分可能で, $\displaystyle\lim_{x \to a} \frac{f(x) - f(a)}{x - a} = f'(a)$ であることと, つぎの式が成り立つことは同値である.

$$f(x) = f(a) + f'(a)(x - a) + o(x - a) \quad (x \to a).$$

証明 $x = a$ のとき $h(x) = 0$, $x \neq a$ のとき

$$h(x) = \frac{f(x) - f(a)}{x - a} - f'(a) \tag{5.1}$$

とおく. そのとき

$$\lim_{x \to a} \frac{f(x) - f(a)}{x - a} = f'(a) \iff \lim_{x \to a} h(x) = 0. \tag{5.2}$$

一方, 式 (5.1) を $f(x)$ について解くと

$$f(x) = f(a) + f'(a)(x - a) + h(x)(x - a) \tag{5.3}$$

を得る. ここで式 (5.2) を用いると

$$\lim_{x \to a} \frac{h(x)(x - a)}{x - a} = \lim_{x \to a} h(x) = 0.$$

すなわち, $h(x)(x - a) = o(x - a) \ (x \to a)$. これを式 (5.3) に代入して

$$f(x) = f(a) + f'(a)(x - a) + o(x - a) \quad (x \to a). \qquad \square$$

補題 5.2 曲線 $y = f(x)$ の点 $(a, f(a))$ での接線 $y = m(x)$ が存在するとき

$$f(x) = m(x) + o(x - a) \quad (x \to a).$$

証明 $m(x) = f(a) + f'(a)(x - a)$ なので, 補題 5.1 の式より明らか. $\square$

以上の考察をもとに, 1 変数関数 $f(x)$ に対する微分係数 $f'(a)$ と接線の概念を 2 変数関数 $f(x, y)$ の場合に拡張し, 全微分可能性, 接平面の概念を導入する.

5.3 全微分可能性と接平面

定義 5.1 2変数関数 $f(x, y)$ が (a, b) で**全微分可能**であるとは,$(h, k) \to (0, 0)$ のとき,つぎの式を満たす実数 α と β が存在することである.

$$f(a+h, b+k) - f(a, b) = \alpha h + \beta k + o(\sqrt{h^2 + k^2}). \quad (5.4)$$

補題 5.3 $f(x, y)$ が (a, b) で全微分可能のとき,$f(x, y)$ は x,および y に関して (a, b) で偏微分可能で,$\alpha = f_x(a, b)$,$\beta = f_y(a, b)$ が成り立つ.

証明 $\alpha = f_x(a, b)$ を導くために,式 (5.4) で $k = 0$ とおくと

$$f(a+h, b) - f(a, b) = \alpha h + o(|h|) \quad (h \to 0).$$

ゆえに

$$\frac{f(a+h, b) - f(a, b)}{h} = \alpha + \frac{o(|h|)}{|h|} \cdot \frac{|h|}{h}$$

となり,$h \to 0$ とすると $f_x(a, b) = \alpha$ を得る.特に,$f(x, y)$ は x に関して偏微分可能である.

同様に,y についても偏微分可能で,$\beta = f_y(a, b)$ が成立する. □

上の補題により,$f(x, y)$ が (a, b) で全微分可能であるという式を

$$f(a+h, b+k) - f(a, b)$$
$$= hf_x(a, b) + kf_y(a, b) + o(\sqrt{h^2 + k^2}) \quad ((h, k) \to (0, 0))$$

により覚えるとよい.

全微分可能性,偏微分可能,連続性,これら 3 つの関連性を調べておこう.

定理 5.3 関数 $f(x, y)$ が (a, b) で全微分可能ならば,$f(x, y)$ は (a, b) で連続である.

証明 式 (5.4) の両辺において,$(h, k) \to (0, 0)$ とすれば

$$\lim_{(h,k)\to(0,0)} f(a+h, b+k) - f(a,b) = \lim_{(h,k)\to(0,0)} \left\{\alpha h + \beta k + o(\sqrt{h^2+k^2})\right\} = 0.$$

ゆえに, $x = a+h$, $y = b+k$ とおき, $\lim_{(x,y)\to(a,b)} f(x,y) = f(a,b)$ を得る. □

注意:『$f(x,y)$ が (a,b) で偏微分可能である』ということだけから, 『$f(x,y)$ が (a,b) で連続である』かどうかはわからない (つぎの例題を見よ).

例題 5.2 例 5.5 で定義された関数 $f(x,y)$ と $g(x,y)$ について, $(0,0)$ における偏微分可能性, 全微分可能性を調べよ.

【解答】 $f(x,0) = 0$, $g(x,0) = 0$ より

$$\lim_{h\to 0} \frac{f(0+h, 0) - f(0,0)}{h} = 0, \quad \lim_{h\to 0} \frac{g(0+h, 0) - g(0,0)}{h} = 0.$$

したがって, $f(x,y)$ も $g(x,y)$ も $(0,0)$ で x に関し偏微分可能で, $f_x(0,0) = 0$, $g_x(0,0) = 0$. 同様に, $f_y(0,0) = 0$, $g_y(0,0) = 0$.

全微分可能性については, $f(x,y)$ は $(0,0)$ で連続でないので, 定理 5.3 より $(0,0)$ で全微分可能ではない. $g(x,y)$ について, $g(0+h, 0+k) - g(0,0) - hg_x(0,0) - kg_y(0,0)$ を計算すると, $g_x(0,0) = 0$, $g_y(0,0) = 0$ より, $g(0+h, 0+k) - g(0,0) - hg_x(0,0) - kg_y(0,0) = \dfrac{h^2 k}{h^2+k^2}$ となるが, $h = r\cos\theta$, $k = r\sin\theta$ とおいてみるとわかるように

$$\frac{\frac{h^2 k}{h^2+k^2}}{\sqrt{h^2+k^2}} = \frac{r^3 \cos^2\theta \sin\theta}{r^3} = \cos^2\theta \sin\theta$$

は, $\sqrt{h^2+k^2} \to 0$, すなわち $r \to 0$ としたとき 0 に収束せず $o(\sqrt{h^2+k^2})$ で表せない. したがって, $g(x,y)$ は $(0,0)$ で全微分可能でない. ◇

全微分可能であるための十分条件を述べておく.

定理 5.4 $f(x,y)$ が (a,b) を含む開領域 D で x と y に関して偏微分可能で, $f_x(x,y)$ と $f_y(x,y)$ が (a,b) で連続ならば, $f(x,y)$ は (a,b) で全微分可能である.

証明 $f(a+h, b+k) - f(a,b)$ を

$$f(a+h, b+k) - f(a, b) = f(a+h, b+k) - f(a, b+k) + f(a, b+k) - f(a, b)$$

と変形する.定理 2.9（平均値の定理）を用い, 右辺の各項をつぎのように変形する.

$$f(a+h, b+k) - f(a, b+k) = h \cdot f_x(a+\theta_1 h, b+k) \quad (^\exists \theta_1 : 0 < \theta_1 < 1),$$
$$f(a, b+k) - f(a, b) = k \cdot f_y(a, b+\theta_2 k) \quad (^\exists \theta_2 : 0 < \theta_2 < 1).$$

つぎに, $f_x(a+\theta_1 h, b+k) = f_x(a, b) + \varepsilon_1$, $f_y(a, b+\theta_2 k) = f_y(a, b) + \varepsilon_2$ とおくと

$$f(a+h, b+k) - f(a, b) = h f_x(a, b) + k f_y(a, b) + h\varepsilon_1 + k\varepsilon_2. \quad (5.5)$$

$f_x(x, y)$ も $f_y(x, y)$ も点 (a, b) で連続だから

$$\lim_{(h, k) \to (0, 0)} \varepsilon_1 = \lim_{(h, k) \to (0, 0)} \{f_x(a+\theta_1 h, b+k) - f_x(a, b)\} = 0,$$

$$\lim_{k \to 0} \varepsilon_2 = \lim_{k \to 0} \{f_y(a, b+\theta_2 k) - f_y(a, b)\} = 0.$$

$$\therefore \quad \lim_{(h, k) \to (0, 0)} \left| \frac{h\varepsilon_1 + k\varepsilon_2}{\sqrt{h^2 + k^2}} \right| = \lim_{(h, k) \to (0, 0)} \left| \frac{h}{\sqrt{h^2 + k^2}} \varepsilon_1 + \frac{k}{\sqrt{h^2 + k^2}} \varepsilon_2 \right|$$

$$\leq \lim_{(h, k) \to (0, 0)} \left\{ \frac{|h|}{\sqrt{h^2 + k^2}} |\varepsilon_1| + \frac{|k|}{\sqrt{h^2 + k^2}} |\varepsilon_2| \right\}$$

$$\leq \lim_{(h, k) \to (0, 0)} (|\varepsilon_1| + |\varepsilon_2|) = 0.$$

したがって, $(h, k) \to (0, 0)$ のとき $h\varepsilon_1 + k\varepsilon_2 = o(\sqrt{h^2 + k^2})$ となる. 以上より式 (5.5) はつぎのように書き直せる. $(h, k) \to (0, 0)$ のとき

$$f(a+h, b+k) - f(a, b) = h f_x(a, b) + k f_y(a, b) + o(\sqrt{h^2 + k^2}).$$

このことから, $f(x, y)$ は点 (a, b) で全微分可能である. □

関数 $f(x, y)$ の連続性, 偏微分可能性, 全微分可能性の関係をまとめておく.
(1) $f(x, y)$ が (a, b) で全微分可能ならば, $f(x, y)$ は (a, b) で連続.
(2) $f(x, y)$ が (a, b) で全微分可能ならば, $f(x, y)$ は (a, b) で偏微分可能.
(3) $f(x, y)$ が (a, b) の近くで偏微分可能で, $f_x(x, y)$ と $f_y(x, y)$ が (a, b) で連続ならば, $f(x, y)$ は (a, b) で全微分可能.

関数 $f(x, y)$ の全微分可能性から,曲面 $z = f(x, y)$ の接平面の存在を示そう.

定義 5.2 $z = f(x, y)$ で定義される曲面 S 上の点を $A(a, b, f(a, b))$,A を通る平面を π とする.このとき,平面 π が点 A における曲面 S の**接平面**であるとは,S 上の A とは異なる点 P に対し,H を点 P から平面 π に下ろした垂線の足としたとき,つぎの式が成り立つことである(図 **5.6**).

$$\lim_{P \to A} \frac{\text{線分 PH の長さ}}{\text{線分 AP の長さ}} = 0.$$

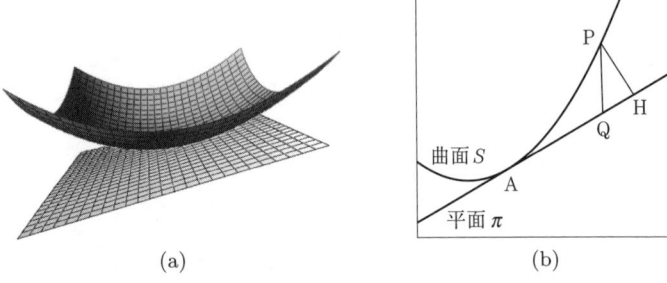

(a)　　　　　　　　(b)

図 **5.6** 接　平　面

定理 5.5 関数 $f(x, y)$ が (a, b) で全微分可能なとき,関数 $z = f(x, y)$ で定まる曲面 S に対し,S 上の点 $A(a, b, f(a, b))$ における接平面 π が存在し,π はつぎの形で与えられる.

$$z - f(a, b) = f_x(a, b)(x - a) + f_y(a, b)(y - b).$$

証明　$f(x, y)$ が (a, b) で全微分可能なので,$(x, y) \to (a, b)$ のとき

$$f(x, y) - f(a, b) = f_x(a, b)(x - a) + f_y(a, b)(y - b) \\ + o(\sqrt{(x - a)^2 + (y - b)^2})$$

が成立する.平面 π を

$$z - f(a, b) = f_x(a, b)(x - a) + f_y(a, b)(y - b)$$

により定義し，この平面が点 A での接平面になることを示そう．

点 A と異なる曲面 S 上の点を $P(x, y, f(x, y))$ とし，P から平面 π に下ろした垂線の足を H とする．Q を π 上の点 $(x, y, f(a, b) + f_x(a, b)(x-a) + f_y(a, b)(y-b))$ とする．このとき

$$\begin{aligned}
\mathrm{PQ} &= |f(x, y) - f(a, b) - f_x(a, b)(x-a) - f_y(a, b)(y-b)| \\
&= o\left(\sqrt{(x-a)^2 + (y-b)^2}\right), \\
\mathrm{AP} &= \sqrt{(x-a)^2 + (y-b)^2 + (f(x, y) - f(a, b))^2}
\end{aligned}$$

が成り立つので，$P \to A$ ならば

$$0 \leq \frac{\mathrm{PH}}{\mathrm{AP}} \leq \frac{\mathrm{PQ}}{\mathrm{AP}} = \frac{o\left(\sqrt{(x-a)^2 + (y-b)^2}\right)}{\sqrt{(x-a)^2 + (y-b)^2 + (f(x, y) - f(a, b))^2}}$$

$$\leq \frac{o\left(\sqrt{(x-a)^2 + (y-b)^2}\right)}{\sqrt{(x-a)^2 + (y-b)^2}} \to 0$$

である．したがって，定義から π は点 A での $z = f(x, y)$ の接平面になる．□

例 5.7 曲面 $z = f(x, y) = x^2 + y^2$ の点 $(2, 1, 5)$ における接平面は，$f_x(x, y) = 2x$, $f_y(x, y) = 2y$ より

$$\begin{aligned}
z - 5 &= f_x(2, 1)(x-2) + f_y(2, 1)(y-1) \\
&= 4(x-2) + 2(y-1).
\end{aligned}$$

整理すると，$z = 4x + 2y - 5$.

5.4　2変数合成関数の微分公式

定理 5.6 関数 $z = f(x, y)$ が開領域 D で全微分可能，関数 $x = \varphi(t)$ と $y = \psi(t)$ が区間 I で微分可能，かつ $(\varphi(t), \psi(t)) \in D$ とするとき，合成関数 $z = f(\varphi(t), \psi(t))$ は t の関数として I で微分可能で，つぎの式が成り立つ．

$$\frac{dz}{dt} = \frac{\partial z}{\partial x}\frac{dx}{dt} + \frac{\partial z}{\partial y}\frac{dy}{dt}.$$

証明 $\Delta t \neq 0$ に対し

$$\Delta x = \varphi(t + \Delta t) - \varphi(t), \quad \Delta y = \psi(t + \Delta t) - \psi(t)$$

とおく．さらに $\Delta z = f(\varphi(t + \Delta t), \psi(t + \Delta t)) - f(\varphi(t), \psi(t))$, すなわち $\Delta z = f(x + \Delta x, y + \Delta y) - f(x, y)$ とおく．$f(x, y)$ が全微分可能なので

$$\Delta z = f_x(x, y) \cdot \Delta x + f_y(x, y) \cdot \Delta y + o\left(\sqrt{(\Delta x)^2 + (\Delta y)^2}\right).$$

両辺を Δt で割ると

$$\begin{aligned}
\frac{\Delta z}{\Delta t} &= f_x(x, y)\frac{\Delta x}{\Delta t} + f_y(x, y)\frac{\Delta y}{\Delta t} + \frac{o\left(\sqrt{(\Delta x)^2 + (\Delta y)^2}\right)}{\Delta t} \\
&= f_x(x, y)\frac{\Delta x}{\Delta t} + f_y(x, y)\frac{\Delta y}{\Delta t} + \frac{o\left(\sqrt{(\Delta x)^2 + (\Delta y)^2}\right)}{\sqrt{(\Delta x)^2 + (\Delta y)^2}} \frac{\sqrt{(\Delta x)^2 + (\Delta y)^2}}{|\Delta t|} \frac{|\Delta t|}{\Delta t} \\
&= f_x(x, y)\frac{\Delta x}{\Delta t} + f_y(x, y)\frac{\Delta y}{\Delta t} \\
&\quad + \frac{o\left(\sqrt{(\Delta x)^2 + (\Delta y)^2}\right)}{\sqrt{(\Delta x)^2 + (\Delta y)^2}} \sqrt{\left(\frac{\Delta x}{\Delta t}\right)^2 + \left(\frac{\Delta y}{\Delta t}\right)^2} \frac{|\Delta t|}{\Delta t}.
\end{aligned}$$

ゆえに

$$\begin{aligned}
\frac{dz}{dt} &= \lim_{\Delta t \to 0} \frac{\Delta z}{\Delta t} = f_x(x, y)\frac{dx}{dt} + f_y(x, y)\frac{dy}{dt} + 0 \cdot \sqrt{\left(\frac{dx}{dt}\right)^2 + \left(\frac{dy}{dt}\right)^2} \cdot (\pm 1) \\
&= \frac{\partial z}{\partial x}\frac{dx}{dt} + \frac{\partial z}{\partial y}\frac{dy}{dt}.
\end{aligned}$$

□

定理 5.7 関数 $z = f(x, y)$ が開領域 D で全微分可能，$x = \varphi(u, v)$ と $y = \psi(u, v)$ が (u, v) の開領域 E で偏微分可能，かつ

$$(\varphi(u, v), \psi(u, v)) \in D \quad ((u, v) \in E)$$

とするとき，合成関数 $z = f(\varphi(u, v), \psi(u, v))$ は u, v の関数として E で偏微分可能で，つぎの式が成り立つ．

$$\frac{\partial z}{\partial u} = \frac{\partial z}{\partial x}\frac{\partial x}{\partial u} + \frac{\partial z}{\partial y}\frac{\partial y}{\partial u}, \quad \frac{\partial z}{\partial v} = \frac{\partial z}{\partial x}\frac{\partial x}{\partial v} + \frac{\partial z}{\partial y}\frac{\partial y}{\partial v}.$$

証明 偏微分の定義より，関数 z を u で偏微分するというのは，v は定数とみなし，z が u の1変数関数と思って u で微分するということだった．したがって，$t = u$ とおき，定理 5.6 を用いればよい．v についての偏微分も同様である． □

例 5.8 (1) $z = x^2 + y^2$, $x = e^t$, $y = \sin t$ より

$$\frac{dz}{dt} = \frac{\partial z}{\partial x}\frac{dx}{dt} + \frac{\partial z}{\partial y}\frac{dy}{dt} = 2xe^t + 2y\cos t = 2e^{2t} + \sin 2t.$$

(2) $z = \dfrac{x}{y}$, $x = u^2 + v^2$, $y = 2uv$ より

$$\frac{\partial z}{\partial u} = \frac{\partial z}{\partial x}\frac{\partial x}{\partial u} + \frac{\partial z}{\partial y}\frac{\partial y}{\partial u} = \frac{1}{y}2u - \frac{x}{y^2}2v = \frac{2yu - 2xv}{y^2} = \frac{u^2 - v^2}{2u^2 v},$$

$$\frac{\partial z}{\partial v} = \frac{\partial z}{\partial x}\frac{\partial x}{\partial v} + \frac{\partial z}{\partial y}\frac{\partial y}{\partial v} = \frac{1}{y}2v - \frac{x}{y^2}2u = \frac{2yv - 2xu}{y^2} = \frac{v^2 - u^2}{2uv^2}.$$

(3) $z = f(2x + 3y)$, $x = au + bv$, $y = cu + dv$ (a, b, c, d：定数) より

$$\frac{\partial z}{\partial u} = f'(2x+3y)\cdot 2\cdot a + f'(2x+3y)\cdot 3\cdot c = f'(2x+3y)(2a+3c),$$

$$\frac{\partial z}{\partial v} = f'(2x+3y)\cdot 2\cdot b + f'(2x+3y)\cdot 3\cdot d = f'(2x+3y)(2b+3d).$$

合成関数の微分公式は $f(x, y)$ が具体的にわかっていないときに威力を発揮する．なお，変数変換では極座標変換 $x = r\cos\theta$, $y = r\sin\theta$ がよく用いられる．

例題 5.3 $z = f(x, y)$ を，極座標表示 $x = r\cos\theta$, $y = r\sin\theta$ で変数変換した関数 $z = f(r\cos\theta, r\sin\theta)$ に関し

$$z_x{}^2 + z_y{}^2 = z_r{}^2 + \frac{z_\theta{}^2}{r^2}$$

が成り立つことを示せ．

【解答】 定理 5.7 より

$$\frac{\partial z}{\partial r} = \frac{\partial z}{\partial x}\frac{\partial x}{\partial r} + \frac{\partial z}{\partial y}\frac{\partial y}{\partial r} = \frac{\partial z}{\partial x}\cos\theta + \frac{\partial z}{\partial y}\sin\theta,$$

$$\frac{\partial z}{\partial \theta} = \frac{\partial z}{\partial x}\frac{\partial x}{\partial \theta} + \frac{\partial z}{\partial y}\frac{\partial y}{\partial \theta} = \frac{\partial z}{\partial x}(-r\sin\theta) + \frac{\partial z}{\partial y}(r\cos\theta).$$

この 2 つの式から

$$z_r{}^2 + \frac{z_\theta{}^2}{r^2} = (z_x\cos\theta + z_y\sin\theta)^2 + (-z_x\sin\theta + z_y\cos\theta)^2$$
$$= (\cos^2\theta + \sin^2\theta)z_x{}^2 + (\sin^2\theta + \cos^2\theta)z_y{}^2 = z_x{}^2 + z_y{}^2.$$

$\diamondsuit$

関数 $f(x, y)$ と実数 p, q に対し，**偏微分作用素** $p\dfrac{\partial}{\partial x} + q\dfrac{\partial}{\partial y}$ を

$$\left(p\frac{\partial}{\partial x} + q\frac{\partial}{\partial y}\right)f(x, y) = p\frac{\partial f}{\partial x}(x, y) + q\frac{\partial f}{\partial y}(x, y)$$

で定義する．

定理 5.7 は，行列とベクトルを用い

$$\begin{pmatrix}\dfrac{\partial}{\partial u} & \dfrac{\partial}{\partial v}\end{pmatrix} = \begin{pmatrix}\dfrac{\partial}{\partial x} & \dfrac{\partial}{\partial y}\end{pmatrix}\begin{pmatrix}\dfrac{\partial x}{\partial u} & \dfrac{\partial x}{\partial v} \\ \dfrac{\partial y}{\partial u} & \dfrac{\partial y}{\partial v}\end{pmatrix}$$

と表せる．この行列の行列式を x, y の u, v に関する**ヤコビアン**といい

$$\frac{\partial(x, y)}{\partial(u, v)} = \det\begin{pmatrix}\dfrac{\partial x}{\partial u} & \dfrac{\partial x}{\partial v} \\ \dfrac{\partial y}{\partial u} & \dfrac{\partial y}{\partial v}\end{pmatrix} = \frac{\partial x}{\partial u}\frac{\partial y}{\partial v} - \frac{\partial x}{\partial v}\frac{\partial y}{\partial u}$$

で表す．次節での逆関数の存在定理や，行列式と面積との関係などから，ヤコビアンは例えば 2 変数関数の積分の変数変換（1 変数の場合の置換積分にあたるもの）などに重要な役割を果たす．

例 5.9 $x = u - v$, $y = u + v$ のとき

$$\frac{\partial(x, y)}{\partial(u, v)} = \det\begin{pmatrix}\dfrac{\partial x}{\partial u} & \dfrac{\partial x}{\partial v} \\ \dfrac{\partial y}{\partial u} & \dfrac{\partial y}{\partial v}\end{pmatrix} = \det\begin{pmatrix}1 & -1 \\ 1 & 1\end{pmatrix} = 1 - (-1) = 2.$$

5.5 高階偏導関数

関数 $z = f(x, y)$ の偏導関数 $f_x(x, y)$, $f_y(x, y)$ は x, y の関数なので,再び偏微分することが考えられる. $f_x(x, y)$ が x に関し偏微分可能なとき,$f_x(x, y)$ を x について偏微分したものを

$$f_{xx}(x, y), \quad \frac{\partial^2 f}{\partial x^2}, \quad z_{xx}, \quad \frac{\partial^2 z}{\partial x^2}$$

などで表す. また,$f_x(x, y)$ が x に関し偏微分可能なとき,$f_x(x, y)$ を y について偏微分したものを

$$f_{xy}(x, y), \quad \frac{\partial^2 f}{\partial y \partial x}, \quad z_{xy}, \quad \frac{\partial^2 z}{\partial y \partial x}$$

などで表す. $f_y(x, y)$ を x について偏微分したものや,$f_y(x, y)$ を y について偏微分したものも同様に定義する.

注意: $f_{xy}(x, y)$ を $\frac{\partial^2 f}{\partial y \partial x}$ と ∂x の左側に ∂y を書くのは,$\frac{\partial^2 f}{\partial y \partial x}$ は $\frac{\partial}{\partial y}\left(\frac{\partial f}{\partial x}\right)$ の ( ) を略した形であるという理由による. 同じ理由で f_{xy} は $(f_x)_y$ の ( ) を略したものと考えられる.

$f_{xx}(x, y)$, $f_{xy}(x, y)$, $f_{yx}(x, y)$, $f_{yy}(x, y)$ を総称して,$f(x, y)$ の **2 階偏導関数**(**2 次偏導関数**)という.

例 5.10 $f(x, y) = x^5 y^2$ のとき,偏導関数は

$$f_x = 5x^4 y^2, \quad f_y = 2x^5 y.$$

2 次偏導関数は

$$f_{xx} = 20x^3 y^2, \quad f_{xy} = 10x^4 y, \quad f_{yx} = 10x^4 y, \quad f_{yy} = 2x^5.$$

定理 5.8 $f_{xy}(x, y)$ と $f_{yx}(x, y)$ が存在し,かつ共に連続のとき,$f_{xy} = f_{yx}$

が成り立つ.

証明 関数

$$\Delta f = f(a+h, b+k) - f(a, b+k) - f(a+h, b) + f(a, b)$$

を考えよう. $\varphi(x) = f(x, b+k) - f(x, b)$, $\psi(y) = f(a+h, y) - f(a, y)$ とおけば, そのとき

$$\Delta f = \varphi(a+h) - \varphi(a) = \psi(b+k) - \psi(b)$$

が成り立つ. 定理 2.9 (平均値の定理) を 2 度用い

$$\begin{aligned}\Delta f &= \varphi(a+h) - \varphi(a) = h\varphi'(a+\theta_1 h) \quad (^\exists \theta_1 : 0 < \theta_1 < 1)\\ &= h\{f_x(a+\theta_1 h, b+k) - f_x(a+\theta_1 h, b)\}\\ &= hk\, f_{xy}(a+\theta_1 h, b+\theta_2 k) \quad (^\exists \theta_2 : 0 < \theta_2 < 1).\end{aligned}$$

同様にして

$$\begin{aligned}\Delta f &= \psi(b+k) - \psi(b) = k\psi'(b+\theta_3 k) \quad (^\exists \theta_3 : 0 < \theta_3 < 1)\\ &= k\{f_y(a+h, b+\theta_3 k) - f_y(a, b+\theta_3 k)\}\\ &= kh\, f_{yx}(a+\theta_4 h, b+\theta_3 k) \quad (^\exists \theta_4 : 0 < \theta_4 < 1).\end{aligned}$$

このことから

$$\frac{\Delta f}{hk} = f_{xy}(a+\theta_1 h, b+\theta_2 k) = f_{yx}(a+\theta_4 h, b+\theta_3 k).$$

$(h, k) \to (0, 0)$ とすれば, $f_{xy}(x, y)$ も $f_{yx}(x, y)$ も $(x, y) = (a, b)$ で連続だから, $f_{xy}(a, b) = f_{yx}(a, b)$ が成り立つ. □

f_{xy} と f_{yx} の定義が異なるので, 必ずしも $f_{xy} = f_{yx}$ が存在するわけではないが, 通常 f_{xy} と f_{yx} は共に連続になることが普通なので, 定理 5.8 より, 偏導関数の順序はあまり気にする必要はない.

例 5.11 (1) $z = x^3 + x^2 y + 2y + 1$ について, 偏導関数は

$$z_x = 3x^2 + 2xy, \quad z_y = x^2 + 2.$$

2次偏導関数は
$$z_{xx} = 6x + 2y, \quad z_{xy} = 2x, \quad z_{yx} = 2x, \quad z_{yy} = 0.$$

(2) $z = e^x \sin y$ について，偏導関数は
$$z_x = e^x \sin y, \quad z_y = e^x \cos y.$$

2次偏導関数は
$$z_{xx} = e^x \sin y, \quad z_{yx} = e^x \cos y, \quad z_{xy} = e^x \cos y,$$
$$z_{yy} = -e^x \sin y.$$

定義 5.3 (1) 関数 $f(x, y)$ が x, y について n 回まで偏微分でき，かつ n 階以下の偏導関数が $f(x, y)$ 自身を含めすべて連続であるとき，$f(x, y)$ は n 回連続微分可能，または C^n 級の関数という．2 階以上の偏導関数を**高階偏導関数**（**高次偏導関数**）という．

(2) 関数 $f(x, y)$ が x, y について何回でも偏微分でき，かつすべての n 階偏導関数および $f(x, y)$ 自身がすべて連続であるとき，$f(x, y)$ は無限回連続微分可能，または C^∞ 級の関数という．

例 5.12 $f(x, y)$ が C^3 級の関数のとき
$$f_{xxy} = f_{xyx}, \quad \text{および} \quad f_{xyx} = f_{yxx}$$
などが成立する．実際，定理 5.8 を用い
$$f_{xxy} = (f_x)_{xy} = (f_x)_{yx} = f_{xyx},$$
$$f_{xyx} = (f_{xy})_x = (f_{yx})_x = f_{yxx}.$$

同様にして，$f(x, y)$ が C^n 級の関数のとき，$f(x, y)$ の n 階までの偏導関数は微分の順序によらず x，あるいは y で何回偏微分したかのみにより定まる．

前節で定義したヤコビアン $\dfrac{\partial(x, y)}{\partial(u, v)}$ の応用例として，逆写像の存在定理を証明なしに述べておく．

定理 5.9 点 (a, b) の近くで定義された 2 つの C^1 級関数 $X = X(x, y)$, $Y = Y(x, y)$ に対し, (a, b) において $\dfrac{\partial(X, Y)}{\partial(x, y)} \neq 0$ が成り立つと仮定する. $A = X(a, b)$, $B = Y(a, b)$ とおく. このとき, (a, b) を含む十分小さな開領域 D と (A, B) を含む十分小さなある開領域 Ω の間では, 1 対 1 の対応関係 $(x, y) \leftrightarrow (X, Y)$ が成り立つ. また写像 $\Psi : (x, y) \to (X, Y)$ の逆写像 $\Psi^{-1} : (X, Y) \to (x, y)$ $(x = x(X, Y), y = y(X, Y))$ に対し, $x = x(X, Y)$, $y = y(X, Y)$ は C^1 級の関数である.

例 5.13 $X = x + y$, $Y = xy$ とする. このとき

$$\frac{\partial(X, Y)}{\partial(x, y)} = \det \begin{pmatrix} 1 & 1 \\ y & x \end{pmatrix} = x - y$$

となり, $x \neq y$ ならば, $\dfrac{\partial(X, Y)}{\partial(x, y)} \neq 0$ で定理が使え, 局所的に C^1 級の逆写像 $(X, Y) \to (x, y) : x = x(X, Y)$, $y = y(X, Y)$ が存在する. 実際, いまの場合は x, y について直接解くことができて

$$x = \frac{X \pm \sqrt{X^2 - 4Y}}{2}, \quad y = \frac{X \mp \sqrt{X^2 - 4Y}}{2} \quad (\text{複号同順}).$$

ここで, $(x + y)^2 \geqq 4xy$ より, $X^2 - 4Y \geqq 0$ となることに注意せよ.

5.6 2 変数関数のテイラーの定理

まず, 2 次まで展開した場合の 2 変数のテイラーの定理を説明しよう.

定理 5.10 ($n = 2$ の場合のテイラーの定理) $f(x, y)$ を開領域 D において C^2 級の関数とする. (a, b), $(a + h, b + k) \in D$, かつ (a, b) と $(a + h, b + k)$ を結ぶ線分が D に含まれるとき, 次式を満たす θ ($0 < \theta < 1$) が存在する.

5.6 2変数関数のテイラーの定理　　129

$$f(a+h, b+k) = f(a,b) + hf_x(a,b) + kf_y(a,b)$$
$$+\frac{1}{2}\left\{h^2 f_{xx}(a', b') + 2hk f_{xy}(a', b') + k^2 f_{yy}(a', b')\right\}$$
$$(a' = a+\theta h,\ b' = b+\theta k).$$

|証明| 定理の証明には，1変数関数についてのマクローリンの定理を用いる．$g(t) = f(a+th, b+tk)$ とおく．2変数関数の合成関数の微分公式から

$$g'(t) = h f_x(a+th, b+tk) + k f_y(a+th, b+tk),$$
$$g''(t) = h^2 f_{xx}(a+th, b+tk) + hk f_{xy}(a+th, b+tk)$$
$$+kh f_{yx}(a+th, b+tk) + k^2 f_{yy}(a+th, b+tk)$$

が成り立つ．したがって，$g(t)$ に関して $n=2$ の場合のマクローリンの定理

$$g(t) = g(0) + g'(0)t + \frac{t^2}{2} g''(\theta t) \quad (0 < \theta < 1)$$

を適用すると

$$f(a+th, b+tk) = f(a,b) + t\{h f_x(a,b) + k f_y(a,b)\} + \frac{t^2}{2} g''(\theta t).$$

$t=1$ とおけば，定理が得られる（$f_{xy} = f_{yx}$ に注意）．　　□

特に，$(a,b) = (0,0)$ におけるテイラーの定理を**マクローリンの定理**という．ランダウの記号を用いたテイラーの定理もよく用いられる．

定理 5.11　定理 5.10 と同じ条件のもとに，つぎの式が成り立つ．

$$f(a+h, b+k) = f(a,b) + hf_x(a,b) + kf_y(a,b)$$
$$+\frac{1}{2}\left\{h^2 f_{xx}(a,b) + 2hk f_{xy}(a,b) + k^2 f_{yy}(a,b)\right\} + o\left(h^2+k^2\right).$$

ただし，$o\left(h^2+k^2\right)$ は $\displaystyle\lim_{(h,k)\to(0,0)} \frac{o\left(h^2+k^2\right)}{h^2+k^2} = 0$ という性質をもった h, k の関数である．

|証明| 定理 5.10 を変形して

$$f(a+h, b+k) = f(a,b) + h f_x(a,b) + k f_y(a,b)$$

$$+\frac{1}{2}\left\{h^2 f_{xx}(a,b)+2hk\,f_{xy}(a,b)+k^2 f_{yy}(a,b)\right\}$$
$$+\gamma(h,k).$$

ここに, a', b' は定理 5.10 で定義されたもので

$$\gamma(h,k)=\frac{1}{2}\bigl\{h^2(f_{xx}(a',b')-f_{xx}(a,b))+2hk(f_{xy}(a',b')-f_{xy}(a,b))$$
$$+k^2(f_{yy}(a',b')-f_{yy}(a,b))\bigr\}.$$

$f(x,y)$ は C^2 級の関数なので, $f_{xx}(x,y)$ は連続. $(h,k)\to(0,0)$ のとき $(a',b')\to(a,b)$ だから, $\dfrac{h^2}{h^2+k^2}\le 1$ より

$$\left|\frac{h^2\{f_{xx}(a',b')-f_{xx}(a,b)\}}{h^2+k^2}\right|\le\bigl|f_{xx}(a',b')-f_{xx}(a,b)\bigr|\to 0.$$

また, 相加相乗平均の公式より $|hk|\le\dfrac{1}{2}|h^2+k^2|$ が成り立ち, $(h,k)\to(0,0)$ のとき

$$\left|\frac{hk\{f_{xy}(a',b')-f_{xy}(a,b)\}}{h^2+k^2}\right|\le\frac{1}{2}\bigl|f_{xy}(a',b')-f_{xy}(a,b)\bigr|\to 0.$$

f_{yy} に関する項も同様にして, 結局 $\displaystyle\lim_{(h,k)\to(0,0)}\frac{\gamma(h,k)}{h^2+k^2}=0$, すなわち $\gamma(h,k)=o(h^2+k^2)$ ($(h,k)\to(0,0)$) となり, 定理は示された. □

一般の自然数 n 次まで展開したテイラーの定理を述べておこう. 証明は $n=2$ の場合とまったく同じである.

定理 5.12 (一般の n に対するテイラーの定理) $f(x,y)$ を開領域 D において C^n 級の関数, $(a,b),(a+h,b+k)\in D$, かつ (a,b) と $(a+h,b+k)$ を結ぶ線分が D に含まれるとする. このとき, つぎの式を満たす $\theta\ (0<\theta<1)$ が存在する.

$$f(a+h,b+k)$$
$$=\sum_{i=0}^{n-1}\frac{1}{i!}\left(h\frac{\partial}{\partial x}+k\frac{\partial}{\partial y}\right)^i f(a,b)+\frac{1}{n!}\left(h\frac{\partial}{\partial x}+k\frac{\partial}{\partial y}\right)^n f(a',b')$$
$$(a'=a+\theta h,\ \ b'=b+\theta k).$$

例 5.14 $f(x, y) = e^{2x}\cos 3y$ に, $n = 2$ の場合のマクローリンの定理を適用すると

$$f_x(x, y) = 2e^{2x}\cos 3y, \quad f_y(x, y) = -3e^{2x}\sin 3y.$$
$$f_{xx}(x, y) = 4e^{2x}\cos 3y, \quad f_{xy}(x, y) = -6e^{2x}\sin 3y,$$
$$f_{yy}(x, y) = -9e^{2x}\cos 3y.$$

$\therefore \ e^{2h}\cos 3k$
$$= 1 + 2h + \frac{1}{2}\left\{h^2 f_{xx}(\theta h, \theta k) + 2hk f_{xy}(\theta h, \theta k) + k^2 f_{yy}(\theta h, \theta k)\right\}$$
$$= 1 + 2h + \frac{1}{2}\left\{4h^2 e^{2\theta h}\cos 3\theta k - 12hk e^{2\theta h}\sin 3\theta k - 9k^2 e^{2\theta h}\cos 3\theta k\right\}.$$

また, $e^{2h}\cos 3k$ を $o(h^2 + k^2)$ を用いて表すと

$$e^{2h}\cos 3k = 1 + 2h + 2h^2 - \frac{9\,k^2}{2} + o\left(h^2 + k^2\right).$$

5.7 多変数関数の極値

点 (a, b) に近い, 点 (a, b) 以外のすべての点 (x, y) で

$$f(x, y) < f(a, b)$$

が成り立つとき, 関数 $f(x, y)$ は点 (a, b) で**極大値**をとるという (図 **5.7**). 同様に $f(x, y)$ の**極小値**も定義される (図 **5.8**). 極大値と極小値を総称して**極値**という.

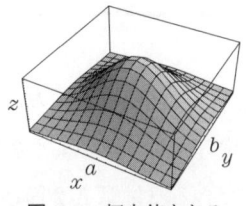

図 **5.7** 極大値をとる　　図 **5.8** 極小値をとる

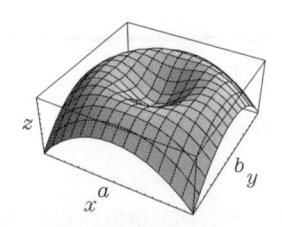

定理 5.13　$f(x, y)$ が点 (a, b) で極値をもつならば，$f_x(a, b) = 0$, $f_y(a, b) = 0$ が成り立つ．

証明　$f(x, y)$ が点 (a, b) で極値をとれば，x 方向だけを動かした関数 $F(x) = f(x, b)$ も $x = a$ で極値をとる．1 変数関数の極値に関する結果から $F'(a) = 0$. 一方，偏導関数の定義から $F'(x) = f_x(x, b)$. この 2 つの事実を合わせ，$f_x(a, b) = F'(a) = 0$ を得る．

同様に，y 方向を動かせば $f_y(a, b) = 0$ を得る．　□

注意：$f_x(a, b) = 0$, $f_y(a, b) = 0$ という条件だけからは，$f(x, y)$ が極値をとるという事実は出てこない．例えば，点 (a, b) において，$f(x, y)$ が x 方向では極大値をとるが y 方向では極小値をとるケースを考えてみよ（図 5.9）．

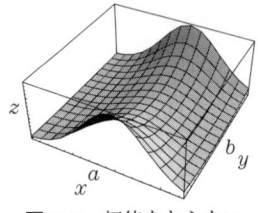

図 5.9　極値をとらない

つぎの定理は極値をとるための十分条件を与えるものでよく用いられる．判別式 $D(a, b)$ を $D(a, b) = f_{xx}(a, b) f_{yy}(a, b) - f_{xy}(a, b)^2$ により定義する．

定理 5.14　$f(x, y)$ は C^2 級の関数で，$f_x(a, b) = f_y(a, b) = 0$ とする．そのとき，つぎの事実が成り立つ．

(1)　$D(a, b) > 0$ のとき
　（i）　$f_{xx}(a, b) > 0$ ならば，$f(x, y)$ は (a, b) で極小値をとる．
　（ii）　$f_{xx}(a, b) < 0$ ならば，$f(x, y)$ は (a, b) で極大値をとる．

(2)　$D(a, b) < 0$ のとき，$f(x, y)$ は (a, b) で極値をとらない．

証明のポイント

$f(x, y)$ が $f(x, y) = c_0 + c_1 x + c_2 y + c_3 x^2 + c_4 xy + c_5 y^2$ の形の関数のときに証明をする．一般の場合も，テイラーの定理により上のような形の関数に近似させ，ここでの方法と類似な手法で証明できる（付録 A.2 節参照）．

テイラーの定理 5.10 を適用すると，$f_{xx}(a', b') = f_{xx}(a, b)$ などに注意しながら

$$f(a+h, b+k) = f(a, b) + f_x(a, b)h + f_y(a, b)k$$
$$+ \frac{1}{2}\left\{f_{xx}(a, b)h^2 + 2f_{xy}(a, b)hk + f_{yy}(a, b)k^2\right\}$$

が成り立つが，仮定より $f_x(a, b) = 0$, $f_y(a, b) = 0$ なので

$$f(a+h, b+k) - f(a, b) = \frac{1}{2}\left\{f_{xx}(a, b)h^2 + 2f_{xy}(a, b)hk + f_{yy}(a, b)k^2\right\} \tag{5.6}$$

である．$k = 0$ のとき，式 (5.6) は

$$f(a+h, b+k) - f(a, b) = \frac{1}{2}f_{xx}(a, b)h^2 \tag{5.7}$$

である．$k \neq 0$ のときは，$t = \dfrac{h}{k}$ とおくと

$$f(a+h, b+k) - f(a, b) = \frac{k^2}{2}\left\{f_{xx}(a,b)t^2 + 2f_{xy}(a,b)t + f_{yy}(a,b)\right\}.$$

t に関し 2 次の関数 $g(t) = f_{xx}(a,b)t^2 + 2f_{xy}(a,b)t + f_{yy}(a,b)$ の判別式は

$$4f_{xy}(a,b)^2 - 4f_{xx}(a,b)f_{yy}(a,b) = -4D(a,b)$$

であることに注意．

(1) (i) $D(a, b) > 0$, $f_{xx}(a,b) > 0$ の場合

$k = 0$ のとき，式 (5.7) より $f(a+h, b+k) - f(a, b) > 0$. 一方，$k \neq 0$ のとき $-4D(a,b) < 0$, $f_{xx}(a,b) > 0$ だから，すべての t に対して $g(t) > 0$. したがって $f(a+h, b+k) - f(a, b) > 0$. 以上から，$(h, k) \neq (0, 0)$ のとき $f(a+h, b+k) > f(a, b)$ となり，$f(x, y)$ は (a, b) で極小値をとる．

(ii) $D(a, b) > 0$, $f_{xx}(a,b) < 0$ の場合

$k = 0$ のとき $f(a+h, b+k) - f(a, b) < 0$. $k \neq 0$ のときは，$-4D(a,b) < 0$, $f_{xx}(a,b) < 0$ より，すべての t に対して $g(t) < 0$. すなわち $f(a+h, b+k) - f(a, b) < 0$. したがって $(h, k) \neq (0, 0)$ のとき，$f(a+h, b+k) < f(a, b)$ となり，$f(x, y)$ は (a, b) で極大値をとる．

(2) $D(a, b) < 0$ の場合

$-4\,D(a, b) > 0$ より，$g(t)$ は正にも負にもなり得る．したがって，$f(a+h, b+k) - f(a, b)$ の値は正にも負にもなり，$f(x, y)$ は (a, b) で極小値にも極大値にもならない．（証明のポイント終）

例 5.15　3つの簡単な例を挙げる．典型的なものなので見比べて欲しい．

(1) $f(x, y) = x^2 + y^2$

$f_x(x, y) = 2x$, $f_y(x, y) = 2y$ より，$f_x(x, y) = 0$, $f_y(x, y) = 0$ を満たす解 (x, y) は $(0, 0)$．$f_{xx}(x, y) = 2$, $f_{yy}(x, y) = 2$, $f_{xy}(x, y) = 0$ なので，$D(x, y) = 2 \cdot 2 - 0^2 = 4$．$D(0, 0) = 4$．$f_{xx}(0, 0) = 2 > 0$．よって $f(x, y)$ は $(0, 0)$ で極小値 0 をとる．

(2) $g(x, y) = -x^2 - y^2$

$g_x(x, y) = -2x$, $g_y(x, y) = -2y$ より極値をとる候補は $(0, 0)$．$g_{xx}(x, y) = -2$, $g_{yy}(x, y) = -2$, $g_{xy}(x, y) = 0$ なので，$D(x, y) = 4$．$D(0, 0) = 4$ で $g_{xx}(0, 0) = -2 < 0$ だから，$g(x, y)$ は $(0, 0)$ で極大値 0 をとる．

(3) $h(x, y) = x^2 - y^2$

$h_x(x, y) = 2x$, $h_y(x, y) = -2y$ より極値をとる候補は $(0, 0)$．$h_{xx}(x, y) = 2$, $h_{yy}(x, y) = -2$, $h_{xy}(x, y) = 0$ なので，$D(x, y) = -4$ より，$D(0, 0) = -4$．ゆえに，$h(x, y)$ は $(0, 0)$ で極値をとらない．結局，この関数は極値をもたない．

注意：$f_x(a, b) = f_y(a, b) = 0$ を満たす点 (a, b) が $D(a, b) = 0$ を満たすとき，極値をとるかどうかはケース・バイ・ケースである．例えば $f(x, y) = x^3 + y^3$ は点 $(0, 0)$ で $f_x = f_y = 0$ と $D = 0$ を満たすが，$x > 0$ のとき，$f(-x, 0) < f(0, 0) < f(x, 0)$ なので，$f(x, y)$ は $(0, 0)$ のとき極値をとらない．一方，$g(x, y) = x^4 + y^4$ も点 $(0, 0)$ で $f_x = f_y = 0$ と $D = 0$ を満たすが，$(x, y) \neq (0, 0)$ のとき $f(x, y) > f(0, 0)$ なので，$(0, 0)$ で極小値をとる．

例 5.16　$f(x, y) = 2x^2 + 4xy + 5y^2 - 4x + 2y + 3$

$f_x(x,y) = 4x+4y-4$, $f_y(x,y) = 4x+10y+2$. $f_x(x,y) = 0$, $f_y(x,y) = 0$ を解き，極値の候補は $(x,y) = (2,-1)$. $f_{xx}(x,y) = 4$, $f_{yy}(x,y) = 10$, $f_{xy}(x,y) = 4$ なので，$D(2,-1) = 4\cdot 10 - 4^2 = 24 > 0$. $f_{xx} = 4 > 0$ だから，$f(x,y)$ は $(2,-1)$ で極小値 $f(2,-1) = -2$ をとる．

例 5.17 $f(x,y) = x^4 - 4xy + 2y^2$

$f_x(x,y) = 4x^3 - 4y$, $f_y(x,y) = -4x + 4y$. $f_y(x,y) = 0$ より $y = x$. これを $f_x(x,y) = 0$ の式に代入して整理すると，$x^3 - x = x(x-1)(x+1) = 0$. ゆえに極値をとる候補は $(x,y) = (0,0)$, $(1,1)$, $(-1,-1)$. $f_{xx}(x,y) = 12x^2$, $f_{xy}(x,y) = -4$, $f_{yy}(x,y) = 4$ より，$D(x,y) = 48x^2 - 16$.

$(0,0)$ のとき，$D(0,0) = -16 < 0$ となり極値をとらない．

$(1,1)$ のとき，$D(1,1) = 32 > 0$ かつ $f_{xx} = 12 > 0$ であるから，極小値 $f(1,1) = -1$ をとる．

$(-1,-1)$ のとき，$D(-1,-1) = 32 > 0$ かつ $f_{xx} = 12 > 0$ であるから，極小値 $f(-1,-1) = -1$ をとる．

5.8 陰関数の定理

x と y の間に関係式 $f(x,y) = 0$ が成り立つとき，局所的に y は x の関数とみなせることが多い．このことを少し詳しく調べてみよう．

定義 5.4 x の開区間で定義された関数 $y = \varphi(x)$ が $f(x, \varphi(x)) = 0$ を満たすとき，$y = \varphi(x)$ は $f(x,y) = 0$ で定義された**陰関数**であるという．

例として $f(x,y) = x^2 + y^2 - 1 = 0$ を考える（図 5.10，図 5.11）．$f(x,y) = 0$ を y について解くと $y = \pm\sqrt{1-x^2}$ となるので，$f(x,y) = 0$ を満たす点は曲線 $y = \sqrt{1-x^2}$，または曲線 $y = -\sqrt{1-x^2}$ 上にある．したがって，$f(x,y) = 0$ を満たす点 $A(a,b)$ が $(\pm 1, 0)$ でなければ，A を含む $\mathbb{R}^2$ の十分小さな開集合

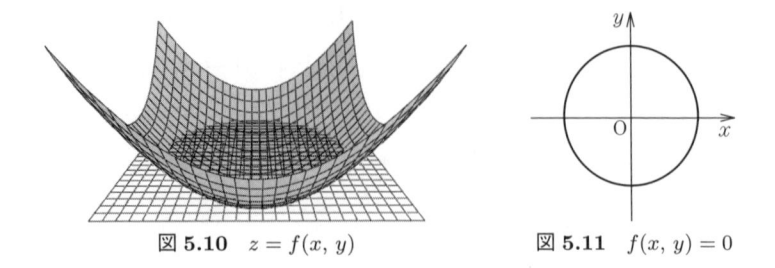

図 **5.10** $z = f(x, y)$ 図 **5.11** $f(x, y) = 0$

内では

$0 < b \leqq 1$ ならば, $f(x, y) = 0$ を満たす点は $y = \sqrt{1 - x^2}$ の上にある.

$-1 \leqq b < 0$ ならば, $f(x, y) = 0$ を満たす点は $y = -\sqrt{1 - x^2}$ の上にある.

となり, いずれにせよ点 A の近くに限れば, 各 x に対し $f(x, y) = 0$ を満たす y がちょうど1つ定まることになり, y は x の関数とみなすことができる.

一方, 点 B$(1, 0)$ について考えると, $x > 1$ に対し $f(x, y) = 0$ を満たす解が存在しないので, $x = 1$ を含む開区間で定義された陰関数は存在しない. また, B は $y = \sqrt{1 - x^2}$ と $y = -\sqrt{1 - x^2}$ が交わる点なので, B のいくら小さな開集合をとっても, 各 $x < 1$ に対し $f(x, y) = 0$ を満たす y は $y = \sqrt{1 - x^2}$ と $y = -\sqrt{1 - x^2}$ のうち1つに定めることができず, 通常の意味で y は x の関数にならない.

点 C$(-1, 0)$ についても同様なことがいえる. いま, この事情を説明するため, $f(x, y)$ を y で偏微分してみる. すると, $f_y(x, y) = 2y$ より, A が B, C と異なるとき $f_y(a, b) \neq 0$, A が B か C に一致するとき, $f_y(a, b) = 0$ となることがわかり, これは上に述べた A $\neq$ B, C と A = B, C の2つのケースの違いと符合する.

以上述べた事実をつぎの定理の形で一般化しよう.

定理 5.15 (陰関数の定理) $f(x, y)$ が C^1 級の関数で $f(a, b) = 0$, $f_y(a, b) \neq 0$ とする. そのとき

(1) a を含む開区間 I で定義された $f(x, y) = 0$ の陰関数 $y = \varphi(x)$ で,

$\varphi(a) = b$, かつ I で微分可能なものが存在する．

(2) $\varphi'(x) = -\dfrac{f_x(x, \varphi(x))}{f_y(x, \varphi(x))}$, すなわち $\dfrac{dy}{dx} = -\dfrac{f_x(x, y)}{f_y(x, y)}$ が成り立つ．

証明 $f_y(a, b) \neq 0$ なので，$f_y(a, b) > 0$，または $f_y(a, b) < 0$ が成り立つ．以下，$f_y(a, b) > 0$ と仮定する．$f_y(a, b) < 0$ の場合もまったく同様に証明できる．

① $f(a, b) = 0$，かつ $f(a, y)$ が y に関しては単調増加なので，『$y_1 < b < y_2$ を満たす b の近くの y_1, y_2 に対して，$f(a, y_1) < 0 < f(a, y_2)$ が成立』．

② $f(x, y)$ と $f_y(x, y)$ が連続なので，a を含むある開区間 I 内の任意の数 x に対して，$f(x, y_1) < 0 < f(x, y_2)$ が成立し，かつ $f_y(x, y) > 0$ $(y_1 \leq y \leq y_2)$．

③ $\forall x \in I$ に対し $f(x, y)$ が y に関して連続で単調増加なので，②および (y の関数とみた) $f(x, y)$ に関する中間値の定理より $f(x, Y) = 0$ $(y_1 < Y < y_2)$ を満たす Y がただ一つ存在する．$\varphi(x) = Y$ とおく．こうして，開区間 I 上で定義された陰関数 $\varphi(x)$ が構成できた．

④ ③で定義した $y = \varphi(x)$ が I の各点 x_0 で連続関数であることを ε-δ 論法により示そう．ε を任意の正数とする．実数 y_3, y_4 を

$$\max\{y_1, \varphi(x_0) - \varepsilon\} < y_3 < \varphi(x_0) < y_4 < \min\{y_2, \varphi(x_0) + \varepsilon\} \tag{5.8}$$

を満たすように選ぶ．$f(x_0, y_3) < 0 < f(x_0, y_4)$，かつ $f(x, y)$ が連続なので，I に含まれる十分小さい開区間 $I_0 = (x_0 - \delta, x_0 + \delta)$ をとると，I_0 内の任意の数 x に対して $f(x, y_3) < 0 < f(x, y_4)$ が成り立つ．$f(x, \varphi(x)) = 0$ と $f_y(x, y) > 0$ $(y_1 \leq y \leq y_2)$ から，$y_3 < \varphi(x) < y_4$ が成り立つので，式 (5.8) より特に $\varphi(x_0) - \varepsilon < \varphi(x) < \varphi(x_0) + \varepsilon$ となる．ゆえに

$$x \in I_0, \text{ すなわち } |x - x_0| < \delta \text{ ならば，} |\varphi(x) - \varphi(x_0)| < \varepsilon$$

が示され，$\varphi(x)$ は $x = x_0$ で連続である．x_0 は I の任意の点なので，$\varphi(x)$ は開区間 I で連続である．

⑤ ④の結果を利用して，φ が I の各点 x で微分可能であることを示す．$f(x, y)$ が C^1 級の関数なので，定理 5.12 を $n = 1$ として適用すると

$$f(x+h, y+k) - f(x, y) = h \cdot f_x(x+\theta h, y+\theta k) + k \cdot f_y(x+\theta h, y+\theta k)$$

を満たす θ $(0 < \theta < 1)$ が存在することがわかる．この式の y, k として，$y = \varphi(x)$, $k = \varphi(x+h) - \varphi(x)$ をとる．$y + k = \varphi(x+h)$ なので，上式の

左辺は $f(x+h, \varphi(x+h)) - f(x, \varphi(x))$ である. $f(x+h, \varphi(x+h)) = 0$, $f(x, \varphi(x)) = 0$ よりこの値は 0 だから, 上の式は

$$0 = h \cdot f_x(x+\theta h, y+\theta k) + k \cdot f_y(x+\theta h, y+\theta k)$$

と表せる. $h \neq 0$ かつ h は 0 に十分近い（したがって, φ が連続なことから k も 0 に十分近く, $f_y(x+\theta h, y+\theta k) \neq 0$）として, この式を変形すると

$$\frac{\varphi(x+h) - \varphi(x)}{h} = \frac{k}{h} = -\frac{f_x(x+\theta h, y+\theta k)}{f_y(x+\theta h, y+\theta k)}.$$

したがって, f が C^1 級という仮定から

$$\lim_{h \to 0} \frac{\varphi(x+h) - \varphi(x)}{h} = -\frac{f_x(x, y)}{f_y(x, y)}.$$

ゆえに, $\varphi(x)$ は微分可能で, $\varphi'(x) = -\dfrac{f_x(x, y)}{f_y(x, y)}$ が成り立つ. □

注意：$\varphi(x)$ が微分可能であることをあらかじめ仮定すれば, 定理 5.15 (2) の公式はつぎのように簡単に導ける. 2 変数関数の合成関数の微分公式を使って $f(x, \varphi(x)) = 0$ の両辺を x で微分すると

$$f_x(x, \varphi(x)) + f_y(x, \varphi(x)) \cdot \varphi'(x) = 0.$$

つまり, $\varphi'(x) = -\dfrac{f_x(x, \varphi(x))}{f_y(x, \varphi(x))}$ が成り立つ. 通常の計算ではこの方法が一番便利である.

注意：定理では, y を x で表す陰関数 $y = \varphi(x)$ の場合のみを扱ったが, x と y の関係は平等であるので, $f_x(a, b) \neq 0$ ならば, 点 (a, b) の近くで y の関数 $x = \psi(y)$ が存在し, 定理 5.15 で x と y を入れ替えた関係式が成り立つ. $x = \psi(y)$ も $f(x, y)$ の陰関数という.

例 5.18　(1)　前に挙げた $f(x, y) = x^2 + y^2 - 1 = 0$ を考える. $f_y(x, y) = 2y$ なので, 点 (a, b) が $f(a, b) = 0$, $b \neq 0$ を満たすとき (a, b) のまわりで陰関数 $y = \varphi(x)$ をもつ. $x^2 + y^2 - 1 = 0$ の両辺を x で微分すると, $2x + 2yy' = 0$. したがって, $b \neq 0$ のとき $\varphi'(x) = -\dfrac{x}{y}$ が成り立つ. $b = 0$ のときは $f_y(\pm 1, 0) = 0$ となり, 定理 5.15 はもはや使えないが, $f_x(\pm 1, 0) = \pm 2 \neq 0$ となるので, $(\pm 1, 0)$ のまわりで $x = \psi(y)$ の形の陰関数をもつことがわかる.

(2) $f(x, y) = y^2 - x^2 = 0$ を考える. $f_y(x, y) = 2y$ となるので, $f(x, y) = 0$ 上の点 $A(a, b)$ が原点でないとき $f_y(a, b) = 2b \neq 0$ となり, $x = a$ を含むある開区間で陰関数 $y = \varphi(x)$ をもつ. $\varphi'(x) = -\dfrac{f_x(x, y)}{f_y(x, y)} = -\dfrac{-2x}{2y} = \dfrac{x}{y}$ である. この例では, $y = \pm x$ がすぐわかるので

$\quad\quad$ A が第 1 象限か第 3 象限にある $\implies \varphi(x) = x$,

$\quad\quad$ A が第 2 象限か第 4 象限にある $\implies \varphi(x) = -x$

となる. 一方, 原点 O については, $f_y(0, 0) = 0$ となり定理は使えない. 実際ここでは, $y = x$ と $y = -x$ が交差する点となっているので, 強いて $x = 0$ を含む微分可能な陰関数といえば, $y = x$ と $y = -x$ の 2 つになる.

例題 5.4 $f(x, y) = x e^y + \sin xy - 1$ に対し, 方程式 $f(x, y) = 0$ で与えられる曲線の点 $P(1, 0)$ における接線の方程式を求めよ.

【解答】 $f_x(x, y) = e^y + y \cos xy$, $f_y(x, y) = xe^y + x \cos xy$ なので, $f_x(1, 0) = 1$, $f_y(1, 0) = 2$ である. 特に, $f_y(1, 0) \neq 0$ なので, 点 $(1, 0)$ の近くで陰関数 $y = \varphi(x)$ をもつ. $\varphi'(1) = -\dfrac{f_x(1, 0)}{f_y(1, 0)} = -\dfrac{1}{2}$ なので, 求める接線の方程式は $y = -\dfrac{1}{2}(x - 1)$ となる. $\diamond$

一般に, $f_y(a, b) \neq 0$ のとき, 方程式 $f(x, y) = 0$ によって定義される曲線上の点 (a, b) における接線の方程式は

$$y - b = -\frac{f_x(a, b)}{f_y(a, b)} (x - a)$$

すなわち

$$f_x(a, b) (x - a) + f_y(a, b) (y - b) = 0$$

により与えられる.

例題 5.5 つぎの方程式で与えられる陰関数 $y = \varphi(x)$ の極値を求めよ.

$$2x^2 - xy + y^2 = 7. \tag{5.9}$$

【解答】 y を x の関数 $y = \varphi(x)$ と考え，式 (5.9) の両辺を x で微分すると，$4x - (y + xy') + 2yy' = 0$，すなわち

$$(4x - y) - (x - 2y)y' = 0 \tag{5.10}$$

より，$y' = \dfrac{4x - y}{x - 2y}$. $y = \varphi(x)$ が極値をもつとき，$y' = 0$ なので $4x - y = 0$，すなわち $y = 4x$. (x, y) は式 (5.9) を満たすので，$2x^2 - x(4x) + (4x)^2 - 7 = 0$ より，$x = \pm\dfrac{\sqrt{2}}{2}$. $y = 4x$ なので，極値の候補は $x = \dfrac{\sqrt{2}}{2}$ のときの $y = 2\sqrt{2}$，および $x = -\dfrac{\sqrt{2}}{2}$ のときの $y = -2\sqrt{2}$. どちらの点も $f_y \neq 0$ を満たすので，これらの点のまわりで陰関数 $y = \varphi(x)$ が存在する。

これらの点で $\varphi(x)$ が実際に極大値，あるいは極小値をとるか調べるために y'' を計算する．式 (5.10) の両辺を x で微分すると $(4 - y') - (x - 2y)'y' - (x - 2y)y'' = 0$. $y = \varphi(x)$ が極値をとる点 $(x, y) = (x, \varphi(x))$ に対しては，$y' = 0$ なので左辺第 2 項 $= 0$ に注意して $y'' = \dfrac{4}{x - 2y}$. したがって $(x, y) = \left(\dfrac{\sqrt{2}}{2}, 2\sqrt{2}\right)$ のとき $y'' = -\dfrac{4\sqrt{2}}{7} < 0$ となり，陰関数 $y = \varphi(x)$ は $x = \dfrac{\sqrt{2}}{2}$ で極大値 $2\sqrt{2}$ をとる．また $(x, y) = \left(-\dfrac{\sqrt{2}}{2}, -2\sqrt{2}\right)$ のとき $y'' = \dfrac{4\sqrt{2}}{7} > 0$ となり，陰関数 $y = \varphi(x)$ は $x = -\dfrac{\sqrt{2}}{2}$ で極小値 $-2\sqrt{2}$ をとる． ◇

5.9 条件つき極値

x と y が条件 $g(x, y) = 0$ を満たしながら動くとき，$g_y(x, y) \neq 0$ が成立していれば，陰関数の定理 5.15 より局所的には y は x の関数とみなすことができる．したがって，条件 $g(x, y) = 0$ のもとでは，2 変数関数 $f(x, y)$ を x の関数とみたときの極値（**条件つき極値**）を考えることができる．つぎの定理はラグランジュの未定乗数法と呼ばれ，しばしば利用される．

定理 5.16 （ラグランジュの未定乗数法） x, y の関数 $f(x, y)$ と $g(x, y)$

は共に C^1 級であるとして,条件 $g(x, y) = 0$ のもとで, $f(x, y)$ が点 (a, b) で極値をとるとする.このとき, $g_x(a, b) \neq 0$, $g_y(a, b) \neq 0$ の少なくとも一方が成り立つならば

$$f_x(a, b) - \lambda g_x(a, b) = 0, \quad f_y(a, b) - \lambda g_y(a, b) = 0 \qquad (5.11)$$

を満たすある実数 λ が存在する.

証明 $g_y(a, b) \neq 0$ の場合を示す.$g_x(a, b) \neq 0$ の場合は x と y の立場を入れ替えて同様な議論をすればよい.$g_y(a, b) \neq 0$ とすると,定理 5.15 より, $x = a$ の近くで定義された関数 $y = \varphi(x)$ で $g(x, \varphi(x)) = 0$ を満たすものが存在し, $\varphi'(x) = -\dfrac{g_x(x, \varphi(x))}{g_y(x, \varphi(x))}$ が成り立つ.

一方,定理の仮定より, x の関数 $F(x) = f(x, \varphi(x))$ は $x = a$ で極値をとるので, $F'(a) = 0$ を満たす.したがって定理 5.6 と,いま注意したことから

$$F'(a) = f_x(a, \varphi(a)) + f_y(a, \varphi(a))\varphi'(a)$$
$$= f_x(a, \varphi(a)) - f_y(a, \varphi(a))\frac{g_x(a, \varphi(a))}{g_y(a, \varphi(a))} = 0$$

が成立する.ここで, $\lambda = \dfrac{f_y(a, \varphi(a))}{g_y(a, \varphi(a))}$ とおくと式 (5.11) を得る. □

例題 5.6 条件 $g(x, y) = x^2 + 2y^2 - 1 = 0$ のもとで,関数 $f(x, y) = xy$ の極値を調べよ.

【解答】 1) $f_x = y$, $f_y = x$, $g_x = 2x$, $g_y = 4y$ なので

$$f_x - \lambda g_x = y - 2\lambda x = 0, \qquad (5.12)$$
$$f_y - \lambda g_y = x - 4\lambda y = 0, \qquad (5.13)$$
$$g = x^2 + 2y^2 - 1 = 0. \qquad (5.14)$$

式 (5.12) より, $y = 2\lambda x$.式 (5.13) より $x - 8\lambda^2 x = 0$, $x(1 - 8\lambda^2) = 0$. したがって, $x = 0$, または $\lambda = \pm \dfrac{1}{2\sqrt{2}}$.

・ $x = 0$ のとき,式 (5.12) より $y = 0$.このとき,式 (5.14) が成立せず不適.

・ $\lambda = \dfrac{1}{2\sqrt{2}}$ のとき,式 (5.12) より $y = 2\lambda x = \dfrac{x}{\sqrt{2}}$.これを式 (5.14)

に代入して，$x^2 + x^2 - 1 = 0$, $x = \pm\dfrac{1}{\sqrt{2}}$. よって，$y = \pm\dfrac{1}{2}$.

・$\lambda = -\dfrac{1}{2\sqrt{2}}$ のとき，式 (5.12) より $y = 2\lambda x = -\dfrac{x}{\sqrt{2}}$. これを式 (5.14) に代入して，$x^2 + x^2 - 1 = 0$, $x = \pm\dfrac{1}{\sqrt{2}}$. よって，$y = \mp\dfrac{1}{2}$.

以上から極値をとる候補は

$$(x, y) = \left(\dfrac{1}{\sqrt{2}}, \dfrac{1}{2}\right), \left(-\dfrac{1}{\sqrt{2}}, -\dfrac{1}{2}\right), \left(\dfrac{1}{\sqrt{2}}, -\dfrac{1}{2}\right), \left(-\dfrac{1}{\sqrt{2}}, \dfrac{1}{2}\right).$$

2) 上の極値の 4 つの候補は，いずれも $g_y = 4y \neq 0$. したがって，上の各 4 点の近くで $g(x, y) = 0$ の陰関数が存在する．この陰関数をいずれの場合も $y = \varphi(x)$ と記す．

3) $\varphi'(x)$ と $\varphi''(x)$ を計算する．$g(x, \varphi(x)) = x^2 + 2(\varphi(x))^2 - 1 = 0$ の両辺を x で微分すると

$$2x + 4\varphi\varphi' = 0. \tag{5.15}$$

したがって，$\varphi'(x) = -\dfrac{x}{2\varphi(x)}$，すなわち $y' = -\dfrac{x}{2y}$.

式 (5.15) の両辺を x で微分して，$2 + (4\varphi'^2 + 4\varphi\varphi'') = 0$. したがって，$\varphi''(x) = -\dfrac{1 + 2\varphi'(x)^2}{2\varphi(x)}$，すなわち $y'' = -\dfrac{1 + 2y'^2}{2y}$.

4) $p(x) = f(x, \varphi(x))$ とおき，$p'(x)$, $p''(x)$ を計算する．$p(x) = x\varphi(x)$ より

$$p'(x) = \varphi(x) + x\varphi'(x), \text{ すなわち } p'(x) = y + xy'.$$
$$p''(x) = \varphi'(x) + (\varphi'(x) + x\varphi''(x)), \text{ すなわち } p''(x) = 2y' + xy''.$$

以上の値を極値の候補の 4 点の場合に当てはめると**表 5.1** を得る．

表 5.1

(x, y)	$\left(\dfrac{1}{\sqrt{2}}, \dfrac{1}{2}\right)$	$\left(-\dfrac{1}{\sqrt{2}}, -\dfrac{1}{2}\right)$	$\left(\dfrac{1}{\sqrt{2}}, -\dfrac{1}{2}\right)$	$\left(-\dfrac{1}{\sqrt{2}}, \dfrac{1}{2}\right)$
$y' = \varphi'(x)$	$-\dfrac{1}{\sqrt{2}}$	$-\dfrac{1}{\sqrt{2}}$	$\dfrac{1}{\sqrt{2}}$	$\dfrac{1}{\sqrt{2}}$
$y'' = \varphi''(x)$	-2	2	2	-2
$p'(x)$	0	0	0	0
$p''(x)$	$-2\sqrt{2}$	$-2\sqrt{2}$	$2\sqrt{2}$	$2\sqrt{2}$
極値の判定	極大	極大	極小	極小
極値 $p(x)$	$\dfrac{1}{2\sqrt{2}}$	$\dfrac{1}{2\sqrt{2}}$	$-\dfrac{1}{2\sqrt{2}}$	$-\dfrac{1}{2\sqrt{2}}$

◇

注意：極値をとれば $p'(x)=0$ になるので，$p'(x)$ の計算は検算になる．

章 末 問 題

【1】 つぎの極限値を求めよ．
(1) $\displaystyle\lim_{(x,y)\to(0,0)} \frac{x^2y+y^3}{x^2+y^2}$ (2) $\displaystyle\lim_{(x,y)\to(0,0)} \frac{xy+y^2}{x^2+2y^2}$
(3) $\displaystyle\lim_{(x,y)\to(0,0)} \frac{y^3+x^2y}{2x^2+y^2}$ (4) $\displaystyle\lim_{(x,y)\to(0,0)} \frac{x^2y}{x^4+y^2}$

【2】 つぎの関数の偏導関数，および2次偏導関数を求めよ．
(1) $z=x^5y^2$ (2) $z=x^2-y^2$ (3) $z=x^2+2xy+3y^2$
(4) $z=x^3+y^3-9xy$ (5) $z=x^2e^y$ (6) $z=\cos(7x+5y)$
(7) $z=e^{xy}$ (8) $z=\sin xy$ (9) $z=\dfrac{x-y}{x+y}$
(10) $z=\log(x+3y)$

【3】 つぎの関数に対し，曲面 $z=f(x,y)$ 上の点 (a,b,c) での接平面の方程式を求めよ．
(1) $f(x,y)=2x+3y+4$ (2) $f(x,y)=\dfrac{x^2}{9}+\dfrac{y^2}{16}$
(3) $f(x,y)=\dfrac{x}{x+y}$ (4) $f(x,y)=\sqrt{1-x^2-y^2}$

【4】 つぎの関数 $z=f(x,y)$ が，微分方程式 $\dfrac{\partial^2 z}{\partial x^2}+\dfrac{\partial^2 z}{\partial y^2}=0$ を満たすことを示せ．
(1) $z=\log\sqrt{x^2+y^2}$ (2) $z=\dfrac{x}{x^2+y^2}$ (3) $\tan^{-1}\dfrac{y}{x}$

注意：関数 $z=f(x,y)$ が $\dfrac{\partial^2 z}{\partial x^2}+\dfrac{\partial^2 z}{\partial y^2}=0$ を満たすとき，$z=f(x,y)$ は調和関数という．また形式的に z をとった式（微分作用素と呼ばれるものの一種），$\Delta=\dfrac{\partial^2}{\partial x^2}+\dfrac{\partial^2}{\partial y^2}$ をラプラシアンという．

【5】 合成関数の微分公式を用いて $\dfrac{dz}{dt}$ を求めよ．
(1) $z=x^2+y^2$; $x=a\cos t,\ y=b\sin t\ (a>0,\ b>0)$
(2) $z=xy^3$; $x=\sin t,\ y=\cos t$
(3) $z=e^{xy}$; $x=t^2,\ y=\log t$
(4) $z=f(x,y)$; $x=e^t+e^{-t},\ y=e^t-e^{-t}$

【6】 合成関数の微分公式を用いて $\dfrac{\partial z}{\partial u},\ \dfrac{\partial z}{\partial v}$ を求めよ．
(1) $z=x^2+y^2$; $x=3u+4v,\ y=5u+6v$

(2) $z = \sin(x+y)$; $x = u^2 + v^2$, $y = 2uv$
(3) $z = (x+2y)^3$; $x = (u-v)^2$, $y = uv$
(4) $z = f(x, y)$; $x = u\cos v$, $y = u\sin v$
(5) $z = f(e^x \cos y)$; $x = 2u + 3v$, $y = 2u - 3v$

【7】 つぎの変換のヤコビアン $\dfrac{\partial(x,y)}{\partial(u,v)}$ と $\dfrac{\partial(x,y)}{\partial(r,\theta)}$ を求めよ.
(1) $x = au + bv$, $y = cu + dv$　(a, b, c, d : 定数)
(2) $x = r\cos\theta$, $y = r\sin\theta$

【8】 つぎの関数に2変数関数のマクローリンの定理を $n=2$ として適用せよ.
(1) $e^x \sin y$　(2) e^{xy}　(3) $\log(1 + x + 2y)$

【9】 つぎの関数の極値を求めよ.
(1) $f(x, y) = 2x^2 - 4xy + y^2 + 4x$
(2) $f(x, y) = x^2 + 2xy + 3y^2 - 2x + 2y$
(3) $f(x, y) = -10x^2 + 6xy - 3y^2 + 2x + 12y - 10$
(4) $f(x, y) = x^3 + y^3 - 3xy$
(5) $f(x, y) = x^2 y + xy^2 - 3xy$

【10】 $f(x, y) = 0$ の陰関数 $y = \varphi(x)$ が $x = a$ で極値を $\varphi(a) = b$ をとる. このとき, $\varphi''(a)$ を $f_{xx}(a, b)$ と $f_y(a, b)$ を用いて表せ. ただし $f_y(a, b) \neq 0$ とする.

【11】 (1) 曲線 $x^2 + 2xy + 2y^2 - 1 = 0$ 上の点 $\left(0, \dfrac{\sqrt{2}}{2}\right)$ における接線の方程式を求めよ.
(2) 方程式 $x^2 + 2xy + 2y^2 - 1 = 0$ で与えられる陰関数 $y = \varphi(x)$ の極値を求めよ ($\varphi'(x)$, $\varphi''(x)$ を調べよ).

【12】 (1) 曲線 $x^2 - xy + y^2 = 3$ 上の点 $\left(\sqrt{3}, 0\right)$ における接線の方程式を求めよ.
(2) 方程式 $x^2 - xy + y^2 = 3$ の陰関数として与えられる関数 $y = \varphi(x)$ の極値を求めよ ($\varphi'(x)$, $\varphi''(x)$ を調べよ).

【13】 曲面 S 上の点 $\mathrm{A}(a, b, f(a,b))$ における, 接平面に垂直で, かつ点 A を通る直線を S の A における**法線**という. 曲面 $z = f(x, y)$ の点 A における法線の方程式は

$$\frac{x-a}{f_x(a,b)} = \frac{y-b}{f_y(a,b)} = \frac{z-f(a,b)}{-1}$$

で与えられることを示せ.

【14】 $z = f\left(\dfrac{x}{y}\right)$ のとき, $x\dfrac{\partial z}{\partial x} + y\dfrac{\partial z}{\partial y} = 0$ が成り立つことを示せ.

【15】 $x = u\cos\alpha - v\sin\alpha$, $y = u\sin\alpha + v\cos\alpha$　(α は定数) とするとき, $z = f(x, y)$ に関するつぎの式が成り立つことを示せ.

$$z_{xx} + z_{yy} = z_{uu} + z_{vv}.$$

[(x, y) を直交変換で (u, v) に変数変換しても, ラプラシアンは変わらない]

【16】 $z = f(x, y)$, $x = r\cos\theta$, $y = r\sin\theta$ のとき

$$z_{xx} + z_{yy} = z_{rr} + \frac{1}{r}z_r + \frac{1}{r^2}z_{\theta\theta}$$

となることを証明せよ.

【17】 $z = f(x, y)$ と極座標変換 $x = r\cos\theta$, $y = r\sin\theta$ に対し, つぎの問に答えよ.
(1) z_r と z_θ を $f_x(x, y)$ と $f_y(x, y)$ を用いた式で表せ.
(2) $z = g(r)$ と r だけの関数として表せる必要十分条件が, $yf_x(x, y) = xf_y(x, y)$ であることを示せ.

【18】 つぎの条件を満たす関数 $z = f(x, y)$ はそれぞれどのような関数か求めよ.
(1) $z_x = z_y$ (2) $xz_x + yz_y = 0$

【19】 波動方程式

$$\frac{\partial^2 z}{\partial t^2} = c^2 \frac{\partial^2 z}{\partial x^2} \quad (c > 0)$$

についてつぎの問に答えよ.
(1) $u = x - ct$, $v = x + ct$ とおくとき

$$\frac{\partial^2 z}{\partial u \partial v} = 0$$

となることを示せ. ただし z は t, x に関し C^2 級の関数とする.
(2) 波動方程式の解は

$$z = f(x - ct) + g(x + ct) \quad (f \text{ と } g \text{ は } 1 \text{ 変数関数})$$

と表せることを示せ [ヒント: (1) の微分方程式を満たす解が $z = f(u) + g(v)$ で表せることを示す].

【20】 $\dfrac{\partial^2 z}{\partial t^2} = c^2 \dfrac{\partial^2 z}{\partial x^2}$ の解 $z = u(x, t)$ が条件 $u(x, 0) = u_0(x)$ と $\dfrac{\partial u}{\partial t}(x, 0) = u_1(x)$ を同時に満たすとき, $u = u(x, t)$ は

$$u(x, t) = \frac{1}{2}\left(u_0(x - ct) + u_0(x + ct)\right) + \frac{1}{2c}\int_{x-ct}^{x+ct} u_1(\xi)\,d\xi$$

で与えられることを示せ [ストークスの（波動）公式].

【21】 C^2 級関数 $f(x, y)$, $g(x, y)$, $h(x, y)$ に対して, 2 変数版の勾配 ∇f と回転 rot を $\nabla f = (f_x, f_y)$, $\text{rot}(g, h) = h_x - g_y$ により定義する.
(1) $r = \sqrt{x^2 + y^2}$ とおくとき, ベクトル $\nabla\left(\dfrac{1}{r}\right)$ とその大きさを求めよ.

(2) $\mathrm{rot}(\nabla f) = 0$ を示せ.

(3) $\nabla f = (-y, x)$ を満たす関数 f は存在しないことを示せ.

【22】 体積が一定値 8 である直方体のうち, 表面積が最小のものを求めよ.

【23】 条件 $9x^2 + y^2 = 18$ のもとで, 関数 $f(x, y) = 2xy$ の極値を求めよ.

【24】 条件 $g(x, y) = x^2 - 3y^2 + 1 = 0$ のもとでの, 関数 $f(x, y) = 2x + y^3$ の極値を求めよ.

【25】 関数 $f(x, y)$ を $f(x, y) = x^2 - xy + y^2$ で定義する.

(1) $f(x, y)$ の極値を求めよ.

(2) 条件 $x^2 + y^2 = 8$ のもとで, 関数 $f(x, y)$ の極値を求めよ.

(3) $f(x, y)$ の $D = \{(x, y) \in \mathbb{R}^2 \mid x^2 + y^2 \leqq 8\}$ における最大値, 最小値を求めよ.

【26】 曲線 $y = f(x)$ 上の点 $\mathrm{P}(x_0, y_0)$ における円 $C : (x - a)^2 + (y - b)^2 = r^2$ ($a, b \in \mathbb{R}$, $r > 0$) の陰関数を $y = \varphi(x)$ とする. C が条件 $f'(x_0) = \varphi'(x_0)$, $f''(x_0) = \varphi''(x_0)$ を満たすとき, 円 C を曲線上の点 P での**曲率円**, r を P での**曲率半径**という. ただし $f(x)$ は 2 階微分可能で $f''(x_0) \neq 0$ とする.

(1) つぎの式が成り立つことを示せ.

$$a = x_0 - \frac{\{1 + f'(x_0)^2\}f'(x_0)}{f''(x_0)}, \quad b = y_0 + \frac{1 + f'(x_0)^2}{f''(x_0)},$$

$$r = \frac{\{1 + f'(x_0)^2\}^{3/2}}{|f''(x_0)|}.$$

(2) 曲線 $y = f(x)$ がつぎの式で与えられるとき, 点 $(\alpha, f(\alpha))$ における曲率半径を求めよ.

(i) $y = kx^2$ ($k > 0$) (ii) $x^2 + y^2 = R^2$ ($R > 0;\ a \neq \pm R$)

6 多変数関数の積分法

6.1 重積分の定義と意味

この章では，多変数関数の積分について考える．多変数関数の積分は，一変数関数の不定積分に対応するものは存在しない．すべて定積分である．多変数関数の積分を**重積分**，または**多重積分**という．1変数の定積分の定義と同様の考え方で，まず2変数の関数の積分を定義する．xy 平面 $\mathbb{R}^2$ の中の長方形の領域 K で定義された有界な関数 $f(x,y)$ を考える．

$$K = \{(x,y) \mid a \leq x \leq b,\ c \leq y \leq d\}.$$

この長方形の領域を，つぎのように mn 個の小長方形に分割する．x の区間を m 個，y の区間を n 個に分け，この分割を Δ と書く（図 **6.1**）．

$$\Delta : \begin{cases} a = x_0 < x_1 < \cdots \\ \qquad < x_{m-1} < x_m = b, \\ c = y_0 < y_1 < \cdots \\ \qquad < y_{n-1} < y_n = d. \end{cases} \tag{6.1}$$

これによってできる各小長方形を Δ_{ij} と書く．

$$\Delta_{ij} = \{(x,y) \mid x_{i-1} \leq x \leq x_i,\ y_{j-1} \leq y \leq y_j\}.$$

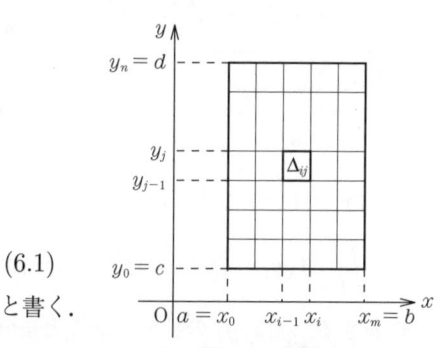

図 **6.1** 分割 Δ

$\Delta x_i = x_i - x_{i-1}$, $\Delta y_j = y_j - y_{j-1}$ とおき,その最大値を $\delta = \max_{i,j}\{\Delta x_i, \Delta y_j\}$ とおく.小長方形 Δ_{ij} 内の任意の 1 点 (ξ_{ij}, η_{ij}) に対し,つぎの和を考える.

$$\sum_{i,j} f(\xi_{ij}, \eta_{ij}) \Delta x_i \Delta y_j. \tag{6.2}$$

$\delta \to 0$ になるように分割 Δ を細かくするとき,和 (6.2) が分割の仕方と点 (ξ_{ij}, η_{ij}) のとり方に無関係に一定の値に近づくならば,この極限値を

$$\iint_K f(x,y)\,dxdy, \text{ または } \iint_K f\,dxdy$$

と書き,$f(x,y)$ の K における **2 重積分**という.2 重積分が存在するとき**積分可能**であるといい,K を**積分領域**という.重積分を簡単に $\iint_K f\,dS$ と書くことがある.dS を**面積要素**といい,形式的には小長方形 $\Delta_{ij} = \Delta x_i \times \Delta y_j$ の大きさを 0 に近づけた極限を意味している.定義から,$f(x,y)$ が連続関数で $f(x,y) \geqq 0$ のとき,重積分の値は上下を $z = f(x,y)$ と xy 平面に囲まれた図形の体積になることがわかる(図 **6.2**).

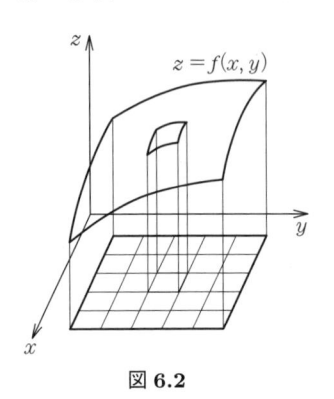

$\mathbb{R}^2$ の部分集合 D が,ある長方形の領域 K に含まれるとき D は**有界**であるという.有界な領域 D で定義されている有界な関数 $f(x,y)$ の重積分を,つぎのように定義する.K において

$$F(x,y) = \begin{cases} f(x,y) & ((x,y) \in D), \\ 0 & ((x,y) \in K - D) \end{cases} \tag{6.3}$$

図 **6.2**

とおく.関数 $F(x,y)$ が K で積分可能のとき,関数 $f(x,y)$ は D で積分可能であるといい

$$\iint_D f(x,y)\,dxdy = \iint_K F(x,y)\,dxdy \tag{6.4}$$

と定義する.$f(x,y)$ の積分可能性と積分の値は,K の選び方には無関係に定まる.D を積分領域という.特に $f(x,y) = 1$ のとき,1 を省略して $\iint_D dxdy$

と書く．有界集合 D は $f(x,y) = 1$ が D 上で積分可能なとき，面積をもつという．すなわち

$$D \text{ の面積} = \iint_D dxdy.$$

3重積分（および一般の n 重積分）についても，V を3次元空間 $\mathbb{R}^3$ の有界集合とするとき，同様に V で有界な3変数の関数 $f(x,y,z)$ に対して

$$\iiint_V f(x,y,z)\,dxdydz$$

が定義され，$f(x,y,z) = 1$ が V で積分可能のとき

$$V \text{ の体積} = \iiint_V dxdydz$$

である（一般の n 次元の場合も同様に n 次元の体積を考えることができる）．また，均一でない物体 V の各点 (x,y,z) の密度を $f(x,y,z)$ が表すとき，3重積分は V の総質量を表す．1変数の定積分と同様につぎの定理が成り立つ．

定理 6.1 関数 $f(x,y)$, $g(x,y)$ が，面積をもつ有界領域 D, D_1, D_2 で連続のとき

(1) $f(x,y)$ は D で積分可能である．

(2) $\displaystyle\iint_D (f(x,y)+g(x,y))\,dxdy = \iint_D f(x,y)\,dxdy + \iint_D g(x,y)\,dxdy$

(3) $\displaystyle\iint_D kf(x,y)\,dxdy = k\iint_D f(x,y)\,dxdy$ （k：定数）

(4) $D = D_1 \cup D_2$, D_1 と D_2 の共通部分の面積が 0 のとき
$$\iint_D f(x,y)\,dxdy = \iint_{D_1} f(x,y)\,dxdy + \iint_{D_2} f(x,y)\,dxdy.$$

(5) D 上でつねに $f(x,y) \leqq g(x,y)$ ならば
$$\iint_D f(x,y)\,dxdy \leqq \iint_D g(x,y)\,dxdy.$$

$$(6) \quad \left|\iint_D f(x,y)\,dxdy\right| \leq \iint_D |f(x,y)|\,dxdy$$

つぎに,重積分の計算方法を考える.まず,長方形の領域 K で定義された有界な関数 $f(x,y)$ について,式 (6.2) を以下の形に変形する.

$$\sum_{i,j} f(\xi_{ij},\eta_{ij})\Delta x_i \Delta y_j = \sum_j \left(\sum_i f(\xi_{ij},\eta_{ij})\Delta x_i \right) \Delta y_j. \quad (6.5)$$

j を固定し $\sum_i f(\xi_{ij},\eta_{ij})\Delta x_i$ の $m \to \infty$ としたときの極限は,$f(x,y)$ を,y をほぼ定数と考えて x で a から b まで定積分した形である.これは y の関数になるから,式 (6.5) より,それを y で c から d まで定積分すればよいことになる.実際に $f(x,y)$ が有界な連続関数のとき,つぎの定理が成り立つ.

定理 6.2 関数 $f(x,y)$ が長方形領域 $K = \{(x,y)\,|\,a \leq x \leq b, c \leq y \leq d\}$ で連続ならば,次式が成り立つ.

$$\iint_D f(x,y)\,dxdy = \int_c^d \int_a^b f(x,y)\,dxdy = \int_a^b \int_c^d f(x,y)\,dydx \quad (6.6)$$

証明 K の分割を

$$\Delta : \begin{cases} a = x_0 < x_1 < \cdots < x_{m-1} < x_m = b, \\ c = y_0 < y_1 < \cdots < y_{n-1} < y_n = d. \end{cases}$$

これによってできる各小長方形 Δ_{ij} における $f(x,y)$ の最大値を M_{ij},最小値を m_{ij},$\Delta x_i = x_i - x_{i-1}$,$\Delta y_j = y_j - y_{j-1}$,$\delta = \max_{i,j}\{\Delta x_i, \Delta y_j\}$ とする.任意の $\eta_j \in [y_{j-1}, y_j]$ に対して

$$m_{ij}\Delta x_i \leq \int_{x_{i-1}}^{x_i} f(x,\eta_j)dx \leq M_{ij}\Delta x_i.$$

i について和をとると

$$\sum_i m_{ij}\Delta x_i \leq \int_a^b f(x,\eta_j)dx \leq \sum_i M_{ij}\Delta x_i.$$

$f(x,y)$ は連続だから,$F(y) = \int_a^b f(x,y)dx$ とおくと $F(y)$ は y の連続関数になり,積分可能である.$\int_a^b f(x, \eta_j)\, dx = F(\eta_j)$ であるから,不等式の各項に Δy_j を掛け j で和をとると

$$\sum_i m_{ij} \Delta x_i \Delta y_j \leqq \sum_j F(\eta_j) \Delta y_j \leqq \sum_{ij} M_{ij} \Delta x_i \Delta y_j.$$

定理 6.1 (1) より,$f(x,y)$ は積分可能なので $\delta \to 0$ になるように分割 Δ を細かくするとき,不等式の両端の項は $\iint_D f(x,y)\, dxdy$ に収束し,中央の項は $\int_c^d F(y)\, dy$,すなわち $\int_c^d \int_a^b f(x,y)\, dxdy$ に収束するから

$$\iint_D f(x,y)\, dxdy = \int_c^d \int_a^b f(x,y)\, dxdy.$$

同様にして

$$\iint_D f(x,y)\, dxdy = \int_a^b \int_c^d f(x,y)\, dydx. \qquad \square$$

このように,y を固定して(定数とみなして)x で積分してから,y で積分(または,x を固定して y で積分してから,x で積分)する式 (6.6) の右辺の形の積分を**累次積分**という.つぎの右辺の形に書くこともある.

$$\int_c^d \int_a^b f(x,y)\, dxdy = \int_c^d dy \int_a^b f(x,y)\, dx.$$

注意:これは $\int_c^d dy$ と $\int_a^b f(x,y)\, dx$ の積ではない.また,$\int_c^d \int_a^b f(x,y)\, dxdy$ と $\int_c^d \int_a^b f(x,y)\, dydx$ は異なる.

例題 6.1 $D = \{(x,y) \mid 1 \leqq x \leqq 2,\ 0 \leqq y \leqq 2\}$ のとき,つぎの重積分の値を求めよ.

$$\iint_D (2xy + y^2)\, dxdy.$$

【解答】 $\iint_D (2xy + y^2)\,dxdy = \int_0^2 \int_1^2 (2xy + y^2)\,dxdy$
$$= \int_0^2 \left[x^2 y + xy^2\right]_{x=1}^{x=2} dy = \int_0^2 (3y + y^2)\,dy = \frac{26}{3}$$
◇

例題 6.2 長方形領域 $K = \{(x,y) \mid a \leq x \leq b,\ c \leq y \leq d\}$ において，$f(x,y)$ が連続関数 $g(x),\ h(y)$ で $f(x,y) = g(x)h(y)$ と変数分離されるとき，次式が成り立つことを示せ．

$$\iint_K f(x,y)\,dxdy = \left(\int_a^b g(x)\,dx\right)\left(\int_c^d h(y)\,dy\right). \tag{6.7}$$

【解答】 累次積分に直すと，最初の積分で x を固定すると $g(x)$ は定数とみなせるから

$$\iint_K f(x,y)\,dxdy = \int_a^b \left\{\int_c^d g(x)h(y)\,dy\right\} dx = \int_a^b \left\{g(x)\left(\int_c^d h(y)\,dy\right)\right\} dx.$$

$\left(\int_c^d h(y)\,dy\right)$ は定数であるから

$$\text{左辺} = \left(\int_c^d h(y)\,dy\right)\int_a^b g(x)\,dx = \left(\int_a^b g(x)\,dx\right)\left(\int_c^d h(y)\,dy\right). \quad ◇$$

6.2 累次積分と重積分の計算

ここでは，一般の閉領域 D における重積分と累次積分の関係を考える．まずつぎのような，面積をもつ単純な閉領域を考える．

$$D = \{(x,y) \mid a \leq x \leq b,\ \varphi_1(x) \leq y \leq \varphi_2(x)\}.$$

$\varphi_1(x),\ \varphi_2(x)$ が $[a,b]$ で連続のとき，この閉領域を x について単純な閉領域という．定理 6.2 はつぎの形に一般化される．

定理 6.3 関数 $f(x,y)$ が x に関する単純閉領域 $D = \{(x,y) \mid a \leq x \leq b, \varphi_1(x) \leq y \leq \varphi_2(x)\}$ で連続ならば, $f(x,y)$ は積分可能で次式が成り立つ.

$$\iint_D f(x,y)\,dxdy = \int_a^b \left(\int_{\varphi_1(x)}^{\varphi_2(x)} f(x,y)\,dy \right) dx. \tag{6.8}$$

証明 定理 6.1 (1) により, $f(x,y)$ は積分可能である. また, $D \subset K$ である長方形領域 K に対して式 (6.3) で定義された関数 $F(x,y)$ において, $\int_c^d F(x,y)\,dy$ は積分可能であることが示され, 定理 6.2 の証明と同様にしてつぎの式が成り立つ (式 (6.4) に注意).

$$\iint_D f(x,y)\,dxdy = \iint_K F(x,y)\,dxdy = \int_a^b \left(\int_c^d F(x,y)\,dy \right) dx$$
$$= \int_a^b \left(\int_{\varphi_1(x)}^{\varphi_2(x)} F(x,y)\,dy \right) dx = \int_a^b \left(\int_{\varphi_1(x)}^{\varphi_2(x)} f(x,y)\,dy \right) dx. \quad \square$$

$f(x,y) \geq 0$ のとき, $\int_{\varphi_1(x)}^{\varphi_2(x)} f(x,y)\,dy$ は $x = x$ で yz 平面に平行に切断したときの断面積を表す (図 **6.3**). y に関する単純閉領域 $D = \{(x,y) \mid c \leq y \leq d, \psi_1(y) \leq x \leq \psi_2(y)\}$ ($\psi_1(y), \psi_2(y)$: 連続関数) についても次式が成り立つ.

$$\iint_D f(x,y)\,dxdy$$
$$= \int_c^d \left(\int_{\psi_1(y)}^{\psi_2(y)} f(x,y)\,dx \right) dy.$$

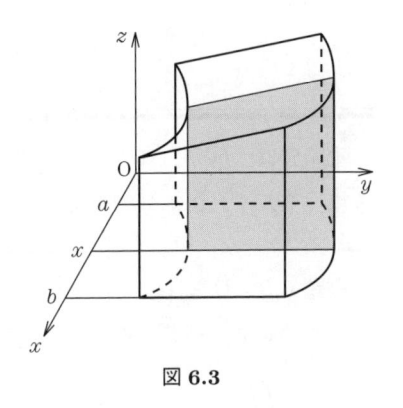

図 **6.3**

したがって, D が x, y のどちらに関しても単純閉領域のとき, 累次積分の順序変更がつぎのようにできる.

定理 6.4 (累次積分の順序変更) $f(x,y)$ が

$D = \{(x,y) \mid a \leq x \leq b,\ \varphi_1(x) \leq y \leq \varphi_2(x)\}$ (図 **6.4**(a))
$= \{(x,y) \mid c \leq y \leq d,\ \psi_1(y) \leq x \leq \psi_2(y)\}$ (図 (b))

で連続なとき

$$\iint_D f(x,y)\,dxdy = \int_a^b \left(\int_{\varphi_1(x)}^{\varphi_2(x)} f(x,y)dy\right)dx$$
$$= \int_c^d \left(\int_{\psi_1(y)}^{\psi_2(y)} f(x,y)dx\right)dy.$$

(a) (b)

図 **6.4**

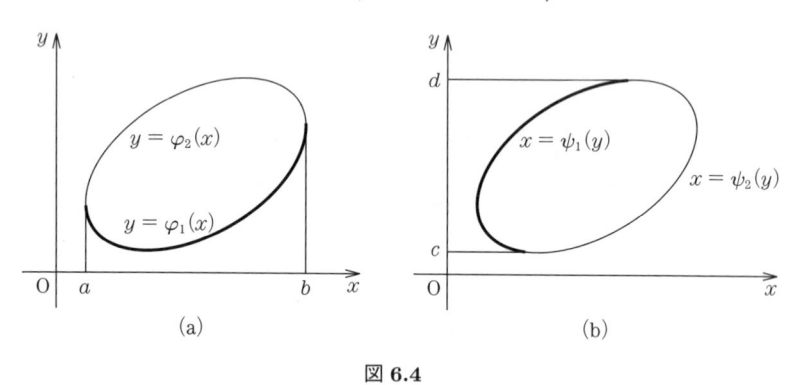

重積分は，D が x または y に関する有限個の単純閉領域の和集合で表せるときは，それぞれの部分で累次積分にして計算するとよい．

例題 6.3 $D = \{(x,y) \mid x^2 \leq y \leq x,\ 0 \leq x \leq 1\}$ のとき，累次積分の順序を変えて，つぎの重積分の値を 2 通りの方法で求めよ．

$$\iint_D (x+2y)\,dxdy$$

【解答】 積分領域 D は図 **6.5**(a) のアミの部分である．先に x を固定して y について積分すると，y の範囲は $y = x^2$ から $y = x$ までになり，その後 x で積分する範囲は $x = 0$ から $x = 1$ までになるから

$$\iint_D (x+2y)\,dxdy = \int_0^1 \int_{x^2}^x (x+2y)\,dydx = \int_0^1 \left[xy + y^2\right]_{y=x^2}^{y=x} dx$$

6.2 累次積分と重積分の計算

図 6.5 (a) (b)

$$= \int_0^1 (2x^2 - x^3 - x^4)\,dx = \left[\frac{2x^3}{3} - \frac{x^4}{4} - \frac{x^5}{5}\right]_0^1 = \frac{13}{60}.$$

積分の順序を変更すれば，y を固定したとき x の範囲は $x=y$ から $x=\sqrt{y}$ までになる（図 (b)）．その後 y で積分する範囲は $y=0$ から $y=1$ までになるから

$$\iint_D (x+2y)\,dxdy = \int_0^1 \int_y^{\sqrt{y}} (x+2y)\,dxdy = \int_0^1 \left[\frac{x^2}{2} + 2xy\right]_{x=y}^{x=\sqrt{y}} dx$$

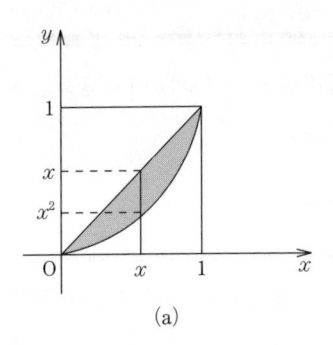

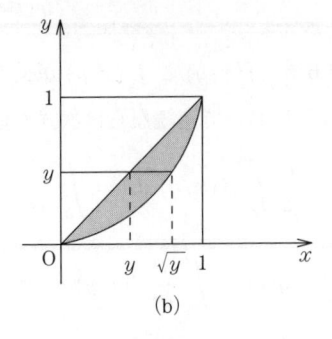

$$= \int_0^1 \left(-\frac{5y^2}{2} + 2y^{3/2} + \frac{y}{2}\right) dy = \left[-\frac{5y^3}{6} + \frac{4y^{5/2}}{5} + \frac{y^2}{4}\right]_0^1 = \frac{13}{60}. \quad \diamondsuit$$

つぎに，積分の順序を上手にしないと積分が計算できない例を挙げておく．

例題 6.4 つぎの重積分の値を求めよ．

$$\iint_D e^{y^2}\,dxdy, \quad D = \{(x,y) \mid 0 \leqq x \leqq 1,\ x \leqq y \leqq 1\}.$$

【解答】 $\iint_D e^{y^2}\,dxdy = \int_0^1 \int_x^1 e^{y^2}\,dydx$ としたいところだが，$\int_x^1 e^{y^2}\,dy$ は計算できないので，x から先に積分するよう積分範囲を考えると

$$D = \{(x,y) \mid 0 \leqq x \leqq 1,\ x \leqq y \leqq 1\} = \{(x,y) \mid 0 \leqq y \leqq 1,\ 0 \leqq x \leqq y\}$$

であるから

$$\iint_D e^{y^2}\,dxdy = \int_0^1 \int_0^y e^{y^2}\,dxdy = \int_0^1 y\,e^{y^2}\,dy = \frac{e-1}{2}. \quad \diamondsuit$$

つぎに，微分と積分の順序交換について成り立つ等式を説明する．

定理 6.5 $f(x,y)$ と $f_y(x,y)$ が長方形領域 $K = \{(x,y) \mid a \leq x \leq b,\ c \leq y \leq d\}$ において連続ならば次式が成り立つ.

$$\frac{d}{dy}\int_a^b f(x,y)\,dx = \int_a^b \frac{\partial}{\partial y} f(x,y)\,dx.$$

証明 $g(y) = \displaystyle\int_a^b \frac{\partial}{\partial y} f(x,y)\,dx$ とおく. $c \leq y \leq d$ を満たす y について, 定理 6.2 より

$$\int_c^y g(t)\,dt = \int_c^y \left\{\int_a^b \frac{\partial}{\partial t} f(x,t)\,dx\right\} dt = \int_a^b \left\{\int_c^y \frac{\partial}{\partial t} f(x,t)\,dt\right\} dx$$

$$= \int_a^b \Big[f(x,t)\Big]_{t=c}^{t=y} dx = \int_a^b f(x,y)\,dx - \int_a^b f(x,c)\,dx.$$

$\displaystyle\int_a^b f(x,c)\,dx$ は定数だから, 両辺を y で微分すると, 微積分の基本定理より

$$g(y) = \frac{d}{dy}\int_a^b f(x,y)\,dx. \qquad \square$$

6.3 重積分の変数変換

1 変数の定積分の変数変換（置換積分）では, $x = \varphi(t)$ のとき

$$\int_a^b f(x)\,dx = \int_\alpha^\beta f(\varphi(t))\frac{d\varphi}{dt}\,dt\ \ (\varphi(\alpha) = a,\ \varphi(\beta) = b)$$

が成り立ち, 置換積分によって積分の計算を簡単にすることができた. 2 変数の関数の積分についても変数の変換をすることによって計算が簡単になるものがある. 重積分の変数変換については, 置換積分の $\dfrac{d\varphi}{dt}$ に相当する部分がヤコビアン $\dfrac{\partial(x,y)}{\partial(u,v)}$ になり, つぎの定理が成り立つ.

定理 6.6 D と D^* は境界の点を含み, かつ D と D^* の境界は連続で, 有限個の点を除き滑らかな曲線であるとする. また, 関数 $x(u,v),\ y(u,v)$ は

C^1 級で uv 平面上の領域 D^* が $x = x(u,v)$, $y = y(u,v)$ という変換により，xy 平面上の領域 D と 1:1 連続に対応し，D で $f(x,y)$ が積分可能であるとする（図 **6.6**）．このとき，つぎの式が成り立つ．

$$\iint_D f(x,y)\,dxdy = \iint_{D^*} f(x(u,v), y(u,v)) \left|\frac{\partial(x,y)}{\partial(u,v)}\right| dudv \quad (6.9)$$

ただし，D で $\dfrac{\partial(x,y)}{\partial(u,v)} = \begin{vmatrix} x_u & x_v \\ y_u & y_v \end{vmatrix} \neq 0$ とする．

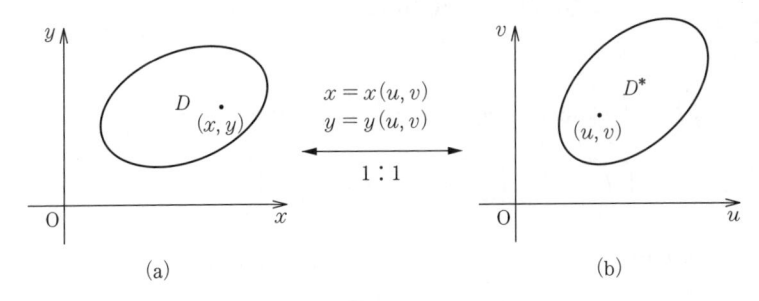

図 **6.6**

証明は難しいので，付録 A.3 節で，ある条件を付加して証明する．また，領域 D^* と領域 D が 1:1 連続に対応しない点が存在しても，またヤコビアン $\dfrac{\partial(x,y)}{\partial(u,v)}$ が 0 となる点があっても，その面積が 0 であれば定理は成り立つ．ここでは，実際によく使ういくつかの場合について計算方法を説明する．

1 次変換　　$x = au + bv$, $y = cu + dv$ 　（a, b, c, d : 定数, $ad - bc \neq 0$）．
C^1 級であるから，D が D^* に 1:1 連続に対応するとき

$$\frac{\partial(x,y)}{\partial(u,v)} = \begin{vmatrix} a & b \\ c & d \end{vmatrix} = ad - bc$$

より

$$\iint_D f(x,y)\,dxdy = |ad - bc| \iint_{D^*} f(au+bv, cu+dv)\,dudv. \quad (6.10)$$

例題 6.5 $D = \{(x,y) \mid 0 \leq x+y \leq \pi,\ 0 \leq x-y \leq \pi\}$ のとき $\iint_D (x+y)^2 \sin(x-y)\,dxdy$ の値を求めよ．

【解答】 $u = x+y$, $v = x-y$ とおくと，$x = \dfrac{1}{2}u + \dfrac{1}{2}v$, $y = \dfrac{1}{2}u - \dfrac{1}{2}v$. D は $D^* = \{(u,v) \mid 0 \leq u \leq \pi, 0 \leq v \leq \pi\}$ に $1:1$ 連続に対応して，$\dfrac{\partial(x,y)}{\partial(u,v)} = \begin{vmatrix} \frac{1}{2} & \frac{1}{2} \\ \frac{1}{2} & -\frac{1}{2} \end{vmatrix} = -\dfrac{1}{2}$ であるから，式 (6.10) より

$$\iint_D (x+y)^2 \sin(x-y)\,dxdy = \frac{1}{2}\int_0^\pi \int_0^\pi u^2 \sin v\,dudv$$
$$= \frac{1}{2}\left(\int_0^\pi u^2 du\right)\left(\int_0^\pi \sin v\,dv\right) = \frac{1}{2}\left[\frac{u^3}{3}\right]_0^\pi [-\cos v]_0^\pi = \frac{\pi^3}{3}. \quad \diamondsuit$$

平面の極座標 $x = r\cos\theta,\ y = r\sin\theta\ (r \geq 0,\ 0 \leq \theta \leq 2\pi)$（図 **6.7** (a)）．$C^1$ 級であるから，D が D^* に $1:1$ 連続に対応するとき

$$\frac{\partial(x,y)}{\partial(r,\theta)} = \begin{vmatrix} \cos\theta & -r\sin\theta \\ \sin\theta & r\cos\theta \end{vmatrix} = r$$

より

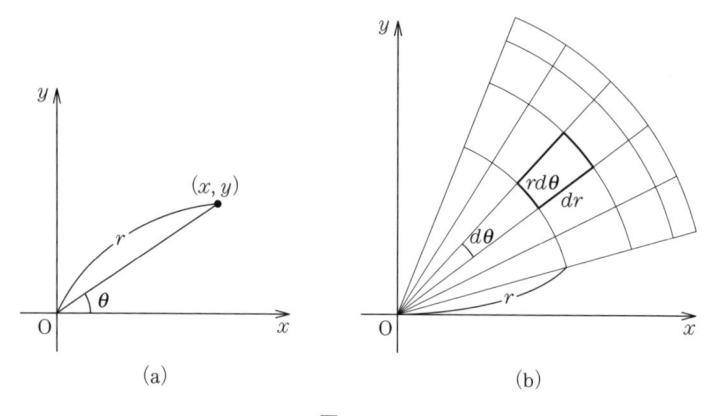

図 **6.7**

$$\iint_D f(x,y)\,dxdy = \iint_{D^*} f(x(r,\theta), y(r,\theta))\, r\,drd\theta. \tag{6.11}$$

直交座標の面積要素は $dS = dxdy$ で，極座標の面積要素は $dS = r\,drd\theta$（図 6.7 (b)）であり，直感的には $dxdy$ を $r\,drd\theta$ に（図 6.1 の細分を図 6.7 (b) の細分に）おき換えたと考えればよい．積分領域が円とその内部，またはその一部のときは，この変換を行うと積分の計算が簡単になる．

例題 6.6 $D = \{(x,y) \mid x^2 + y^2 \leq 2x,\ y \geq 0\}$ のとき，$\iint_D x\,dxdy$ の値を求めよ．

【解答】 D は中心が $(1,0)$，半径 1 の円の上半分の内部（図 **6.8** (a)）であるから，$D^* = \{(r,\theta) \mid 0 \leq r \leq 2\cos\theta,\ 0 \leq \theta \leq \dfrac{\pi}{2}\}$（図 6.8 (b)）に $1:1$ 連続に対応する．式 (6.11) より

$$\begin{aligned}
\iint_D x\,dxdy &= \iint_{D^*} r\cos\theta \cdot r\,drd\theta = \int_0^{\pi/2} d\theta \int_0^{2\cos\theta} r^2 \cos\theta\,dr \\
&= \int_0^{\pi/2} \cos\theta \left[\frac{r^3}{3}\right]_{r=0}^{r=2\cos\theta} d\theta = \frac{8}{3}\int_0^{\pi/2} \cos^4\theta\,d\theta \\
&= \frac{8}{3}\frac{3\cdot 1}{4\cdot 2}\frac{\pi}{2} = \frac{\pi}{2}. \quad \text{(章末問題 4 章【15】参照)}
\end{aligned}$$

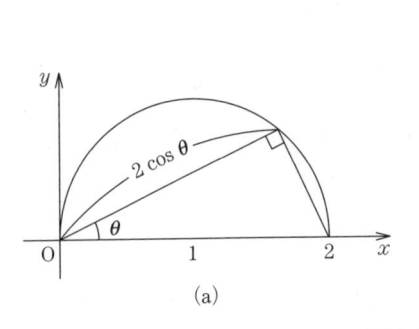

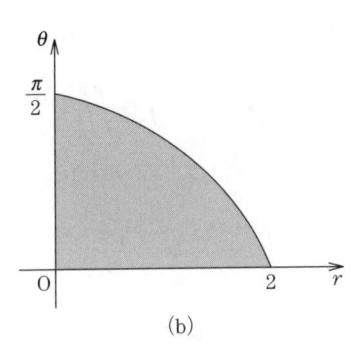

図 **6.8**

◇

2 変数以上の重積分の広義積分も 1 変数の広義積分と同様に定義できる．つぎに 1 変数の広義積分を 2 変数関数の重積分から導く例を示す．この積分は直

接求めるより,重積分を応用したほうがよりわかりやすい.

例題 6.7 $\int_0^\infty e^{-x^2}dx = \dfrac{\sqrt{\pi}}{2}$ を示せ.

【解答】 $e^{-x^2} > 0$ であるから,$I(a) = \int_0^a e^{-x^2}dx\ (a > 0)$ とおくと,式 (6.7) より

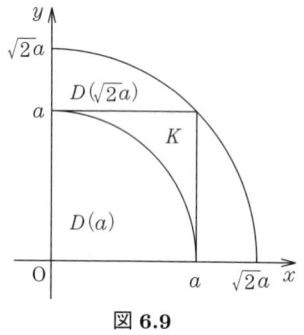

$$\{I(a)\}^2 = \left\{\int_0^a e^{-x^2}dx\right\}\left\{\int_0^a e^{-y^2}dy\right\}$$
$$= \int_0^a \int_0^a e^{-(x^2+y^2)}dxdy.$$

$D(a) = \{(x,y) \mid x^2 + y^2 \leq a^2,\ x \geq 0,\ y \geq 0\}$,$K = \{(x,y) \mid 0 \leq x \leq a,\ 0 \leq y \leq a\}$ とおくと,$D(a) \subset K \subset D(\sqrt{2}a)$ (図 **6.9**).
$e^{-(x^2+y^2)} > 0$ であるから定理 6.1 (4) より

図 **6.9**

$$\iint_{D(a)} e^{-(x^2+y^2)}dxdy \leq \iint_K e^{-(x^2+y^2)}dxdy \leq \iint_{D(\sqrt{2}a)} e^{-(x^2+y^2)}dxdy.$$

式 (6.11) と式 (6.7) より

$$\iint_{D(a)} e^{-(x^2+y^2)}dxdy = \int_0^{\frac{\pi}{2}}\int_0^a e^{-r^2}r\,drd\theta = \left\{\int_0^{\frac{\pi}{2}}d\theta\right\}\left\{\int_0^a e^{-r^2}r\,dr\right\}$$
$$= \frac{\pi}{2}\left[-\frac{1}{2}e^{-r^2}\right]_0^a = \frac{\pi}{4}(1 - e^{-a^2}).$$

ゆえに $\dfrac{\pi}{4}(1 - e^{-a^2}) \leq \iint_K e^{-(x^2+y^2)}dxdy \leq \dfrac{\pi}{4}(1 - e^{-2a^2}).$

$a \to \infty$ のとき,両端の項は $\dfrac{\pi}{4}$ に収束するから $\{I(a)\}^2 \to \dfrac{\pi}{4}$. したがって

$$\int_0^\infty e^{-x^2}dx = \frac{\sqrt{\pi}}{2}. \qquad \diamondsuit$$

3 重積分や一般の n 重積分についても定理 6.6 と同様のことが成り立つ.

定理 6.7 関数 $x(u,v,w),\ y(u,v,w),\ z(u,v,w)$ が C^1 級で領域 V^* が変換:$x = x(u,v,w),\ y = y(u,v,w),\ z = z(u,v,w)$ によって,領域 V と 1:1 連続に対応し,V で $f(x,y,z)$ が積分可能ならば,次式が成り立つ.

$$\iiint_V f(x,y,z)dxdydz$$
$$= \iiint_{V^*} f(x(u,v,w), y(u,v,w), z(u,v,w)) \left| \frac{\partial(x,y,z)}{\partial(u,v,w)} \right| dudvdw. \quad (6.12)$$

ただし，V で $\dfrac{\partial(x,y,z)}{\partial(u,v,w)} = \begin{vmatrix} x_u & x_v & x_w \\ y_u & y_v & y_w \\ z_u & z_v & z_w \end{vmatrix} \neq 0$ とする．

証明は省略する．球や楕円体の体積を求める場合や積分領域が円柱や球のときに役に立つ円柱座標と，空間での極座標に変換したときの式をつぎにまとめておく．

円柱座標 $x = r\cos\theta$, $y = r\sin\theta$, $z = z$ $(r \geqq 0,\ 0 \leqq \theta \leqq 2\pi,\ -\infty < z < \infty)$ (図 **6.10** (a))．C^1 級であるから，V が V^* に 1:1 連続に対応するとき

$$\frac{\partial(x,y,z)}{\partial(r,\theta,z)} = \begin{vmatrix} \cos\theta & -r\sin\theta & 0 \\ \sin\theta & r\cos\theta & 0 \\ 0 & 0 & 1 \end{vmatrix} = r \text{ より}$$

$$\iiint_V f(x,y,z)\,dxdydz = \iint_{V^*} f(x(r,\theta,z), y(r,\theta,z), z(r,\theta,z))r\,drd\theta dz. \quad (6.13)$$

(a) 円柱座標　　(b) 体積要素 $r\,drd\theta dz$

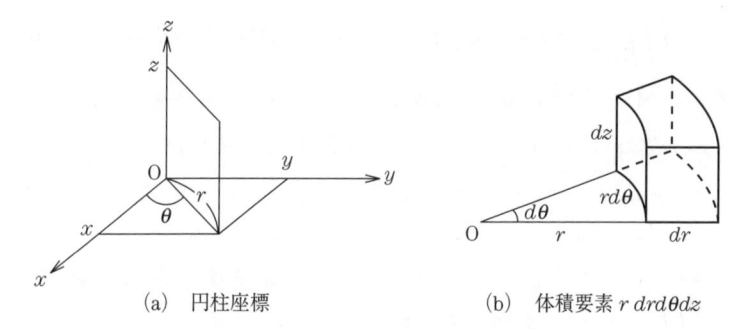

図 **6.10** 円柱座標と体積要素 $rdrd\theta dz$

空間の極座標 $x = r\sin\theta\cos\varphi$, $y = r\sin\theta\sin\varphi$, $z = r\cos\theta$ $(r \geqq 0,\ 0 \leqq \theta \leqq \pi, 0 \leqq \varphi \leqq 2\pi)$ (図 **6.11** (a))．C^1 級であるから，V が V^* に 1:1 連

162   6. 多変数関数の積分法

(a) 空間の極座標

(b) 体積要素 $r^2 \sin\theta\, drd\theta d\varphi$

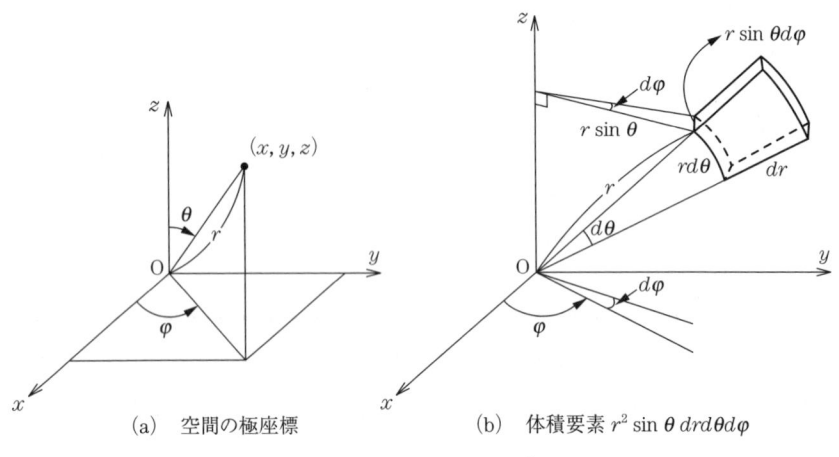

図 **6.11** 空間の極座標と体積要素 $r^2 \sin\theta drd\theta d\varphi$

続に対応するとき

$$\frac{\partial(x,y,z)}{\partial(r,\theta,z)} = \begin{vmatrix} \sin\theta\cos\varphi & r\cos\theta\cos\varphi & -r\sin\theta\sin\varphi \\ \sin\theta\sin\varphi & r\cos\theta\sin\varphi & r\sin\theta\cos\varphi \\ \cos\theta & -r\sin\theta & 0 \end{vmatrix} = r^2\sin\theta$$

より

$$\iiint_V f(x,y,z)\,dxdydz$$
$$= \iiint_{V^*} f(x(r,\theta,\varphi),y(r,\theta,\varphi),z(r,\theta,\varphi))r^2\sin\theta\,drd\theta d\varphi. \quad (6.14)$$

直交座標の体積要素は $dV = dxdydz$ で，円柱座標と極座標の体積要素はそれぞれ $r\,drd\theta dz$（図 6.10 (b)）と $r^2\sin\theta\,drd\theta d\varphi$（図 6.11 (b)）になり，直感的には $dV = dxdydz$ を $r\,drd\theta dz$ と $r^2\sin\theta\,drd\theta d\varphi$ におき換えた形になる．

例題 6.8 $V = \{(x,y) \mid x^2 + y^2 + z^2 \leqq a^2,\ x \geqq 0,\ y \geqq 0,\ z \geqq 0\}$ のとき，$\displaystyle\iiint_V x\,dxdydz$ の値を求めよ．

【解答】 V は原点中心，半径 a の球の $x \geqq 0, y \geqq 0, z \geqq 0$ の部分の内部であるから，$V^* = \{(r,\theta,\varphi) \mid 0 \leqq r \leqq a,\ 0 \leqq \theta \leqq \dfrac{\pi}{2},\ 0 \leqq \varphi \leqq \dfrac{\pi}{2}\}$ に原点以外では

1:1 連続に対応する．3 重積分でも式 (6.7) と同様の式が成り立つから，式 (6.14) より

$$\iiint_V x\,dxdydz = \iiint_{V^*} (r\sin\theta\cos\varphi)r^2\sin\theta\,drd\theta d\varphi$$

$$= \left\{\int_0^a r^3 dr\right\}\left\{\int_0^{\pi/2}\sin^2\theta\,d\theta\right\}\left\{\int_0^{\pi/2}\cos\varphi\,d\varphi\right\}$$

$$= \left[\frac{r^4}{4}\right]_0^a \left[\frac{2\theta - \sin 2\theta}{4}\right]_0^{\pi/2}\left[\sin\varphi\right]_0^{\pi/2} = \frac{a^4}{4}\cdot\frac{\pi}{4} = \frac{\pi}{16}a^4.$$

◇

6.4 体積や曲面積と重積分

V を 3 次元空間 $\mathbb{R}^3$ の有界集合として，$f(x,y,z) = 1$ が V で積分可能のとき，V の体積 $|V|$ は

$$|V| = \iiint_V dxdydz.$$

定理 4.16（カバリエリの公式）において，点 $(x,0,0)$ を通り，x 軸に垂直な平面による断面積 $S(x)$ は，yz 平面に平行な平面での V の切り口 $D(x)$ の面積のことだから，体積 V は $S(x)$ が連続であるとき

$$|V| = \iiint_V dxdydz = \int_a^b dx \iint_{D(x)} dydz = \int_a^b S(x)\,dx.$$

したがって定理 4.16 は成り立つ．また，xy 平面上の閉領域 D で定義された 2 つの曲面

$$z = z_1(x,y), \quad z = z_2(x,y) \quad (\text{ただし}\quad z_1(x,y) \leqq z_2(x,y))$$

によって囲まれた領域 $V = \{(x,y,z) \mid (x,y) \in D,\ z_1(x,y) \leqq z \leqq z_2(x,y)\}$ の体積 $|V|$ は，重積分の定義より

$$|V| = \iint_D (z_2(x,y) - z_1(x,y))\,dxdy$$

で求められる．

例題 6.9 つぎの立体の体積を求めよ．

(1) 半径 $a \,(>0)$ の球 $\{(x,y,z) \mid x^2+y^2+z^2 \leqq a^2\}$．

(2) 楕円体 $\left\{(x,y,z) \mid \dfrac{x^2}{a^2}+\dfrac{y^2}{b^2}+\dfrac{z^2}{c^2} \leqq 1\right\}$ $(a,b,c>0)$．

【解答】 (1) 半径 $a\,(>0)$ の球の領域は，極座標で表すと $V^*=\{(r,\theta,\varphi) \mid 0\leqq r \leqq a,\, 0\leqq \theta \leqq \pi,\, 0\leqq \varphi \leqq 2\pi\}$ だから，式 (6.14) より

$$|V|=\iiint_V dxdydz = \iiint_{V^*} r^2 \sin\theta\, drd\theta d\varphi$$
$$=\int_0^a dr \int_0^\pi d\theta \int_0^{2\pi} r^2 \sin\theta\, d\varphi = \left(\int_0^a r^2 dr\right)\left(\int_0^\pi \sin\theta\, d\theta\right)\left(\int_0^{2\pi} d\varphi\right)$$
$$=2\pi \left[\frac{r^3}{3}\right]_0^a \left[-\cos\theta\right]_0^\pi = \frac{4\pi a^3}{3}.$$

(2) $u=\dfrac{x}{a},\, v=\dfrac{y}{b},\, w=\dfrac{z}{c}$ とおいて定理 6.7 を用いる．$x=au,\, y=bv,\, z=cw$ より $\dfrac{\partial(x,y,z)}{\partial(u,v,w)}=abc$．$V^*=\{(u,v,w) \mid u^2+v^2+w^2 \leqq 1\}$，$V^*$ は半径 1 の球であるから，(1) より

$$\iiint_V dxdydz = abc \iiint_{V^*} dudvdw = \frac{4\pi abc}{3}. \qquad \diamondsuit$$

例題 6.10 つぎの 2 つの曲面で囲まれる部分の体積を求めよ $(a>0)$．

(1) 2 つの円柱面 $x^2+y^2=a^2$ と $x^2+z^2=a^2$．

(2) 球面 $x^2+y^2+z^2=a^2$ と円柱面 $x^2+y^2=ax$．

【解答】 (1) 2 つの円柱面 $x^2+y^2=a^2$ と $x^2+z^2=a^2$ で囲まれる部分を V とすると，V の対称性より，$x\geqq 0,\, y\geqq 0,\, z\geqq 0$ の部分 V' の 8 倍になる．V' は曲面 $z=\sqrt{a^2-x^2}$ と xy 平面上の $1/4$ 円

$$D=\{(x,y) \mid x^2+y^2 \leqq a^2,\, x\geqq 0,\, y\geqq 0\}$$

によって囲まれた部分（図 **6.12**）であるから

$$|V|=8\iiint_{V'} dxdydz = 8\iint_D \sqrt{a^2-x^2}\, dxdy$$

$$= 8\int_0^a dx \int_0^{\sqrt{a^2-x^2}} \sqrt{a^2-x^2}\,dy$$
$$= 8\int_0^a \left[\sqrt{a^2-x^2}\,y\right]_{y=0}^{y=\sqrt{a^2-x^2}} dx$$
$$= 8\int_0^a (a^2-x^2)\,dx$$
$$= 8\left[a^2x - \frac{x^3}{3}\right]_0^a = \frac{16\,a^3}{3}.$$

図 6.12

(2) 球面 $x^2+y^2+z^2=a^2$ と円柱面 $x^2+y^2=ax$ で囲まれる部分を V とすると,V の対称性より,$x \geqq 0,\ y \geqq 0,\ z \geqq 0$ の部分 V' の 4 倍になる.V' は曲面 $z=\sqrt{a^2-x^2-y^2}$ と xy 平面上の半円 $D=\{(x,y)\mid x^2+y^2 \leqq ax,\ y \geqq 0\}$ 上の円柱によって囲まれた部分(図 6.13)であるから

$$|V|=4\iiint_{V'} dxdydz = 4\iint_D \sqrt{a^2-x^2-y^2}\,dxdy.$$

極座標に変換すると,例題 6.6 と同様に,D は $D^*=\{(r,\theta)\mid 0\leqq r\leqq a\cos\theta,\ 0\leqq \theta\leqq\frac{\pi}{2}\}$ に 1:1 連続に対応するから

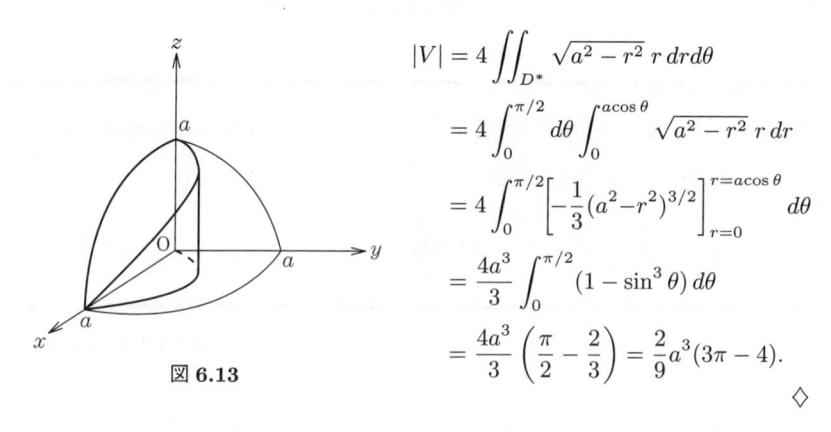

$$|V|=4\iint_{D^*} \sqrt{a^2-r^2}\,r\,drd\theta$$
$$=4\int_0^{\pi/2} d\theta \int_0^{a\cos\theta} \sqrt{a^2-r^2}\,r\,dr$$
$$=4\int_0^{\pi/2}\left[-\frac{1}{3}(a^2-r^2)^{3/2}\right]_{r=0}^{r=a\cos\theta} d\theta$$
$$=\frac{4a^3}{3}\int_0^{\pi/2}(1-\sin^3\theta)\,d\theta$$
$$=\frac{4a^3}{3}\left(\frac{\pi}{2}-\frac{2}{3}\right)=\frac{2}{9}a^3(3\pi-4).$$

◇

図 6.13

つぎに,有界閉領域 D で定義された曲面 $z=f(x,y)$ の面積を考える.曲面上のすべての点 $(x,y,f(x,y))$ において接平面が存在すると仮定する.D を含む長方形の領域を K とし,図 6.1 と同様に分割 Δ を考え,D に含まれる小

長方形 Δ_{ij} のみを考える．Δ_{ij} 内の任意の 1 点を $\mathrm{Q}(\xi_{ij}, \eta_{ij})$，曲面上の点を $\mathrm{P}(\xi_{ij}, \eta_{ij}, f(\xi_{ij}, \eta_{ij}))$ とする．点 P において接平面を考え，xy 平面への正射影が Δ_{ij} になる接平面の平行四辺形の形の部分（図 **6.14**(a)）の面積を s_{ij} とする．重積分の定義のときと同様に分割 Δ を細かくするとき，その総和 $\sum_{i,j} s_{ij}$ が分割の仕方と点 (ξ_{ij}, η_{ij}) のとり方に無関係に一定の値に近づくならば，この極限値を曲面 $z = f(x, y)$ の**曲面積**，あるいは単に表面積，面積という．

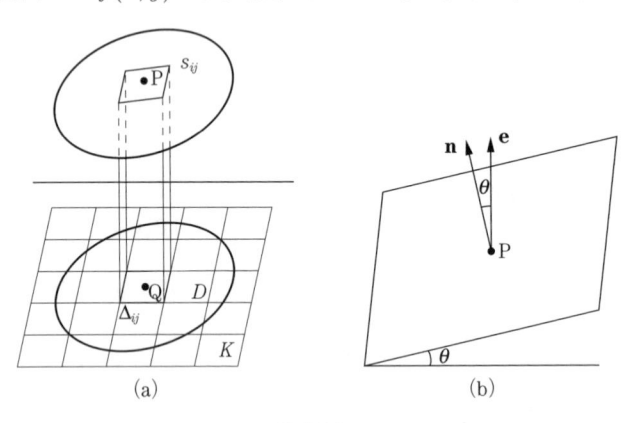

図 **6.14**

定理 6.8 関数 $f(x, y)$ が C^1 級のとき，xy 平面上の有界閉領域 D で定義された曲面 $z = f(x, y)$ の曲面積 $|S|$ は

$$|S| = \iint_D \sqrt{z_x^2 + z_y^2 + 1}\, dxdy. \tag{6.15}$$

証明 上の説明の記号を使う．$f(x, y)$ が C^1 級なので，定理 5.4 と定理 5.5 より点 P での接平面は存在して

$$z - f(\xi_{ij}, \eta_{ij}) = z_x(\xi_{ij}, \eta_{ij})(x - \xi_{ij}) + z_y(\xi_{ij}, \eta_{ij})(y - \eta_{ij})$$

で与えられる．z 軸の正の向きの単位ベクトル $\mathbf{e} = (0, 0, 1)$ とのなす角 θ が鋭角であるように点 P で法線ベクトル $\mathbf{n}$（図 6.14(b)）をとると，$\mathbf{n} = (-z_x, -z_y, 1)$ である（5 章章末問題【**13**】参照）から

$$\cos\theta = \frac{\mathbf{n}\cdot\mathbf{e}}{|\mathbf{n}||\mathbf{e}|} = \frac{1}{\sqrt{z_x^2(\xi_{ij},\eta_{ij}) + z_y^2(\xi_{ij},\eta_{ij}) + 1}}.$$

θ は接平面と xy 平面とのなす角に等しく, Δ_{ij} の面積は $\Delta x_i \times \Delta y_j$ に等しい. したがって

$$\Delta x_i \times \Delta y_j = s_{ij}\cos\theta$$

より, $s_{ij} = \sqrt{z_x^2(\xi_{ij},\eta_{ij}) + z_y^2(\xi_{ij},\eta_{ij}) + 1}\,\Delta x_i \times \Delta y_j$. この総和は

$$\sum_{i,j} s_{ij} = \sum_{i,j} \sqrt{z_x^2(\xi_{ij},\eta_{ij}) + z_y^2(\xi_{ij},\eta_{ij}) + 1}\,\Delta x_i \times \Delta y_j.$$

$\delta\,(=\max\limits_{i,j}\{\Delta x_i,\Delta y_j\}) \to 0$ になるように分割を細かくすれば, $\sum\limits_{i,j} s_{ij}$ は重積分 $\iint_D \sqrt{z_x^2 + z_y^2 + 1}\,dxdy$ に収束する. したがって, 曲面積 $|S|$ は

$$|S| = \iint_D \sqrt{z_x^2 + z_y^2 + 1}\,dxdy. \qquad \square$$

例題 6.11 2つの円柱面 $x^2 + y^2 = a^2$ と $x^2 + z^2 = a^2\,(a > 0)$ で囲まれる部分の曲面積を求めよ.

【解答】 2つの円柱面 $x^2 + y^2 = a^2$ と $x^2 + z^2 = a^2$ で囲まれる部分の曲面を S とすると, S の対称性より, 上下と側面を考えて, xy 平面上の $1/4$ 円上の曲面 S' : $z = \sqrt{a^2 - x^2}$ (図 **6.15** のアミ部分) の面積の 16 倍になる.

$$z_x = \frac{-x}{\sqrt{a^2 - z^2}}, \quad z_y = 0$$

であるから

図 **6.15**

$$\sqrt{z_x^2 + z_y^2 + 1} = \sqrt{\frac{x^2 + (a^2 - x^2)}{a^2 - x^2}} = \frac{a}{\sqrt{a^2 - x^2}}.$$

したがって

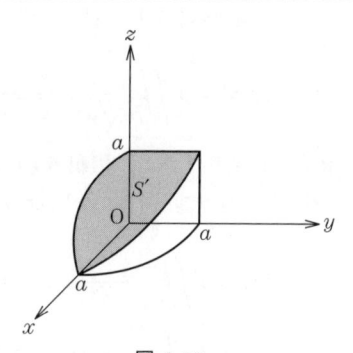

$$|S| = 16 \int_0^a dx \int_0^{\sqrt{a^2-x^2}} \frac{a}{\sqrt{a^2-x^2}} \, dy$$
$$= 16 a \int_0^a \frac{1}{\sqrt{a^2-x^2}} \Big[y\Big]_0^{\sqrt{a^2-x^2}} dx = 16 a \int_0^a dx = 16 a^2. \qquad \diamondsuit$$

例題 6.12 球面 $x^2 + y^2 + z^2 = a^2$ が円柱面 $x^2 + y^2 = ax \, (a > 0)$ によって切り取られる部分の曲面積を求めよ．

【解答】 球面 $x^2 + y^2 + z^2 = a^2$ が円柱面 $x^2 + y^2 = ax$ によって切り取られる部分の曲面を S とすると，S の対称性より，xy 平面上の半円 $D \, (= \{(x, y) \mid x^2 + y^2 \leqq ax, \, y \geqq 0\})$ 上の曲面 $S' : z = \sqrt{a^2 - x^2 - y^2}$ (図 **6.16** のアミ部分) の面積の 4 倍になる．

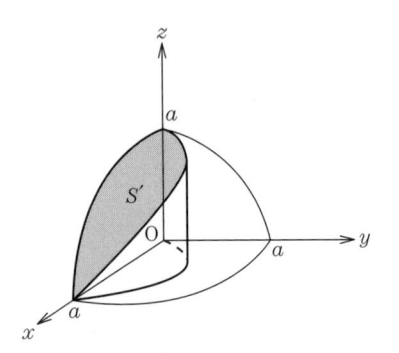

$$z_x = \frac{-x}{\sqrt{a^2 - x^2 - y^2}},$$
$$z_y = \frac{-y}{\sqrt{a^2 - x^2 - y^2}}$$

図 6.16

であるから

$$\sqrt{z_x^2 + z_y^2 + 1} = \sqrt{\frac{x^2 + y^2 + (a^2 - x^2 - y^2)}{a^2 - x^2 - y^2}} = \frac{a}{\sqrt{a^2 - x^2 - y^2}}.$$

ゆえに，$|S| = 4 \iint_D \dfrac{a}{\sqrt{a^2 - x^2 - y^2}} \, dxdy$.

極座標に変換すると，例題 6.10 (2) と同様に D は，$D^* = \{(r, \theta) \mid 0 \leqq r \leqq a\cos\theta, \, 0 \leqq \theta \leqq \dfrac{\pi}{2}\}$ に 1:1 連続に対応するから

$$|S| = 4 \iint_{D^*} \frac{a}{\sqrt{a^2 - r^2}} \, r \, dr d\theta = 4a \int_0^{\pi/2} d\theta \int_0^{a\cos\theta} \frac{r}{\sqrt{a^2 - r^2}} \, dr$$
$$= 4a \int_0^{\pi/2} \Big[-\sqrt{a^2 - r^2}\Big]_0^{a\cos\theta} d\theta = 4a^2 \int_0^{\pi/2} (1 - \sin\theta) \, d\theta$$
$$= 4a^2 \Big[\theta + \cos\theta\Big]_0^{\pi/2} = 2(\pi - 2)a^2. \qquad \diamondsuit$$

定理 6.8 の応用として回転体の表面積を求める．

定理 6.9 (回転体の表面積)　関数 $f(x)$ $(\geqq 0)$ が C^1 級のとき，曲線 $y = f(x)$ $(a \leqq x \leqq b)$ を x 軸のまわりに回転してできる回転体の表面積 $|S|$ は

$$|S| = 2\pi \int_a^b f(x)\sqrt{1+f'(x)^2}\,dx. \tag{6.16}$$

証明　この回転面の方程式は $y^2 + z^2 = \{f(x)\}^2$ である．$z \geqq 0$, $y \geqq 0$ の部分の曲面の面積の 4 倍になるから，その部分だけ考えて z について解くと

$$z = \sqrt{\{f(x)\}^2 - y^2}$$

x と y でそれぞれ偏微分すると

$$z_x = \frac{f(x)f'(x)}{\sqrt{\{f(x)\}^2 - y^2}}, \quad z_y = -\frac{y}{\sqrt{\{f(x)\}^2 - y^2}}$$

であるから，$\sqrt{z_x{}^2 + z_y{}^2 + 1} = \dfrac{f(x)\sqrt{1+\{f'(x)\}^2}}{\sqrt{\{f(x)\}^2 - y^2}}$．$xy$ 平面への正射影 D は

$D = \{(x,y) \mid a \leqq x \leqq b,\ 0 \leqq y \leqq f(x)\}$ であるから，定理 6.8 より

$$\begin{aligned}
|S| &= 4\iint_D \frac{f(x)\sqrt{1+\{f'(x)\}^2}}{\sqrt{\{f(x)\}^2 - y^2}}\,dxdy \\
&= 4\int_a^b dx \int_0^{f(x)} \frac{f(x)\sqrt{1+\{f'(x)\}^2}}{\sqrt{\{f(x)\}^2 - y^2}}\,dy \\
&= 4\int_a^b f(x)\sqrt{1+\{f'(x)\}^2}\left[\sin^{-1}\frac{y}{f(x)}\right]_{y=0}^{y=f(x)} dx \\
&= 2\pi \int_a^b f(x)\sqrt{1+\{f'(x)\}^2}\,dx.
\end{aligned}$$
□

例題 6.13　円 $x^2 + (y-b)^2 = a^2$ $(0 < a < b)$ を x 軸のまわりに回転してできるドーナツ形の回転体の表面積 $|S|$ を求めよ．

【解答】　円の上半分 $y = b + \sqrt{a^2 - x^2}$ を回転してできる曲面の表面積 $|S'|$ を最初に求める．

$$y' = -\frac{x}{\sqrt{a^2-x^2}}, \quad \sqrt{1+y'^2} = \sqrt{1+\left(\frac{x}{\sqrt{a^2-x^2}}\right)^2} = \frac{a}{\sqrt{a^2-x^2}}.$$

式 (6.16) より

$$\begin{aligned}
|S'| &= 2\pi \int_{-a}^{a} (b+\sqrt{a^2-x^2})\,\frac{a}{\sqrt{a^2-x^2}}\,dx \\
&= 2\pi a \int_{-a}^{a} \left(\frac{b}{\sqrt{a^2-x^2}} + 1\right) dx = 2\pi a \left[b\sin^{-1}\frac{x}{a} + x\right]_{-a}^{a} \\
&= 2\pi a\,(\pi b + 2a).
\end{aligned}$$

円の下半分 $y = b - \sqrt{a^2-x^2}$ を回転してできる曲面の表面積は，同様にして $2\pi a(\pi b - 2a)$ であるから

$$|S| = 4\pi^2 ab. \hspace{4em} \diamond$$

6.5　線積分とグリーンの定理

1 変数の関数の積分の拡張として，連続曲線 C に沿ってその上で定義された連続関数 $f(x,y)$ を積分することを考える．ここでは C が平面曲線の場合について説明するが，空間の曲線についても同様に考えることができる．曲線 C のパラメーター $t \in [a,b]$ 表示を

$$C : x = \varphi(t),\ y = \psi(t) \quad (a \leqq t \leqq b)$$

とする．P$(\varphi(a), \psi(a))$, Q$(\varphi(b), \psi(b))$ とするとき，曲線の向きを考えて P から Q に向かう曲線を

$$C : x = \varphi(t),\ y = \psi(t) \quad (t : a \to b)$$

と表す．P を始点，Q を終点といい，この C を**有向曲線**という．始点と終点が逆になる曲線を $-C$ で表す．また，始点と終点が一致する曲線を**閉曲線**といい，自分自身と交わることのない閉曲線を**単一閉曲線**，または**ジョルダン閉曲線**という．単一閉曲線の内部を左手に見て進む向きを**正の向き**という．以下，$\varphi(t)$, $\psi(t)$ はたかだか有限個の点を除き C^1 級であると仮定する．

有向曲線 $C: x = \varphi(t),\ y = \psi(t) \quad (t: a \to b)$

とその上で定義された連続関数 $f(x, y)$ に対して

$$\int_C f(x, y)\, dx = \int_a^b f(\varphi(t), \psi(t))\, \varphi'(t)\, dt$$

を関数 $f(x, y)$ の x による C に沿った**線積分**という．また

$$\int_C f(x, y)\, dy = \int_a^b f(\varphi(t), \psi(t))\, \psi'(t)\, dt$$

を関数 $f(x, y)$ の y による C に沿った線積分という．定積分の置換積分の公式より，線積分はパラメーターのとり方に無関係で，曲線とその方向で決まる．積分路が同じ線積分の和

$$\int_C f(x, y)\, dx + \int_C g(x, y)\, dy = \int_C \{f(x, y)\, dx + g(x, y)\, dy\}$$

の $\{\ \}$ を省略して

$$\int_C f(x, y)\, dx + g(x, y)\, dy$$

と書く．単一閉曲線に沿った線積分は，特に断らない限り曲線の正の向きに行うものとする．

例題 6.14 (1) $C: x = 2\cos t,\ y = \sin t \quad (t: 0 \to 2\pi)$ に沿ってつぎの線積分を求めよ．

$$\int_C (x + y)\, dx + xy\, dy.$$

(2) $C: y = x^2 \quad (x: 0 \to 2)$（$x$ 自身をパラメーターと考える）に沿ってつぎの線積分を求めよ．

$$\int_C xy\, dx + e^{x^2}\, dy.$$

【解答】 (1) $\int_C (x+y)\,dx + xy\,dy$

$$= \int_0^{2\pi} \{(2\cos t + \sin t)(-2\sin t) + (2\sin t \cos t)\cos t\}\,dt$$

$$= \left[2\cos^2 t\right]_0^{2\pi} + \int_0^{2\pi} (\cos 2t - 1)\,dt + \left[-\frac{2}{3}\cos^3 t\right]_0^{2\pi} = -2\pi$$

(2) $\int_C xy\,dx + e^{x^2}\,dy = \int_0^2 x^3\,dx + \int_0^2 2xe^{x^2}\,dx = e^4 + 3$ ◇

つぎに,単一閉曲線 C に囲まれた領域における 2 重積分と C に沿った線積分の関係を示す重要な公式であるグリーンの定理を証明する.

定理 6.10 (グリーンの定理) 単一閉曲線 C で囲まれた領域を D とするとき,D で C^1 級の 2 つの関数 $\Phi = \Phi(x, y)$, $\Psi = \Psi(x, y)$ に対し

$$\iint_D \left(\frac{\partial \Phi}{\partial x} - \frac{\partial \Psi}{\partial y}\right) dx dy = \int_C \Psi\,dx + \Phi\,dy.$$

証明 まず,x について単純な閉領域 $D = \{(x, y) \mid a \leq x \leq b,\ \psi_1(x) \leq y \leq \psi_2(x)\}$ において

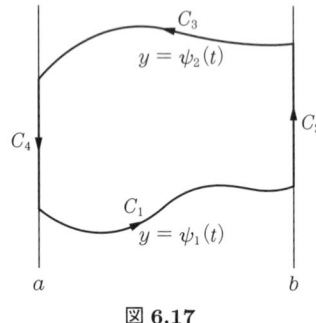

$$\int_C \Psi\,dx = -\iint_D \frac{\partial \Psi}{\partial y}\,dx dy$$

が成り立つことを証明する.図 **6.17** のように,C を C_1, C_2, C_3, C_4 に分けると

$C_1 : x = t, y = \psi_1(t) \quad (t : a \to b),$

$C_2 : x = b, y = t \quad (t : \psi_1(b) \to \psi_2(b)),$

$C_3 : x = t, y = \psi_2(t) \quad (t : b \to a),$

$C_4 : x = a, y = t \quad (t : \psi_2(a) \to \psi_1(a)).$

図 **6.17**

このとき,積分はつぎの形に分けられる.

$$\int_C \Psi\,dx = \int_{C_1} \Psi\,dx + \int_{C_2} \Psi\,dx + \int_{C_3} \Psi\,dx + \int_{C_4} \Psi\,dx.$$

ここで C_2, C_4 上では,$x = b$ または $x = a$ と x は一定の値だから,$\dfrac{dx}{dt} = 0$ より

$$\int_{C_2} \Psi\,dx = \int_{\psi_1(b)}^{\psi_2(b)} \Psi(b,t)\frac{dx}{dt}\,dt = 0.$$

同様に $\int_{C_4} \Psi\,dx = 0.$ よって

$$\int_C \Psi\,dx = \int_{C_1} \Psi\,dx + \int_{C_3} \Psi\,dx = \int_a^b \Psi(t,\psi_1(t))\frac{dx}{dt}\,dt + \int_b^a \Psi(t,\psi_2(t))\frac{dx}{dt}\,dt$$

$$= \int_a^b \Psi(x,\psi_1(x))\,dx + \int_b^a \Psi(x,\psi_2(x))\,dx$$

$$= -\int_a^b \{\Psi(x,\psi_2(x)) - \Psi(x,\psi_1(x))\}\,dx$$

$$= -\int_a^b \Big[\Psi(x,y)\Big]_{\psi_1(x)}^{\psi_2(x)} dx = -\int_a^b dx \int_{\psi_1(x)}^{\psi_2(x)} \frac{\partial \Psi}{\partial y}\,dy = -\iint_D \frac{\partial \Psi}{\partial y}\,dxdy.$$

一般の閉曲線の場合には，図 **6.18** のように領域を y 軸に平行な直線で有限個の x について単純な閉領域に分けるとよい．隣り合った 2 つの領域の境界上では符号が逆になり，たがいに打ち消し合うから定理が成り立つ．

同様にして，x と y の役割を入れ替え曲線の向きを考慮すると，y について単純な閉領域においても

$$\int_C \Phi\,dy = \iint_D \frac{\partial \Phi}{\partial x}\,dxdy$$

が成り立つ．一般の閉曲線は y について単純な閉領域に分けるとよい（図 **6.19**）．

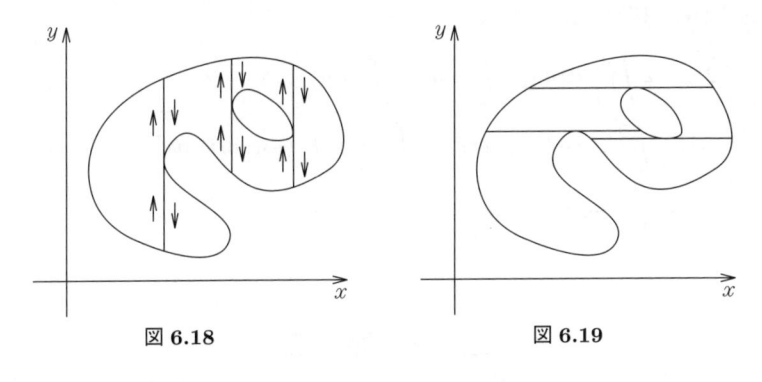

図 **6.18**   図 **6.19**

□

グリーンの定理を使って，閉曲線で囲まれた図形の面積を線積分で求める方法を示す．

例題 6.15 閉曲線 C で囲まれた領域 D の面積 S は

$$S = \int_C x\,dy = -\int_C y\,dx = \frac{1}{2}\int_C (x\,dy - y\,dx)$$

で表されることを示せ.

【解答】 グリーンの定理において $\Phi = x$, $\Psi = 0$ とおくと

$$\int_C x\,dy = \iint_D dx\,dy = S.$$

$\Phi = 0$, $\Psi = y$ とおくと

$$\int_C y\,dx = -\iint_D dx\,dy = -S.$$

両辺を引き算すると $\int_C (x\,dy - y\,dx) = 2S$. ◇

例題 6.16 楕円 $C : \dfrac{x^2}{a^2} + \dfrac{y^2}{b^2} = 1$ $(a > 0, b > 0)$ を考える. このとき, C で囲まれた部分の面積 S を求めよ.

【解答】 楕円 C のパラメーター表示は, $x = a\cos t$, $y = b\sin t$ $(0 \leqq t \leqq 2\pi)$ であるから, 例題 6.15 より

$$\begin{aligned}
2S &= 2\iint_D dx\,dy = \int_C x\,dy - \int_C y\,dx \\
&= \int_0^{2\pi} a\cos t \cdot b\cos t\,dt - \int_0^{2\pi} b\sin t \cdot (-a\sin t)\,dt \\
&= \int_0^{2\pi} ab\,dt = 2\pi ab. \quad \therefore \quad S = \pi ab.
\end{aligned}$$
◇

章 末 問 題

【1】 つぎの重積分の値を求めよ.

 (1) $\iint_D y\,dx\,dy \quad D = \{(x,y) \mid a \leqq x \leqq b, c \leqq y \leqq d\}$

(2) $\iint_D \cos(x+y)\,dxdy \quad D = \left\{(x,y) \mid 0 \leq x \leq \dfrac{\pi}{2},\, 0 \leq y \leq \dfrac{\pi}{4}\right\}$

(3) $\iint_D x\sin xy\,dxdy \quad D = \left\{(x,y) \mid 0 \leq x \leq \dfrac{\pi}{2},\, 0 \leq y \leq 1\right\}$

(4) $\iint_D y e^{xy}\,dxdy \quad D = \{(x,y) \mid 0 \leq x \leq 2,\, 1 \leq y \leq 2\}$

【2】 つぎの累次積分の値を求めよ．

(1) $\displaystyle\int_0^2 dy \int_0^1 x^2\,dx$ 　　(2) $\displaystyle\int_0^1 dx \int_0^3 xy^2\,dy$

(3) $\displaystyle\int_0^\pi dy \int_0^a x^2 \sin y\,dx$

【3】 つぎの累次積分の値を求めよ．

(1) $\displaystyle\int_0^1 dx \int_0^x (x^2 - y)\,dy$ 　　(2) $\displaystyle\int_0^2 dy \int_y^{y^2} xy\,dx$

(3) $\displaystyle\int_0^{\pi/2} dy \int_0^y y\cos x\,dx$ 　　(4) $\displaystyle\int_0^1 dy \int_{y^2}^{2y} ye^x\,dx$

【4】 つぎの累次積分の順序を変更せよ．

(1) $\displaystyle\int_0^1 dx \int_x^{2x} f(x,y)\,dy$ 　　(2) $\displaystyle\int_0^1 dx \int_{x^2}^{x} f(x,y)\,dy$

(3) $\displaystyle\int_0^1 dx \int_{x-1}^{1-x} f(x,y)\,dy$ 　　(4) $\displaystyle\int_0^1 dx \int_0^{x^2} f(x,y)\,dy$

【5】 つぎの重積分の値を求めよ．

(1) $\iint_D xy\,dxdy \quad D = \{(x,y) \mid x+y \leq 1,\ x \geq 0,\ y \geq 0\}$

(2) $\iint_D \sqrt{4-y^2}\,dxdy \quad D = \{(x,y) \mid x^2 + y^2 \leq 4,\ y \geq 0\}$

(3) $\iint_D y\,dxdy \quad D = \{(x,y) \mid x^2 \leq y \leq x\}$

(4) $\iint_D xy\,dxdy \quad D = \{(x,y) \mid y^2 \leq x,\ x - 2 \leq y\}$

【6】 つぎの重積分の値を 1 次変換の変数変換を用いて求めよ．

(1) $\iint_D (x+y)\sin(x-y)\,dxdy \quad D = \{(x,y) \mid 0 \leq x+y \leq 1,\ 0 \leq x-y \leq \pi\}$

(2) $\iint_D (x+y)e^{x-y}\,dxdy \quad D = \{(x,y) \mid 0 \leq x+y \leq 1,\ 0 \leq x-y \leq 1\}$

【7】つぎの重積分の値を極座標に変数変換して求めよ.

(1) $\iint_D x^2\,dxdy \quad D = \{(x,y) \mid x^2+y^2 \leq 1, y \geq 0\}$

(2) $\iint_D xy\,dxdy \quad D = \{(x,y) \mid x^2+y^2 \leq 4, x \geq 0, y \geq 0\}$

(3) $\iint_D (x^2+y^2)^n\,dxdy$
$D = \{(x,y) \mid a^2 \leq x^2+y^2 \leq b^2\} \quad (n:定数, 0 < a < b)$

(4) $\iint_D y\,dxdy \quad D = \{(x,y) \mid x^2+y^2 \leq 1, y \geq 0\}$

(5) $\iint_D xy\,dxdy \quad D = \{(x,y) \mid x^2+y^2 \leq 2y, x \geq 0\}$

(6) $\iint_D \sqrt{a^2-x^2-y^2}\,dxdy \quad D = \{(x,y) \mid x^2+y^2 \leq ax, y \geq 0\} \ (a>0)$

【8】つぎの重積分の値を求めよ.

(1) $\iint_D x\log(x^2+y^2)\,dxdy \quad D = \{(x,y) \mid 1 \leq x^2+y^2 \leq 9, x \geq 0\}$

(2) $\iint_D xe^y\,dxdy \quad D = \{(x,y) \mid 0 \leq x, x^2 \leq y \leq 4\}$

【9】 $V = \{(x,y,z) \mid x^2+y^2+z^2 \leq a^2, x \geq 0, y \geq 0, z \geq 0\}$ のとき

$$\iiint_V (x^2+y^2+z^2)\,dxdydz$$

の値を求めよ.

【10】つぎの立体の体積を求めよ $(a>0)$.

(1) 円柱面: $x^2+y^2 = a^2$ と, 2平面 $x+z=a$ と $z=0$ で囲まれた部分.

(2) 円: $x^2+(y-b)^2 = a^2 \ (a<b)$ を x 軸のまわりに回転してできる図形(輪環面)で囲まれた立体.

(3) 放物面: $z = x^2+y^2$ と平面: $z = a$ で囲まれた部分.

(4) 放物面: $z = x^2+y^2$ と平面: $z = 2x$ で囲まれた部分.

(5) $\{(x,y,z) \mid x^{2/3}+y^{2/3}+z^{2/3} \leq a^{2/3}\}$

(6) $\{(x,y,z) \mid x^2+y^2 \leq a^2, 0 \leq z \leq x^2\}$

(7) サイクロイド: $x = a(t-\sin t), y = a(1-\cos t) \ (0 \leq t \leq 2\pi)$ を x 軸のまわりに回転してできる立体.

【11】 つぎの曲面の表面積を求めよ $(a>0)$.
(1) 球面：$x^2+y^2+z^2=a^2$ のうち $b \leqq x \leqq c$ $(-a \leqq b < c \leqq a)$ の部分.
(2) 円錐面：$y^2+z^2=x^2$ が円柱面：$x^2+y^2=a^2$ で切り取られる部分.

【12】 つぎの回転体の表面積を求めよ $(a>0)$.
(1) 円（の上半分）：$y=\sqrt{a^2-x^2}$ を x 軸のまわりに回転してできる図形.
(2) $y=\sin x$ $(0 \leqq x \leqq \pi)$ を x 軸のまわりに回転してできる図形.
(3) サイクロイド：$x=a(t-\sin t), y=a(1-\cos t)$ $(0 \leqq t \leqq 2\pi)$ を x 軸のまわりに回転してできる図形.
(4) アステロイド：$x^{2/3}+y^{2/3}=a^{2/3}$ を x 軸のまわりに回転してできる図形.
(5) カテーナリー：$y=\dfrac{a}{2}(e^{\frac{x}{a}}+e^{-\frac{x}{a}})$ $(-a \leqq x \leqq a)$ を x 軸のまわりに回転してできる図形.
(6) 回転放物面：$z=x^2+y^2$ の平面：$z=a$ より下の部分.

【13】 つぎの閉曲線で囲まれた図形の面積を求めよ $(a>0, b>0)$.
(1) アステロイド：$x=a\cos^3 t, y=a\sin^3 t$ $(0 \leqq t \leqq 2\pi)$.
(2) 楕円：$x=a\cos t, y=b\sin t$ $(0 \leqq t \leqq 2\pi)$.
(3) サイクロイド：$x=a(t-\sin t), y=a(1-\cos t)$ $(0 \leqq t \leqq 2\pi)$ と x 軸.

【14】 つぎの線積分の値を求めよ $(a,b：定数)$.
(1) $\displaystyle\int_C y^2 dx + x^2 dy$ $C: x=a\cos t, y=b\sin t$ $(t:0 \to \pi)$
(2) $\displaystyle\int_C (x^2+y^2)\,dx - xy\,dy$ $C:(1,-1)$ から $(2,1)$ へ結んだ線分.

7 微分方程式

7.1 微分方程式

 未知関数 $y = f(x)$ の導関数 y', y'', $\cdots$, $y^{(n)}$ を含む方程式を**微分方程式**という．与えられた微分方程式を満たす未知関数 $y = f(x)$ を求めることを，「微分方程式を解く」といい，その関数を微分方程式の**解**という．微分方程式に含まれる導関数のうち最も次数の高い導関数が $y^{(n)}$ のとき，n 階の微分方程式という．最も簡単な微分方程式は $y' = f(x)$ の形で，積分をして解くことができ，その解は $y = \int f(x)dx$ である．しかし通常，微分方程式を解くにはいろいろな工夫をする必要がある．べき級数の理論（テイラー展開の理論）等を使い逐次近似解を求める方法もある．この章では，いろいろな工夫をして，積分をすることで解が求まる形に変形して，実際に解を求めてみる．この方法を**求積法**という．

例 7.1 曲線群 $y^2 = Cx$ (C : 任意定数) を x で微分すると，$2yy' = C$ になり，C を消去するとこの曲線群に共通の性質を表す微分方程式 $2xy' - y = 0$ が得られる．これより $y' = \dfrac{y}{2x}$ であるから，『この曲線群の接線の傾きがつねに，原点と接点を通る直線の傾きの半分に等しい』という共通の性質を表している．

 微分方程式の解は，ほかに条件をつけない限り任意定数を含む．任意定数を含む解を微分方程式の**一般解**という．一般解に現れる任意定数に特別な値を代入した解を，微分方程式の**特殊解**という．

例題 7.1 y 軸上に中心をもち x 軸に接する円

$$x^2 + (y-C)^2 = C^2 \quad (C : 0 \text{ と異なる任意定数}) \tag{7.1}$$

は微分方程式

$$(x^2 - y^2)\frac{dy}{dx} = 2xy \tag{7.2}$$

の一般解になることを示せ.

【解答】 式 (7.1) の両辺を x で微分すると $2x + 2(y-C)y' = 0$. C について解くと $C = \dfrac{x}{y'} + y$. 式 (7.1) を展開して整理すると $x^2 + y^2 = 2yC$ であるから, C を代入して $x^2 + y^2 = 2y\left(\dfrac{x}{y'} + y\right)$. すなわち $x^2 - y^2 = \dfrac{2xy}{y'}$, ゆえに $(x^2 - y^2)\dfrac{dy}{dx} = 2xy$. 式 (7.1) の C は 0 と異なる任意の実数であるから, 式 (7.1) は微分方程式 (7.2) の一般解である. ◇

さて, $y = 0$ も微分方程式 (7.2) の解になるが, 一般解 (7.1) には含まれない. このように, 一般解に含まれないような解を **特異解** という.

注意：例題 7.1 において, x 軸 (直線 $y = 0$) は, 一般解 (7.1) のすべての曲線に接する曲線 (図 **7.1**) である (このような曲線を **包絡線** という). このように, 特異解は

『一般解の解曲線の包絡線として得られる』

と考えることもできる.

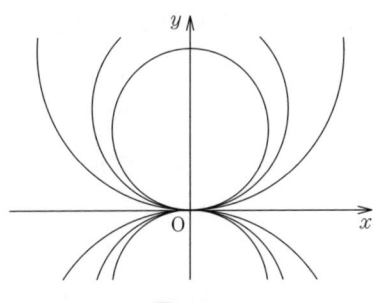

図 **7.1**

微分方程式が具体的な現象に用いられる例をいくつか挙げる.

例 7.2 物体が空中を初速 0 で落下するとき，重力のみでほかの力を受けないとすれば，時刻 t での速度を v としたとき，物体の速度 v の方程式は

$$\frac{dv}{dt} = g$$

で与えられる．g は重力加速度と呼ばれ，$g = 9.8\,\mathrm{m/s^2}$ である．

　空中を落下するとき空気の抵抗を受けるので，実際の運動を表す方程式は異なってくる．例えば，速さに比例する抵抗を受けるとすれば，物体の速度の方程式は

$$\frac{dv}{dt} = g - \rho v \quad (\rho：空気抵抗により定まる定数) \tag{7.3}$$

で与えられることになる．

例 7.3 重力と垂直な直線方向に動くばねにつながれた質点 P がある．この直線方向に座標軸 y をとり，質点 P の静止点を原点 O に選び，ばねの伸びる方向を正の軸にとる．P が時刻 t で $y = y(t)$ の位置にいるとき，ばねが P に働く力 F は，フックの法則により

$$F = -ky \quad (k：ばねの弾力定数) \tag{7.4}$$

で与えられる．P の質量を m とすると，古典力学におけるニュートンの運動方程式の第 2 法則 $F = (質量) \times (加速度)$ により

$$F = m\frac{d^2y}{dt^2} \tag{7.5}$$

なので，式 (7.4) と式 (7.5) から，点 P の満たす微分方程式は

$$m\frac{d^2y}{dt^2} = -ky, \quad すなわち \quad \frac{d^2y}{dt^2} = -\frac{k}{m}y$$

となる．慣習上，$\omega = \sqrt{\dfrac{k}{m}}$ とおき，上の微分方程式は

$$\frac{d^2y}{dt^2} = -\omega^2 y \tag{7.6}$$

と書かれる．

例 7.4 (バクテリアの個体数の増殖)　バクテリアの各個体が,分裂を繰り返しながら増殖をすると仮定する.バクテリアにとって栄養が十分あるなど環境が適している場合,バクテリアの個体数 $y = y(t)$ は時間 t と共に増加する.どの個体も同じように増えると考えると,その増加率は個体数 y に比例するので

$$\frac{dy}{dt} = \mu y \quad (\mu : 増加率) \tag{7.7}$$

が成立する.

以上の例のうち,式 (7.3) と式 (7.7) は,つぎの節で学ぶ変数分離形の手法で解くことができる.また,式 (7.6) は定数係数の 2 階線形同次微分方程式の節でその解き方を学ぶ.

7.2　変数分離形

定義 7.1　$y = y(x)$ を未知関数とした微分方程式で

$$\frac{dy}{dx} = f(x)\,g(y) \tag{7.8}$$

の形をしたものを**変数分離形**の微分方程式という.

例 7.5　$\dfrac{dy}{dx} = 2xy$ や前節の式 (7.3),式 (7.7) は変数分離形である.

変数分離形の方程式 (7.8) を解く.$g(y) \neq 0$ のとき,両辺を $g(y)$ で割ると

$$\frac{1}{g(y)} \frac{dy}{dx} = f(x).$$

両辺を x で積分すると

$$\int \frac{1}{g(y)} \frac{dy}{dx} dx = \int f(x) dx.$$

置換積分法により
$$\int \frac{1}{g(y)} dy = \int f(x) dx.$$

$g(y_0) = 0$ のとき，$y = y_0$ も微分方程式 (7.8) の解の 1 つである．実際に解く場合には，つぎの例題 7.2 の注意のように，場合分けをしないで $g(y) \neq 0$ とみなして計算して，$g(y_0) = 0$ のときの解 $y = y_0$ を含めて解とする．

注意：形式的にはつぎのように考えるとわかりやすい．
$$\frac{dy}{dx} = f(x)g(y) \to \frac{dy}{g(y)} = f(x)dx \to \int \frac{dy}{g(y)} = \int f(x)dx.$$

例題 7.2 $\dfrac{dy}{dx} = 2xy$ を解け．

【解答】 1) $y \neq 0$ のとき，両辺を y で割ると $\dfrac{dy}{y} = 2x\,dx$．両辺を x で積分すると $\displaystyle\int \frac{dy}{y} = \int 2x\,dx$ より，$\log|y| = x^2 + C_1$．よって
$$|y| = e^{x^2} e^{C_1}, \quad y = \pm e^{C_1} e^{x^2}. \quad \therefore \quad y = Ce^{x^2} \quad (C = \pm e^{C_1} \neq 0).$$

2) $y = 0$ のとき，$\dfrac{dy}{dx} = 2xy$ の両辺が 0 になり満たされるので，$y = 0$ は解である．$y = 0$ は $y = Ce^{x^2}$ の $C = 0$ の場合である．したがって 1) と 2) より，解は
$$y = Ce^{x^2} \quad (C：任意定数). \qquad \diamond$$

注意：実際に解く場合は，$y \neq 0$ と $y = 0$ の場合をいちいち分けず $y \neq 0$ とみなして計算し，その後で $y = 0$ の場合を暗算で行い，両方の結果を合わせて解とするのが普通である．

例 7.6 $\dfrac{dy}{dx} = 2xy$ の場合，$y = Ce^{x^2}$ は一般解である．また，$y = 0$ は一般解で $C = 0$ とおいた場合なので特殊解である．$y = 2e^{x^2}$ も特殊解（$C = 2$ の場合）である．

$x = a$ での y, y', y'', $\cdots$, $y^{(n)}$ の値 $y(a)$, $y'(a)$, $y''(a)$, $\cdots$, $y^{(n)}(a)$ を解の条件に指定した場合，この条件を微分方程式の**初期条件**という．変数 x が時間を表すときが，本来の言葉が示す意味での初期条件である．

例 7.7 微分方程式 $\dfrac{dy}{dx} = 2xy$ において，初期条件 $y(0) = 1$ を満たす解を求める．この微分方程式の一般解 $y = Ce^{x^2}$ において，条件より

$$1 = Ce^0, \text{ すなわち } C = 1$$

が成立するので，初期条件 $y(0) = 1$ を満たす解は

$$y = e^{x^2}$$

になり，一般解で $C = 1$ とおいた特殊解である．

微分方程式の解が表す曲線を**解曲線**という．

例題 7.3 $xy' = y$ の解曲線と微分方程式の関係を説明せよ．

【解答】 $y' = \dfrac{y}{x}$ より，解曲線の各点 $P(a,b)$ での接線の傾き y' は $\dfrac{b}{a}$ であるから，接線は

$$y = \dfrac{b}{a}(x-a) + b, \text{ すなわち } y = \dfrac{b}{a}x$$

となり原点を通る直線である．したがって解曲線も原点を通る直線になり，解は

$$y = Cx \quad (C:\text{任意定数}).$$

一方，$xy' = y$ を変数分離形とみて解くと

$$\dfrac{dy}{dx} = \dfrac{y}{x} \text{ より，} \dfrac{dy}{y} = \dfrac{dx}{x}.$$

両辺を積分すると

$$\int \dfrac{dy}{y} = \int \dfrac{dx}{x}.$$

$$\therefore \quad \log|y| = \log|x| + C_1, \quad \log\left|\dfrac{y}{x}\right| = C_1, \quad \dfrac{y}{x} = \pm e^{C_1}.$$

すなわち，$y = Cx$ ($C:$任意定数) となり同じ解が得られる． ◇

例題 7.4 $yy' = -x$ を解き解曲線と微分方程式の関係を説明せよ．

【解答】 $y\dfrac{dy}{dx} = -x$ より，$y\,dy = -x\,dx$．両辺を積分すると

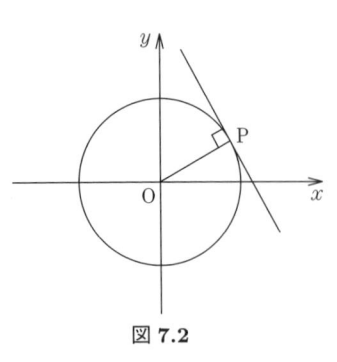

$$\int y\,dy = -\int x\,dx,$$
$$\dfrac{y^2}{2} = -\dfrac{x^2}{2} + C_1,$$
$$x^2 + y^2 = C \quad (C = 2C_1).$$

したがって，解曲線は原点を中心とした円になる（半径は任意にとれる）．

一方，$yy' = -x$ を $y' = -\dfrac{x}{y}$ と変形してみると，解曲線 $y = y(x)$ は，曲線上の各点 $\mathrm{P}(x, y)$ に対して

図 7.2

条件：$(\mathrm{P}$ での接線$) \perp ($直線 $\mathrm{OP})$

を満たすことがわかる（図 7.2）． ◇

7.3　1階線形微分方程式

定義 7.2　$p(x)$, $q(x)$ を与えられた関数，$y = y(x)$ を未知関数とするとき

$$y' + p(x)y = q(x) \tag{7.9}$$

という形の微分方程式を **1階線形微分方程式** という．$q(x) = 0$ の場合，微分方程式は **同次形**，$q(x) \neq 0$ の場合，微分方程式は **非同次形** であるという．

同次形の1階線形微分方程式 $y' + p(x)y = 0$ は変数分離形であるから，これを解くと，一般解は

$$y = Ce^{-\int p(x)dx} \quad (C：\text{任意定数}) \tag{7.10}$$

となる．ここで，この任意定数 C を x の未知関数 $u(x)$ におき換えて，非同次形の線形微分方程式 (7.9) を満たす $u(x)$ を求めると，つぎの定理が得られる．この解法のように，与えられた微分方程式の簡単な場合の一般解における任意

定数を未知関数におき換えてもとの微分方程式の一般解を求める方法を**定数変化法**という.

定理 7.1 1階線形微分方程式 $y' + p(x)y = q(x)$ の一般解は

$$y = e^{-\int p(x)dx}\left(\int q(x)e^{\int p(x)dx}dx + C\right) \quad (C:任意定数) \quad (7.11)$$

[証明] $y = e^{-\int p(x)dx}$ は $y' + p(x)y = 0$ の解であるから

$$(e^{-\int p(x)dx})' = -p(x)e^{-\int p(x)dx}. \tag{7.12}$$

$y = u(x)e^{-\int p(x)dx}$ とおき,この式の両辺を x で微分すると式 (7.12) より

$$\frac{dy}{dx} = u'(x)e^{-\int p(x)dx} - p(x)y.$$

ここで,与えられた微分方程式と比較して $u'(x)e^{-\int p(x)dx} = q(x)$ が成り立つから

$$u'(x) = q(x)e^{\int p(x)dx}.$$

x で積分して,$u(x) = \int q(x)e^{\int p(x)dx}dx + C.$
したがって,一般解は

$$y = e^{-\int p(x)dx}\left(\int q(x)e^{\int p(x)dx}dx + C\right) \quad (C:任意定数).$$

□

例題 7.5 $y' + y = x$ を解け.

【解答】 $p(x) = 1$, $q(x) = x$ より $\int p(x)dx = x$ であるから $e^{\int p(x)dx} = e^x$, $e^{-\int p(x)dx} = e^{-x}$. したがって

$$y = e^{-x}\left(\int xe^x dx + C\right) = e^{-x}\left(xe^x - \int e^x dx + C\right)$$
$$= e^{-x}(xe^x - e^x + C) = x - 1 + Ce^{-x} \quad (C:任意定数).$$

◇

7.4　2階線形微分方程式

定義 7.3　$p(x)$, $q(x)$, $r(x)$ を与えられた関数，$y = y(x)$ を未知関数とするとき

$$y'' + p(x)y' + q(x)y = r(x) \tag{7.13}$$

の形の微分方程式を **2 階線形微分方程式**という．

$$L[y] = y'' + p(x)y' + q(x)y$$

とおくとき，式 (7.13) は

$$L[y] = r(x)$$

と表せる．特に，$r(x) = 0$ の場合の微分方程式

$$L[y] = y'' + p(x)y' + q(x)y = 0$$

を**同次形**，$r(x) \neq 0$ の場合の微分方程式 (7.13) を**非同次形**という．

以下，微分方程式は開区間 I で定義されているとする．つぎの定理はコーシーの存在定理と呼ばれ，解の存在を示す基本的なものである（証明は簡単でないので省略する）．

定理 7.2　線形微分方程式 $L[y] = r(x)$ において，$p(x)$, $q(x)$, $r(x)$ は開区間 I で連続とする．このとき，$a \in I$ における任意の初期条件

$$y(a) = b_0, \quad y'(a) = b_1$$

を満たす微分方程式 $L[y] = r(x)$ の解 $y = y(x)$ がただ 1 つ存在する．

同次形と非同次形の解の関係はつぎの定理で与えられる．

定理 7.3　線形非同次微分方程式 $L[y] = r(x)$ の特殊解 $z = z(x)$ を1つとる．このとき，線形非同次微分方程式 $L[y] = r(x)$ の一般解 $Y(x)$ は

$$Y(x) = y(x) + z(x) \quad (y(x): 同次方程式 \ L[y] = 0 \ の一般解)$$

という形で表せる．

証明　$L[y] = 0$, $L(z) = r(x)$ であるから

$$L[y + z] = L[y] + L[z] = 0 + r(x) = r(x).$$

したがって，$y(x) + z(x)$ は非同次方程式の一般解である．逆に，$Y = Y(x)$ を非同次方程式の任意の解，すなわち Y が $L[Y] = r(x)$ を満たすとする．そのとき

$$L[Y - z] = L[Y] - L[z] = r(x) - r(x) = 0.$$

ゆえに，$Y(x) - z(x)$ は同次方程式の解になる．$y(x) = Y(x) - z(x)$ とおけば

$$Y(x) = y(x) + z(x) \quad (y(x): 同次方程式の解)$$

となることが示される． □

この定理により，線形非同次微分方程式の特殊解をなんらかの方法で1つ見つければ，あとは同次方程式について考えればよい．定数係数の微分方程式に対しては，次々節で特殊解の見つけ方を学ぶ．

以下，この節では同次微分方程式に注意を集中しよう．同次方程式 $L[y] = 0$ の解については，つぎの定理が成り立つ．

定理 7.4　(**重ね合わせの原理**)　微分方程式 $L[y] = 0$ の解 $y_1(x)$, $y_2(x)$ と，任意の定数 c_1, c_2 に対して，$c_1 y_1(x) + c_2 y_2(x)$ も微分方程式 $L[y] = 0$ の解である．

証明　$y_1(x)$, $y_2(x)$ は $L[y] = 0$ の解だから，$L(y_1) = 0$, $L(y_2) = 0$. ゆえに

$$L[c_1 y_1(x) + c_2 y_2(x)] = c_1 L[y_1] + c_2 L[y_2] = 0.$$

したがって，$c_1 y_1(x) + c_2 y_2(x)$ も微分方程式 $L[y] = 0$ の解である． □

つぎに線形同次微分方程式の解の1次独立性について考える．

定義 7.4 ある開区間で定義されている m 個の関数 $y_1(x), y_2(x), \cdots, y_m(x)$ とある実数 $c_1, c_2, \cdots, c_m$ に対し
$$c_1 y_1(x) + c_2 y_2(x) + \cdots + c_m y_m(x) = 0 \tag{7.14}$$
が成り立つのが $c_1 = c_2 = \cdots = c_m = 0$ の場合のみであるとき，$y_1(x), y_2(x), \cdots, y_m(x)$ は **1 次独立**であるという．また，そうでないとき，すなわち式 (7.14) を満たす $c_1, c_2, \cdots, c_m$ で少なくとも1つは0でないものが存在するとき，**1 次従属**であるという．

例題 7.6 微分方程式 $y'' - 3y' + 2y = 0$ についてつぎの (1), (2) を示せ．
(1) e^x, e^{2x} はこの微分方程式の解である．
(2) e^x, e^{2x} は1次独立である．

【解答】
(1) $(e^x)'' - 3(e^x)' + 2e^x = e^x - 3e^x + 2e^x = 0$,
$(e^{2x})'' - 3(e^{2x})' + 2e^{2x} = 4e^{2x} - 6e^{2x} + 2e^{2x} = 0$.
したがって，e^x, e^{2x} はこの微分方程式の解である．
(2) $c_1 e^x + c_2 e^{2x} = 0$ とおき，両辺を微分すると $c_1 e^x + 2c_2 e^{2x} = 0$．この2つの式で $x = 0$ とおくと
$$c_1 + c_2 = 0, \text{ かつ } c_1 + 2c_2 = 0$$
であるから，$c_1 = c_2 = 0$．したがって，e^x, e^{2x} は1次独立である． ◇

定義 7.5 同次形の微分方程式 $L[y] = 0$ の2つの解 $y_1(x), y_2(x)$ が1次独立のとき，$\{y_1(x), y_2(x)\}$ を微分方程式の**基本解の組**，あるいは**基本系**という．

注意：任意の2階線形同次微分方程式 $L[y] = 0$ に対し，基本解の組 $y_1(x), y_2(x)$ は必ず存在する．例えば，開区間 I に含まれる任意の数 a をとり，$L[y] = 0$ の解

$y_1 = y_1(x)$ として初期条件 $y_1(a) = 1$, $y_1'(a) = 0$ を満たすもの，$L[y] = 0$ の解 $y_2 = y_2(x)$ として初期条件 $y_2(a) = 0$, $y_2'(a) = 1$ を満たすものをとる．定理 7.2 によりこのような解は存在する．y_1, y_2 が基本解の組になることはつぎのようにしてわかる．$c_1 y_1(x) + c_2 y_2(x) = 0$（$c_1$, c_2：定数）とおく．この式の両辺を微分すると $c_1 y_1'(x) + c_2 y_2'(x) = 0$．ここで 2 つの式に $x = a$ を代入すると $c_1 = 0$ と $c_2 = 0$ を得る．

解の 1 次独立性を調べるため，ロンスキーの行列式を導入しよう．

定義 7.6 関数 $y_1(x)$, $y_2(x)$ において，行列式

$$W(y_1(x), y_2(x)) = \begin{vmatrix} y_1(x) & y_2(x) \\ y_1'(x) & y_2'(x) \end{vmatrix} = y_1(x) y_2'(x) - y_1'(x) y_2(x) \tag{7.15}$$

をロンスキーの行列式あるいは，ロンスキアンという．

定理 7.5 $L[y] = 0$ の特殊解を $y_1(x)$, $y_2(x)$ とするとき，つぎが成り立つ．
(1) $W(y_1(x), y_2(x)) = W(y_1(a), y_2(a)) e^{-\int_a^x p(t) dt}$ $(a \in I)$
(2) $W(y_1(x), y_2(x))$ はすべての x に対し 0 でないか，または $W(y_1(x), y_2(x)) \equiv 0$ である．

証明 (1) $W(y_1(x), y_2(x)) = y_1(x) y_2'(x) - y_1'(x) y_2(x)$
の両辺を x で微分して

$$\frac{dW}{dx} = y_1'(x) y_2'(x) + y_1(x) y_2''(x) - y_1''(x) y_2(x) - y_1'(x) y_2'(x)$$
$$= y_1(x) y_2''(x) - y_1''(x) y_2(x).$$

$y_1(x)$, $y_2(x)$ は $L[y] = 0$ の特殊解であるから

$$y_1'' = -(p(x) y_1' + q(x) y_1), \quad y_2'' = -(p(x) y_2' + q(x) y_2).$$

これを代入して整理すると

$$\frac{dW}{dx} = -p(x)(y_1(x) y_2'(x) - y_1'(x) y_2(x)) = -p(x) W(y_1, y_2).$$

すなわち,W は同次形の 1 階線形微分方程式 $\dfrac{dW}{dx}+p(x)W=0$ を満たす.この方程式を解くと,適当な定数 C により W は $W=Ce^{-\int_a^x p(t)dt}$ と表せる.この式に $x=a$ を代入して $W(y_1(a),y_2(a))=C$.したがって,$W(y_1(x),y_2(x))=W(y_1(a),y_2(a))e^{-\int_a^x p(t)dt}$.

(2) (1) より,ある a で $W(y_1(a),y_2(a))=0$ ならば,$W(y_1(x),y_2(x))\equiv 0$.また,ある $a\in I$ で $W(y_1(a),y_2(a))\neq 0$ ならば,$e^{-\int_a^x p(t)dt}>0$ と (1) により,$W(y_1(x),y_2(x))$ は $W(y_1(a),y_2(a))\neq 0$ と同符号で決して 0 にならない. □

定理 7.6 同次微分方程式 $L[y]=0$ において,$p(x)$, $q(x)$, $r(x)$ は開区間 I で連続とする.このとき,$y_1(x)$, $y_2(x)$ が基本解の組であるための必要十分条件は $W(y_1,y_2)\neq 0$ である.

証明 [十分条件] 対偶命題である『y_1, y_2 が 1 次独立でないならば,$W(y_1,y_2)=0$』を示そう.c_1, c_2 のうち少なくともどちらかは 0 ではなく

$$c_1 y_1(x)+c_2 y_2(x)=0 \qquad (7.16)$$

を満たすものが存在する.この両辺を x で微分して

$$c_1 y_1'(x)+c_2 y_2'(x)=0. \qquad (7.17)$$

ここで,$c_1\neq 0$ とすると,式 (7.16) × $y_2'(x)$ − 式 (7.17) × $y_2(x)$ より

$$c_1(y_1(x)y_2'(x)-y_1'(x)y_2(x))=0.$$

すなわち $W(y_1,y_2)=0$.$c_2\neq 0$ のときも同様にして成り立つ.

[必要条件] 対偶命題である『$W(y_1,y_2)=0$ ならば,y_1, y_2 は 1 次従属である』ことを示そう.

$$c_1 y_1+c_2 y_2=0 \quad (c_1,c_2\in\mathbb{R}) \qquad (7.18)$$

とする.もし,$c_1=c_2=0$ 以外に式 (7.18) が解をもてば y_1, y_2 は 1 次従属になり,証明は完了する.式 (7.18) の両辺を x で微分すると

$$c_1 y_1'+c_2 y_2'=0. \qquad (7.19)$$

開区間 I に属する数 a を任意に 1 つとる.式 (7.18) と式 (7.19) において,$x=a$ での値を考えると

$$c_1 y_1(a) + c_2 y_2(a) = 0, \quad c_1 y_1'(a) + c_2 y_2'(a) = 0. \tag{7.20}$$

$W(y_1, y_2) = 0$ より，特に

$$W(y_1(a), y_2(a)) = 0. \tag{7.21}$$

ここで，つぎの補題を用いる（簡単な計算でわかるので証明は略す）．

補題 7.1 未知数 c_1, c_2 に関する連立 1 次方程式

$$\begin{cases} a_{11} c_1 + a_{12} c_2 = 0, \\ a_{21} c_1 + a_{22} c_2 = 0 \end{cases}$$

の解が自明な解 $c_1 = 0$, $c_2 = 0$ のみをもつための必要十分条件は

$$\begin{vmatrix} a_{11} & a_{12} \\ a_{21} & a_{22} \end{vmatrix} \neq 0.$$

上の補題と式 (7.21) により，方程式 (7.20) の解で $c_1 = c_2 = 0$ 以外の解 $c_1 = k_1$, $c_2 = k_2$ ($k_1, k_2 \in \mathbb{R}$) が存在する．この k_1, k_2 に対して，関数 $Y(x)$ を

$$Y(x) = k_1 y_1(x) + k_2 y_2(x)$$

で定義する．重ね合わせの原理（定理 7.4）より，$Y(x)$ は $L[y] = 0$ の解である．一方，式 (7.20) と k_1, k_2 のとり方より

$$Y(a) = k_1 y_1(a) + k_2 y_2(a) = 0, \quad Y'(a) = k_1 y_1'(a) + k_2 y_2'(a) = 0.$$

したがって，$y = 0$ が $L[y] = 0$ の解であることと定理 7.2 での解が 1 つしか存在しないという部分から，$Y(x) = 0$ が任意の $x \in I$ に対して成立する．$k_1 = k_2 = 0$ でない k_1, k_2 に対して

$$k_1 y_1 + k_2 y_2 = 0$$

が成立するので，y_1, y_2 は 1 次従属である． □

例 7.8 例題 7.6 における微分方程式 $L[y] = y'' - 3y' + 2y = 0$ とその解 $y_1 = e^x$ と $y_2 = e^{2x}$ を考える．定理 7.6 を用いると，y_1, y_2 が 1 次独立であることは，つぎのように簡単に求まる．

$$W(y_1, y_2) = \begin{vmatrix} e^x & e^{2x} \\ (e^x)' & (e^{2x})' \end{vmatrix} = \begin{vmatrix} e^x & e^{2x} \\ e^x & 2e^{2x} \end{vmatrix} = e^{3x} \neq 0.$$

したがって y_1, y_2 は1次独立.

以上の結果を合わせ，同次微分方程式 $L[y] = 0$ の一般解が，つぎのようにして求まる．

定理 7.7 $y_1(x)$, $y_2(x)$ を2階同次微分方程式 $L[y] = 0$ の解の基本系とする．そのとき，$L[y] = 0$ の一般解はつぎの形で与えられる．

$$y(x) = c_1 y_1(x) + c_2 y_2(x) \quad (c_1, c_2 : \text{任意定数}). \tag{7.22}$$

証明 式 (7.22) の形の関数 $y(x)$ が $L[y] = 0$ の解になることは重ね合わせの原理（定理 7.4）からすぐにわかる．

$y(x)$ を $L[y] = 0$ の任意の解としよう．$a \in I$ を1つとり，c_1, c_2 に関する連立方程式 $c_1 y_1(a) + c_2 y_2(a) = y(a)$, $c_1 y_1'(a) + c_2 y_2'(a) = y'(a)$ の解を考えると，$y_1(x)$, $y_2(x)$ が解の基本系であることから定理 7.6 と定理 7.5 (b) より $W(y_1(a), y_2(a)) \neq 0$ なので

$$c_1 = \frac{W(y(a), y_2(a))}{W(y_1(a), y_2(a))}, \quad c_2 = \frac{W(y_1(a), y(a))}{W(y_1(a), y_2(a))}.$$

この解 c_1, c_2 に対し，$Y(x) = c_1 y_1(x) + c_2 y_2(x)$ とおくと，c_1, c_2 が連立方程式の解だから，$Y(a) = y(a)$, $Y'(a) = y'(a)$ が成り立つ．また，重ね合わせの原理から，$Y(x)$ は $L[Y] = 0$ を満たす．したがって，定理 7.2 の解が1つしか存在しないという部分から，$Y(x) = y(x)$, すなわち，$y(x) = c_1 y_1(x) + c_2 y_2(x)$ が成り立つ． □

$y(x)$ が $y_1(x)$, $y_2(x)$ と定数 c_1, c_2 を用いて式 (7.22) のように表されていることを，『$y(x)$ は $y_1(x)$, $y_2(x)$ の**1次結合**で表せる』という．

7.5 定数係数2階線形同次微分方程式

この節では，2階線形微分方程式において $p(x)$, $q(x)$ が定数，すなわち

$$y'' + ay' + by = r(x) \quad (a, b : \text{定数})$$

の形の微分方程式を考える．まず，$r(x) = 0$ の場合

$$L[y] = y'' + ay' + by = 0 \quad (a, b：定数) \tag{7.23}$$

の一般解について考える．$(e^{\lambda x})' = \lambda e^{\lambda x}$ であるから，解は

$$y = e^{\lambda x} \tag{7.24}$$

の形であることが予想される．式 (7.24) を式 (7.23) に代入して

$$y'' + ay' + by = \lambda^2 e^{\lambda x} + a\lambda e^{\lambda x} + b e^{\lambda x} = (\lambda^2 + a\lambda + b)e^{\lambda x} = 0.$$

したがって，λ が 2 次方程式

$$\alpha^2 + a\alpha + b = 0 \tag{7.25}$$

の解のとき，$y = e^{\lambda x}$ は式 (7.23) の解になる．

定義 7.7 2 次方程式 (7.25) を微分方程式 (7.23) の**固有方程式**，あるいは**特性方程式**という．

固有方程式の解の判別式 $D = a^2 - 4b$ の符号によって，つぎの 3 つの場合に分けられる．

(1) $D > 0$ の場合：固有方程式は相異なる 2 つの実数解 λ, μ をもつから

$$y_1(x) = e^{\lambda x}, \ \ y_2(x) = e^{\mu x}$$

とおくと，$y_1(x)$ と $y_2(x)$ は微分方程式の解であり，ロンスキアンは

$$W(y_1(x), y_2(x)) = \begin{vmatrix} e^{\lambda x} & e^{\mu x} \\ \lambda e^{\lambda x} & \mu e^{\mu x} \end{vmatrix} = e^{\lambda x} e^{\mu x}(\mu - \lambda) \neq 0.$$

したがって，$e^{\lambda x}$, $e^{\mu x}$ は基本系である．

(2) $D = 0$ の場合：固有方程式は重解 $\lambda = -\dfrac{a}{2}$ をもち

$$y_1(x) = e^{\lambda x}$$

は解の 1 つである．もう 1 つの解は定数変化法を用いて求める．

$$y = c(x)e^{\lambda x}$$

とおき，$a = -2\lambda$, $\lambda^2 + a\lambda + b = 0$ を用いると

$$\begin{aligned}
y'' + ay' + by &= (c''(x)e^{\lambda x} + 2\lambda c'(x)e^{\lambda x} + \lambda^2 c(x)e^{\lambda x}) \\
&\quad + a(c'(x)e^{\lambda x} + \lambda c(x)e^{\lambda x}) + bc(x)e^{\lambda x} \\
&= \left\{c''(x) + (2\lambda + a)c'(x) + (\lambda^2 + a\lambda + b)c(x)\right\}e^{\lambda x} \\
&= c''(x)e^{\lambda x} = 0.
\end{aligned}$$

$e^{\lambda x} > 0$ であるから，$c''(x) = 0$. ゆえに，$c(x) = Ax + B$ (A, B：定数)．したがって，解は $y = (Ax + B)e^{\lambda x} = Axe^{\lambda x} + Be^{\lambda x}$. $y_1(x)$ は，$A = 0$, $B = 1$ の場合であるから，$A = 1$, $B = 0$ とおいた式 $xe^{\lambda x}$ を $y_2(x)$ とすれば，ロンスキアンは

$$W(y_1(x), y_2(x)) = \begin{vmatrix} e^{\lambda x} & xe^{\lambda x} \\ \lambda e^{\lambda x} & e^{\lambda x} + \lambda xe^{\lambda x} \end{vmatrix} = e^{2\lambda x} \neq 0.$$

したがって，$e^{\lambda x}$, $xe^{\lambda x}$ は基本系である．

(3) $D < 0$ の場合：固有方程式は共役な 2 つの虚数解 $\lambda = p + iq$, $\bar{\lambda} = p - iq$ ($q \neq 0$) をもつ．定理 3.12 およびその直前 (p.73) に述べたことと，λ, $\bar{\lambda}$ が固有方程式の解になることから

$$e^{\lambda x} = e^{px}(\cos qx + i\sin qx),\ e^{\bar{\lambda}x} = e^{px}(\cos qx - i\sin qx) \quad (7.26)$$

かつ，$e^{\lambda x}$, $e^{\bar{\lambda}x}$ が微分方程式 (7.23) の解であることがわかる．

$$y_1(x) = \frac{1}{2}(e^{\lambda x} + e^{\bar{\lambda}x}), \quad y_2(x) = \frac{1}{2i}(e^{\lambda x} - e^{\bar{\lambda}x})$$

とおくと，式 (7.26) より

$$y_1(x) = e^{px}\cos qx, \quad y_2(x) = e^{px}\sin qx$$

となり，重ね合わせの原理より $y_1(x)$, $y_2(x)$ は微分方程式の実数値関数

の解になる．ロンスキアンを求めると
$$W(y_1(x), y_2(x)) = qe^{2px} \neq 0$$
となるので，$e^{px}\cos qx$, $e^{px}\sin qx$ は基本系である．
以上をまとめて，つぎの定理を得る．

定理 7.8 定数係数の 2 階同次微分方程式
$$y'' + ay' + by = 0 \quad (a, b : 定数)$$
の固有方程式
$$\alpha^2 + a\alpha + b = 0$$
の解を λ, μ とする．このとき，微分方程式の一般解は C_1, C_2 を任意定数として，次式により与えられる．

(1) λ, μ が実数で，$\lambda \neq \mu$ ならば
$$y = C_1 e^{\lambda x} + C_2 e^{\mu x}.$$

(2) $\lambda = \mu$ ならば
$$y = C_1 e^{\lambda x} + C_2 x e^{\lambda x} = (C_1 + C_2 x)e^{\lambda x}.$$

(3) $\lambda = p + iq$, $\mu = \bar{\lambda} = p - iq \ (q \neq 0)$ ならば
$$y = e^{px}(C_1 \cos qx + C_2 \sin qx).$$

例 7.9 (1) $y'' + 2y' + y = 0$. 固有方程式 $\alpha^2 + 2\alpha + 1 = (\alpha+1)^2 = 0$ の解は $\alpha = -1$（重解）．したがって，微分方程式の解は
$$y = C_1 e^{-x} + C_2 x e^{-x} = (C_1 + C_2 x)e^{-x}.$$

(2) $y'' - 2y' + 2y = 0$. 固有方程式 $\alpha^2 - 2\alpha + 2 = 0$ の解は $\alpha = 1 \pm i$. 微分方程式の解は
$$y = C_1 e^x \cos x + C_2 e^x \sin x.$$

7.6 定数係数の2階線形非同次微分方程式

この節では，$r(x)\,(\neq 0)$ を既知関数とする定数係数の2階線形非同次微分方程式 $L[y] = y'' + ay' + by = r(x)$ $(a,\,b:$ 定数$)$ の一般解を求める方法を考える．定理 7.3 より，この微分方程式の一般解は

$$(L[y] = r(x) \text{ の特殊解}) + (L[y] = 0 \text{ の一般解})$$

の形で表せる．$L[y] = r(x)$ の特殊解は関数 $r(x)$ に依存するので，その形から予想した関数を代入法と呼ばれる方法により，例題を使って求め方を説明していく．まず，$r(x)$ が多項式の場合には，特殊解は，$b \neq 0$ の場合は同じ次数，$b = 0,\,a \neq 0$ の場合は1次高い次数の多項式であることが予想されるので，つぎの例題のように未定係数法で解を求めるとよい．$a = b = 0$ の場合は，直接積分して求めるのが早い．

例題 7.7 つぎの微分方程式の一般解を求めよ．

$$y'' + y' - 2y = 4x. \tag{7.27}$$

【解答】 同次方程式

$$y'' + y' - 2y = 0 \tag{7.28}$$

の固有多項式は $\alpha^2 + \alpha - 2 = 0$．これを解くと

$$\alpha^2 + \alpha - 2 = (\alpha + 2)(\alpha - 1) = 0$$

より，$\alpha = -2,\,1$ であるから，式 (7.28) の一般解は $y = C_1 e^{-2x} + C_2 e^x$．式 (7.27) の特殊解を $y = ax + b$ とおき，式 (7.27) に代入すると

$$y'' + y' - 2y = 0 + a - 2(ax + b) = 4x.$$

係数比較をして，$-2a = 4,\,a - 2b = 0$．ゆえに $a = -2,\,b = -1$．すなわち，$y = -2x - 1$ が式 (7.27) の特殊解である．したがって，一般解は

$$y = C_1 e^{-2x} + C_2 e^x - 2x - 1 \quad (C_1, C_2 は任意定数). \qquad \diamond$$

$r(x)$ が e^{ax} の定数倍のとき，a が固有多項式の解でない場合には，特殊解を $y = Ae^{ax}$ とおいて代入法で定数を定めるとよい．a が固有多項式の解の場合には，例題のように同次方程式の一般解に含まれない形で特殊解を求めなければいけないので，重解でないときには $y = Axe^{ax}$，重解の時には $y = Ax^2 e^{ax}$ とおけばよい．

例題 7.8 つぎの微分方程式の一般解を求めよ．

$$y'' - 2y' + y = e^{3x} + 2e^x. \tag{7.29}$$

【解答】 同次方程式

$$y'' - 2y' + y = 0 \tag{7.30}$$

の固有多項式は $\alpha^2 - 2\alpha + 1 = 0$. これを解くと

$$\alpha^2 - 2\alpha + 1 = (\alpha - 1)^2 = 0$$

より，$\alpha = 1$ (重解) であるから，式 (7.30) の一般解は $y = C_1 e^x + C_2 x e^x$. 式 (7.29) の特殊解は

$$y'' - 2y' + y = e^{3x} \tag{7.31}$$

の特殊解と

$$y'' - 2y' + y = 2e^x \tag{7.32}$$

の特殊解を加えればよい．(7.31) の特殊解は

$$y = Ae^{3x}$$

とおき，式 (7.31) に代入すると $9Ae^{3x} - 6Ae^{3x} + Ae^{3x} = e^{3x}$. ゆえに $A = \dfrac{1}{4}$, すなわち $y = \dfrac{1}{4} e^{3x}$ である．また，e^x と xe^x は一般解の中に含まれるので，式 (7.32) の特殊解は

$$y = Bx^2 e^x$$

とおき，式 (7.32) に代入すると

$$(2Be^x + 4Bxe^x + Bx^2e^x) - 2(2Bxe^x + Bx^2e^x) + Bx^2e^x = 2e^x.$$

ゆえに $B = 1$，すなわち $y = x^2e^x$ である．したがって，与えられた微分方程式 (7.29) の一般解は

$$y = C_1 e^x + C_2 x e^x + \frac{1}{4}e^{3x} + x^2 e^x \quad (C_1, C_2：任意定数). \qquad \diamond$$

$r(x)$ が $\sin\omega x$ や $\cos\omega x$ の定数倍のとき，$\sin\omega x$ と $\cos\omega x$ が同次方程式の一般解に含まれないときは，$y = A\sin\omega x + B\cos\omega x$ とおいて代入法で定数を定めるとよい．一般解に含まれるときには $y = Ax\sin\omega x + Bx\cos\omega x$ とおけばよい．

例題 7.9 つぎの微分方程式の一般解を求めよ．

$$y'' + y = 2\sin x. \tag{7.33}$$

【解答】 同次方程式

$$y'' + y = 0 \tag{7.34}$$

の固有多項式は $\alpha^2 + 1 = 0$．これを解くと

$$\alpha^2 + 1 = (\alpha - i)(\alpha + i) = 0 \text{ より，} \alpha = \pm i \quad (虚数解).$$

であるから，式 (7.34) の一般解は $y = C_1 \cos x + C_2 \sin x$．式 (7.33) の $r(x)$ は $2\sin x$ で同次方程式の一般解と同じ形なので

$$y = Ax\sin x + Bx\cos x$$

とおき，式 (7.33) に代入すると

$$y'' + y = \{Ax(\sin x)'' + 2A\cos x\}$$
$$+ \{Bx(\cos x)'' - 2B\sin x\} + (Ax\sin x + Bx\cos x)$$
$$= 2A\cos x - 2B\sin x = 2\sin x.$$

ゆえに，$A = 0$, $B = -1$, すなわち $y = -x\cos x$ である．したがって，与えられた微分方程式の一般解は

$$y = C_1 \cos x + C_2 \sin x - x\cos x \quad (C_1, C_2 : \text{任意定数}). \qquad \diamondsuit$$

$r(x)$ が $e^{\lambda x}\sin\omega x$, $e^{\lambda x}\cos\omega x$, $x^n e^{\lambda x}$ の場合も同様に考えて，特殊解 y を，同次方程式の一般解の中に含まれないような形で $Ae^{\lambda x}\sin\omega x + Be^{\lambda x}\cos\omega x$, $Axe^{\lambda x}\sin\omega x + Bxe^{\lambda x}\cos\omega x$, ($x$ の n 次式)$\cdot e^{\lambda x}$, (x の $(n+1)$ 次式)$\cdot e^{\lambda x}$, (x の $(n+2)$ 次式)$\cdot e^{\lambda x}$ などとおき，代入法で求めることができる．

7.7 定数係数の n 階線形微分方程式

この節では，$y = y(x)$ を未知関数とする定数係数の n 階線形同次微分方程式

$$L[y] = y^{(n)} + a_1 y^{(n-1)} + a_2 y^{(n-2)} \cdots + a_n y = 0 \qquad (7.35)$$

および，定数係数の n 階線形非同次微分方程式

$$L[y] = y^{(n)} + a_1 y^{(n-1)} + a_2 y^{(n-2)} \cdots + a_n y = r(x) \qquad (7.36)$$

の一般解について結果のみを述べておく．ここで，a_1, a_2, $\cdots$, a_n は定数，$r(x)$ は最初に与えられた x の関数とする．

非同次微分方程式 (7.36) の場合は，2 階のときと同様

(式 (7.36) の一般解) ＝ (式 (7.36) の特殊解) ＋ (式 (7.35) の一般解)

の形で与えられる．したがって，非同次微分方程式 (7.36) の特殊解をうまく 1 つ見つけられれば，あとは同次微分方程式 (7.35) の一般解を調べればよい．

同次微分方程式 (7.35) について一般につぎの定理が知られている（定理 7.2 と類似の定理などから証明できる）．

定理 7.9 微分方程式 (7.35) に対しては，n 個の 1 次独立な解の組 $\{y_1(x),$

$y_2(x), \cdots, y_n(x)\}$ があり，式 (7.35) の一般解 $y = y(x)$ は $c_1, c_2, \cdots,$ c_n を任意定数として，つぎの式で表すことができる．

$$y(x) = c_1 y_1(x) + c_2 y_2(x) + \cdots + c_n y_n(x). \tag{7.37}$$

式 (7.35) の n 個の 1 次独立な解の組 $\{y_1(x), y_2(x), \cdots, y_n(x)\}$ を微分方程式 (7.35) の**基本解の組**，あるいは**基本系**という．また $y(x)$ が $y_1(x), y_2(x), \cdots, y_n(x)$ と定数 $c_1, c_2, \cdots, c_n$ を用いて式 (7.37) のように表されていることを

『$y(x)$ は $y_1(x), y_2(x), \cdots, y_n(x)$ の **1 次結合**で表せる』

という．

さて，λ を式 (7.35) の**固有方程式**

$$\alpha^n + a_1 \alpha^{n-1} + a_2 \alpha^{n-2} \cdots + a_n = 0 \tag{7.38}$$

の解とするとき，2 階のときと同様 $e^{\lambda x}$ は式 (7.37) の解になる．もし，λ が固有方程式の m 重解のときは

$$e^{\lambda x}, \quad xe^{\lambda x}, \quad x^2 e^{\lambda x}, \quad \cdots, \quad x^{m-1} e^{\lambda x}$$

も式 (7.35) の解になる．また，固有方程式の解 λ が虚数のとき，$\bar{\lambda}$ も固有方程式の解になり，$e^{\lambda x}$ と $e^{\bar{\lambda} x}$ は共に式 (7.35) の解になる．この 2 つの解は複素数に値をとる関数なので，$\lambda = p + iq$ とおき，解の重ね合わせの原理を用いると，$\frac{1}{2}\left(e^{\lambda x} + e^{\bar{\lambda} x}\right) = e^{px} \cos qx$，および $\frac{1}{2i}\left(e^{\lambda x} - e^{\bar{\lambda} x}\right) = e^{px} \sin qx$ という式 (7.35) の実数値をとる 2 つの解が取り出せる．一般に，虚数解 λ が固有方程式の m 重解のときは

$$e^{px} \cos qx, \quad e^{px} \sin qx, \quad xe^{px} \cos qx, \quad xe^{px} \sin qx,$$
$$x^2 e^{px} \cos qx, \quad x^2 e^{px} \sin qx, \quad \cdots, \quad x^{m-1} e^{px} \cos qx, \quad x^{m-1} e^{px} \sin qx$$

が式 (7.35) の解になる．

以上の解を合わせたものが式 (7.35) の基本系になる．

定理 7.10 微分方程式 (7.35) の固有方程式の解のうち，実数解を $\lambda_1, \lambda_2,$ $\cdots, \lambda_k$，虚数解を $p_1 + iq_1, p_1 - iq_1, p_2 + iq_2, p_2 - iq_2, \cdots, p_l + iq_l,$ $p_l - iq_l$ とする．解 λ_s の重複度を m_s，虚数解 $p_t + iq_t, p_t - iq_t$ の重複度を m'_t とするとき

$$e^{\lambda_s}, \; xe^{\lambda_s}, \; \cdots, \; x^{m_s-1}e^{\lambda_s} \quad (1 \leq s \leq k)$$

と

$$e^{p_t x}\cos q_t x, \; e^{p_t x}\sin q_t x, \; xe^{p_t x}\cos q_t x, \; xe^{p_t x}\sin q_t x,$$
$$\cdots, \; x^{m'_t-1}e^{p_t x}\cos q_t x, \; x^{m'_t-1}e^{p_t x}\sin q_t x \quad (1 \leq t \leq l)$$

を合わせたものが微分方程式 (7.35) の基本解の組になる．

例題 7.10 つぎの微分方程式を解け．
(1) $y''' - 2y'' + y' - 2y = 6e^x$ (2) $y''' - y'' - y' + y = 2x$

【解答】 (1) 同次方程式 $y''' - 2y'' + y' - 2 = 0$ の固有方程式の解は

$$\alpha^3 - 2\alpha^2 + \alpha - 2 = (\alpha - 2)(\alpha^2 + 1) = 0$$

より，2 と $\pm i$．したがって，同次微分方程式の一般解は

$$y = C_1 e^{2x} + C_2 \cos x + C_3 \sin x.$$

非同次微分方程式の特殊解を求めるために，右辺の e^x に注意しながら $y = ke^x$ とおき，$y''' - 2y'' + y' - 2y = 6e^x$ に代入してみると

$$-2ke^x = 6e^x$$

となり，$k = -3$ とおけば非同次微分方程式の特殊解になっていることがわかる．したがって，与えられた微分方程式の一般解は

$$y = C_1 e^{2x} + C_2 \cos x + C_3 \sin x - 3e^x.$$

(2) 同次微分方程式 $y''' - y'' - y' + y = 0$ の固有方程式の解は
$$\alpha^3 - \alpha^2 - \alpha + 1 = (\alpha-1)^2(\alpha+1) = 0$$
より，1 (重複度は 2) と -1．したがって，同次微分方程式の一般解は
$$y = C_1 e^x + C_2 x e^x + C_3 e^{-x}.$$

非同次微分方程式の特殊解を求めるために，右辺の $2x$ に注意して $y = k_1 x + k_2$ とおき，$y''' - y'' - y' + y = 2x$ に代入する．このとき
$$-k_1 + (k_1 x + k_2) = 2x, \quad \text{すなわち } k_1 x + (-k_1 + k_2) = 2x$$
となり，この恒等式が成り立つ条件は
$$k_1 = 2, \ -k_1 + k_2 = 0, \ \text{すなわち } k_1 = 2, k_2 = 2.$$
ゆえに，$2x+2$ が非同次方程式の特殊解になる．よって，与えられた微分方程式の一般解は
$$y = C_1 e^x + C_2 x e^x + C_3 e^{-x} + 2x + 2. \qquad \diamond$$

章　末　問　題

【1】 つぎの微分方程式を解け．
  (1)　$xy' = y$　　(2)　$yy' = -2x$　　(3)　$(y+2)^2 y' = e^x$
  (4)　$y' = y(y+1)$　　(5)　$x(y+1) + (1-x)yy' = 0$
  (6)　$(\tan y \cos^2 x) y' = -\cos y$

【2】 つぎの微分方程式を $y = xu$ とおくことにより，u と y についての変数分離形に直して解け．$y' = f\left(\dfrac{y}{x}\right)$ の形の微分方程式を同次形であるという．
  (1)　$xy' = x + y$　　(2)　$2x^2 y' = x^2 + y^2$

【3】 つぎの微分方程式を解け．
  (1)　$y' - y = x$　　(2)　$xy' - y = x^2$　　(3)　$xy' + y = xe^x$
  (4)　$xy' + y = \cos x$　　(5)　$y' + y \sin x = e^{\cos x}$
  (6)　$(1+x^2) y' = xy - 1$

【4】 つぎの微分方程式を解け．
  (1)　$y'' - 2y' - 8y = 0$　　(2)　$y'' + 3y' + y = 0$　　(3)　$y'' - 6y' + 9y = 0$
  (4)　$y'' + 9y = 0$　　(5)　$y'' + y' + y = 0$　　(6)　$y'' - 2y' + 3y = 0$

【5】 つぎの微分方程式を解け．
(1) $y'' - 5y' + 6y = e^x$ (2) $y'' - y' - 2y = 2x - 1$
(3) $y'' + 2y' + y = \sin x$ (4) $y'' - 3y' = e^{3x}$
(5) $y'' + y = \sin 2x - 2\cos 2x$ (6) $y'' + 4y = \cos 2x$
(7) $y'' - 2y' + 2y = 2e^x \sin x$ (8) $y'' - 2y' + y = (6x+2)e^x$

【6】 曲線 $y = f(x)$ 上の任意の点 P における法線と x 軸の交点を Q，P から x 軸におろした垂線の足を H とする．線分 HQ の長さが 1 で，かつ点 Q の x 座標の値が点 H の x 座標の値より大きいとき，関数 $f(x)$ を求めよ．

【7】 高温の物体が空気中にあるとき，この物体の冷却する速さは物体の温度と空気の温度の差に比例するという．
(1) 一定の温度 α に保たれた空気中に物体を置くとき，時刻 t 分における物体の温度を θ，比例定数を k として，θ についての微分方程式を作り，その一般解を求めよ．
(2) $10\,°\mathrm{C}$ に保たれた空気中で，物体の温度が 30 分間で $190\,°\mathrm{C}$ から $100\,°\mathrm{C}$ に下がったときの比例定数を求めよ．また，さらに $55\,°\mathrm{C}$ まで下がるのに，あと何分掛かるのか求めよ．

【8】 例 7.4 において，バクテリアが増殖し続けると栄養状態が悪くなるなどの環境悪化が起こり，バクテリアの増殖率は低下し，増殖が抑えられる．このような場合のモデルとして

$$\frac{dy}{dt} = \mu\left(1 - \frac{y}{k}\right)y \quad (\mu, k : 正の定数)$$

という微分方程式が広く採用され，**ロジスティック方程式**と呼ばれている．
(1) $t = 0$ で $y = y_0$ $(0 < y_0 < k)$ を満たす上の方程式の解を求めよ．
(2) 極限値 $\lim_{t \to \infty} y$ を求めよ．

【9】 電線の両端を固定してぶら下げると，電線の重みにより，その形の表す方程式は $y'' = k\sqrt{y'^2 + 1}$ (k：正の定数) になるという．この方程式の解を求めよ．

【10】 ベルヌイの微分方程式：$y' + p(x)y = q(x)y^\alpha$ $(\alpha \neq 0, 1)$ に対して，つぎの問に答えよ．
(1) $u = y^{1-\alpha}$ とおき，u に関する微分方程式に書き換えよ．
(2) $y' - y = xy^2$ を解け．

付　　　録

A.1　一　様　連　続

　$f(x)$ は区間 I で定義された連続関数とする．極限の ε-δ 論法を用いて書き表すと，$f(x)$ が点 $a \in I$ で連続であるとはつぎが成り立つことである．
　任意の (どんなに小さな) 正の数 ε に対しても，正の数 δ で
$$|x-a|<\delta \quad \text{ならば} \quad |f(x)-f(a)|<\varepsilon$$
を満たすものが存在する．
　一般には，この δ は ε と a に依存している．特に，与えられた ε に対し，δ を $a \in I$ に依存しないで定めることができるとき，$f(x)$ は区間 I で**一様連続**であるという．すなわち任意の正の数 ε に対して，つぎを満たす正の数 δ が存在するとき一様連続である．
$$|x-x'|<\delta \quad (x, x' \in I) \quad \text{ならば} \quad |f(x)-f(x')|<\varepsilon$$
この節で，つぎの定理を示す．

定理 A.1　関数 $f(x)$ が閉区間 $I=[a,b]$ で連続な関数ならば，関数 $f(x)$ は I で一様連続である．

この証明をする準備として，つぎのハイネ–ボレルの定理をまず証明する．

定理 A.2　(ハイネ–ボレルの定理)　I を閉区間 $[a,b]$ とする．各 $x \in I$ に対し，x の近傍 $U(x)=(x-\varepsilon_x, x+\varepsilon_x)$ $(\varepsilon_x>0)$ を任意にとる．このとき，I は有限個の点 $x_1, x_2, \ldots, x_m \in I$ の近傍で覆われる．すなわち
$$I \subset \bigcup_{k=1}^{m} U(x_k)$$
を満たす有限個の点 $x_1, x_2, \ldots, x_m \in I$ が存在する．

証明 結論が成り立たない，すなわちどんな有限個の点の近傍の和集合もこの閉区間を覆うことはできないと仮定して矛盾を導く．$[a,b] = [a_1, b_1]$ とおく．中点を $k_1 = \dfrac{a_1 + b_1}{2}$ とする．このとき，$[a_1, k_1]$ か $[k_1, b_1]$ のいずれかはどんな有限個の点の近傍の和集合もこの閉区間を覆うことはできない．$[a_1, k_1]$ を覆うことができないとき，$a_2 = a_1$, $b_2 = k_1$ とする．$[k_1, b_1]$ を覆うことができないとき，$a_2 = k_1$, $b_2 = b_1$ とする．同様にして，帰納法により，$[a_n, b_n]$ からつぎの手順で $[a_{n+1}, b_{n+1}]$ を作る．閉区間の中点を $k_n = \dfrac{a_n + b_n}{2}$ とおく．

① $[a_n, k_n]$ を覆うことができないとき，$a_{n+1} = a_n$, $b_{n+1} = k_n$.
② $[k_n, b_n]$ を覆うことができないとき，$a_{n+1} = k_n$, $b_{n+1} = b_n$ とする．

作り方から，$[a_1, b_1] \supset [a_2, b_2] \supset \cdots \supset [a_n, b_n] \supset \cdots$．これは，閉区間の縮小列であり，区間の幅は $\dfrac{1}{2}$ ずつ縮小していくから

$$b_n - a_n = (b - a)\left(\dfrac{1}{2}\right)^{n-1} \to 0 \quad (n \to \infty).$$

カントールの公理 (定理 1.2) より，すべての閉区間 $[a_n, b_n]$ に含まれるただ 1 つの実数 c が存在する．$\lim_{n \to \infty} a_n = \lim_{n \to \infty} b_n = c$ $(a < c < b)$ であるから，十分大きな n に対して

$$[a_n, b_n] \subset U(c)$$

が成り立つ．一方，作り方から，$[a_n, b_n]$ はどんな有限個の点の近傍の和集合もこの閉区間を覆うことはできないので，矛盾する．したがって，閉区間 I は有限個の点 $x_1, x_2, \ldots, x_m \in I$ の近傍で覆われる． $\square$

[定理 A.1 の証明] 任意の正の数 ε をとる．$f(x)$ は閉区間 I で定義された連続関数であるから，任意の点 $a \in I$ に対し，正の数 δ_a で

$$|x - a| < \delta_a \quad \text{ならば} \quad |f(x) - f(a)| < \dfrac{\varepsilon}{2}$$

を満たすものが存在する．また，点 $a \in I$ の近傍を $U(a) = \left(a - \dfrac{\delta_a}{2},\ a + \dfrac{\delta_a}{2}\right)$ とする．I が閉区間であるから，ハイネ–ボレルの定理より

$$I \subset \bigcup_{k=1}^{m} U(a_k)$$

を満たす有限個の点 $a_1, a_2, \ldots, a_m \in I$ が存在する．$\delta = \dfrac{1}{2} \min\{\delta_{a_1}, \delta_{a_2}, \ldots, \delta_{a_m}\}$ とおくと，区間 I の任意の点 x について，$x \in U(a_i)$ を満たす a_i があるので

$|x-x'|<\delta$ ならば $|x'-a_i| \leq |x'-x|+|x-a_i| \leq \delta + \dfrac{\delta_{a_i}}{2} < \delta_{a_i}$

が成り立つから，$|f(x)-f(a_i)| < \dfrac{\varepsilon}{2}$ かつ $|f(x')-f(a_i)| < \dfrac{\varepsilon}{2}$. このとき

$$|f(x)-f(x')| \leq |f(x)-f(a_i)|+|f(x')-f(a_i)| < \varepsilon.$$

すなわち，関数 $f(x)$ は I で一様連続である．◇

A.2 定理 5.14 の証明（$f(x, y)$ が一般の場合）

$A = f_{xx}(a, b)$, $B = f_{xy}(a, b)$, $C = f_{yy}(a, b)$ とおく．点 (a, b) で $f_x(a, b) = 0$, $f_y(a, b) = 0$ が成り立つと仮定しよう．

① $D(a, b) > 0$ のとき

テイラーの定理 (定理 5.10) より，各 h, k に対し，$0 < \theta < 1$ が存在して
$$f(a+h, b+k) - f(a, b) = \frac{1}{2}(A'h^2 + 2B'hk + C'k^2). \tag{A.1}$$
ここで，$A' = f_{xx}(a+\theta h, b+\theta k)$, $B' = f_{xy}(a+\theta h, b+\theta k)$, $C' = f_{yy}(a+\theta h, b+\theta k)$ とおいた．$D(a, b) > 0$, $A \neq 0$ で $f(x, y)$ が C^2 級の関数なので，h, k が十分小さいとき，$D' = D(a+\theta h, b+\theta k) > 0$, かつ $A > 0\ (A < 0)$ に応じて，$A' > 0\ (A' < 0)$ になることに注意しよう．$A' \neq 0$ として，(A.1) を変形すれば

$$2\{f(a+h, b+k) - f(a, b)\} = A'\left(h + \frac{B'}{A'}k\right)^2 + \frac{D'}{A'}k^2.$$

したがって，h, k が十分小さいとき，$A > 0$ ならば $2\{f(a+h, b+k) - f(a, b)\} > 0$ となり，$f(x, y)$ は (a, b) で極小値をもつ．同様に，$A < 0$ ならば $f(x, y)$ は (a, b) で極大値をもつ．

② $D(a, b) < 0$ のとき

テイラーの定理を o を用いて表す (定理 5.11) と

$$f(a+h, b+k) - f(a, b) = \frac{1}{2}\left(Ah^2 + 2Bhk + Ck^2\right) + o(h^2 + k^2).$$

$A \neq 0$ とする．このとき①と同様な変形により

$$2\{f(a+h, b+k) - f(a, b)\} = A\left(h + \frac{B}{A}k\right)^2 + \frac{D}{A}k^2 + o(h^2 + k^2).$$

したがって，h, k が条件 $h + \dfrac{B}{A}k = 0$, かつ $k \neq 0$ を満たす十分小さい値のとき

$$2\left(f(a+h,\,b+k) - f(a,b)\right) = \frac{D}{A}k^2 + o(h^2 + k^2)$$
$$= k^2\left(\frac{D}{A} + \frac{o\left(\left(\frac{B^2}{A^2}+1\right)k^2\right)}{k^2}\right)$$

より，$A>0$ のとき $f(a+h,\,b+k) < f(a,b)$，$A<0$ のとき $f(a+h,\,b+k) > f(a,b)$ になる．一方，h が $h \neq 0$ を満たす十分小さな値，かつ $k=0$ のとき

$$2\{f(a+h,\,b+k) - f(a,b)\} = Ah^2 + o(h^2)$$

なので，$A>0$ のとき $f(a+h,\,b+k) > f(a,b)$，$A<0$ のとき $f(a+h,\,b+k) < f(a,b)$ になる．したがって，$A \neq 0$ のとき，(a,b) の任意の近くで，$f(a,b)$ より大きい $f(x,y)$ の値も小さい $f(x,y)$ の値もあるので，$f(x,y)$ は点 (a,b) で極値をとらない．

$C \neq 0$ のときも，x と y の立場を入れ替えて考えることにより，$f(x,y)$ が点 (a,b) で極値をとらないことがわかる．

$A = C = 0$ のときは

$$f(a+h,\,b+k) - f(a,b) = Bhk + o(h^2 + k^2)$$

となるが，h の値を十分小さいとして，$h = k$ ととると上式左辺の符号は B の符号と一致，$h = -k$ ととると上式左辺の符号は B と逆符号になる（$D(a,b) < 0$ より，必ず $B \neq 0$ となることに注意）．したがって，このときも $f(x,y)$ は点 (a,b) で極値をとらない． □

A.3 重積分の変数変換の証明

2 変数の場合，$x(u,v)$，$y(u,v)$ が C^2 級で，$f(x,y) = F_x(x,y)$ を満たす C^1 級の関数 $F(x,y)$ が存在する場合について，グリーンの定理を用いて証明する．

定理 A.3 関数 $x(u,v)$，$y(u,v)$ が C^2 級で，$f(x,y) = F_x(x,y)$ を満たす C^1 級の関数 $F(x,y)$ が存在する場合，uv 平面上の領域 D^* が $x = x(u,v)$，$y = y(u,v)$ という変換によって，xy 平面上の領域 D と 1:1 連続に対応し，D で $f(x,y)$ が積分可能ならば次式が成り立つ．

$$\iint_D f(x,y)\,dxdy = \iint_{D^*} f(x(u,v),\,y(u,v))\left|\frac{\partial(x,y)}{\partial(u,v)}\right|dudv$$

ただし，D で $\dfrac{\partial(x,y)}{\partial(u,v)} = \begin{vmatrix} x_u & x_v \\ y_u & y_v \end{vmatrix} \neq 0$ とする．

証明 D の境界の曲線を C として，グリーンの定理において $\Phi(x,y) = F(x,y)$，$\Psi = 0$ とおくと，$f(x,y) = F_x(x,y)$ より

$$\iint_D f(x,y)\,dxdy = \iint_D F_x(x,y)\,dxdy = \int_C F(x,y)\,dy.$$

D^* の境界を C^* とおく．曲線 C^* のパラメーター表示を $C^* : u = u(t), v = v(t)$ とするとき，変数変換 $x = x(u,v),\ y = y(u,v)$ を用い，D の境界 C のパラメーター表示を $C : x = x(u(t), v(t)),\ y = y(u(t), v(t))\ (t: a \to b)$ により定めよう．合成関数の微分公式 (定理 5.6) より

$$\frac{dy}{dt} = \frac{\partial y}{\partial u}\frac{du}{dt} + \frac{\partial y}{\partial v}\frac{dv}{dt}$$

が成立．uv 平面上の領域 D^* が xy 平面上の領域 D と $1:1$ 連続に対応するから，この対応によって C の向きは図 **A.1** のように正の向きと負の向きになるときがある．正の向きになるときは $+$，負の向きのときは $-$ の符号がつくから

$$\int_C F(x,y)dy = \pm \int_a^b F(x(u,v), y(u,v)) \left\{ \frac{\partial y}{\partial u}\frac{du}{dt} + \frac{\partial y}{\partial v}\frac{dv}{dt} \right\} dt$$

$$= \pm \int_{C^*} F(x(u,v), y(u,v))\frac{\partial y}{\partial u}\,du + F(x(u,v), y(u,v))\frac{\partial y}{\partial v}\,dv = (*)$$

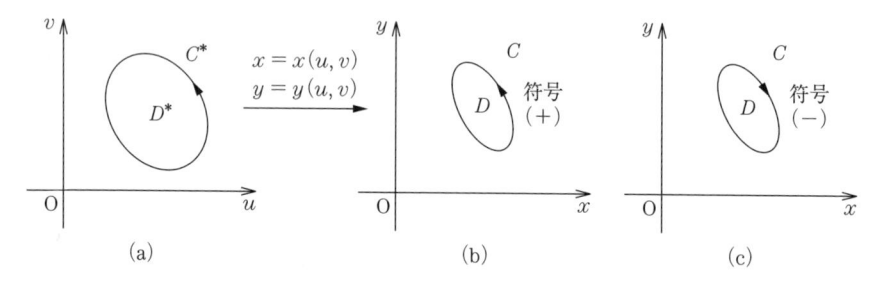

(a)　(b)　(c)

図 **A.1**

ここで，$\Phi = F(x(u,v), y(u,v))\dfrac{\partial y}{\partial v} = F(x,y)\,y_v$，$\Psi = F(x(u,v), y(u,v))\dfrac{\partial y}{\partial u} = F(x,y)\,y_u$ とおき，グリーンの定理を適用すると

$$(*) = \pm \iint_{D^*} \left\{ \frac{\partial}{\partial u}(F(x,y)\,y_v) - \frac{\partial}{\partial v}(F(x,y)\,y_u) \right\} dudv$$

$$= \pm \iint_{D^*} \{(F_x x_u + F_y y_u) y_v + F(x,y) y_{vu} - (F_x x_v + F_y y_v) y_u - F(x,y) y_{uv}\} \, dudv$$

$$= \pm \iint_{D^*} F_x (x_u y_v - x_v y_u) \, dudv$$

$$= \pm \iint_{D^*} f(x(u,v),\, y(u,v)) \frac{\partial(x,y)}{\partial(u,v)} \, dudv.$$

C^* の向きがどちらの場合にも，$f(x,y) = 1$ のとき

$$\pm \iint_{D^*} \frac{\partial(x,y)}{\partial(u,v)} \, dudv = \iint_D dxdy = (D \text{ の面積}) > 0$$

なので

$$\pm \frac{\partial(x,y)}{\partial(u,v)} > 0 \quad \text{すなわち} \quad \pm \frac{\partial(x,y)}{\partial(u,v)} = \left|\frac{\partial(x,y)}{\partial(u,v)}\right|.$$

したがって，定理は成り立つ． □

A.4　三角関数の公式

$$\sin(\alpha + \beta) = \sin\alpha\cos\beta + \cos\alpha\sin\beta\,, \quad \sin(\alpha - \beta) = \sin\alpha\cos\beta - \cos\alpha\sin\beta,$$
$$\cos(\alpha + \beta) = \cos\alpha\cos\beta - \sin\alpha\sin\beta\,, \quad \cos(\alpha - \beta) = \cos\alpha\cos\beta + \sin\alpha\sin\beta$$

$$\tan(\alpha + \beta) = \frac{\tan\alpha + \tan\beta}{1 - \tan\alpha\tan\beta}\,, \quad \tan(\alpha - \beta) = \frac{\tan\alpha - \tan\beta}{1 + \tan\alpha\tan\beta}$$

$$\sin 2\alpha = 2\sin\alpha\cos\alpha$$
$$\cos 2\alpha = \cos^2\alpha - \sin^2\alpha = 2\cos^2\alpha - 1 = 1 - 2\sin^2\alpha$$

$$\sin^2\frac{\alpha}{2} = \frac{1 - \cos\alpha}{2}\,, \quad \cos^2\frac{\alpha}{2} = \frac{1 + \cos\alpha}{2}$$

$$\sin\alpha\cos\beta = \frac{1}{2}\{\sin(\alpha + \beta) + \sin(\alpha - \beta)\}$$

$$\cos\alpha\sin\beta = \frac{1}{2}\{\sin(\alpha + \beta) - \sin(\alpha - \beta)\}$$

$$\cos\alpha\cos\beta = \frac{1}{2}\{\cos(\alpha + \beta) + \cos(\alpha - \beta)\}$$

$$\sin\alpha\sin\beta = -\frac{1}{2}\{\cos(\alpha + \beta) - \cos(\alpha - \beta)\}$$

$$\sin A + \sin B = 2\sin\frac{A+B}{2}\cos\frac{A-B}{2}$$

$$\sin A - \sin B = 2\cos\frac{A+B}{2}\sin\frac{A-B}{2}$$

$$\cos A + \cos B = 2\cos\frac{A+B}{2}\cos\frac{A-B}{2}$$

$$\cos A - \cos B = -2\sin\frac{A+B}{2}\sin\frac{A-B}{2}$$

$\tan\dfrac{x}{2} = t$ とおくとき,

$$\sin x = \frac{2t}{1+t^2},\quad \cos x = \frac{1-t^2}{1+t^2},\quad dx = \frac{2}{1+t^2}\,dt.$$

章末問題解答

1章

【1】 ① $r>1$ のとき，$r=1+h \ (h>0)$ とおくと，$r^n=(1+h)^n > 1+nh \to \infty \ (n\to\infty)$. ③ $-1<r<1$ のとき，$r=0$ ならば明らか．$r\neq 0$ ならば，$\left|\dfrac{1}{r}\right|>1$ $\therefore \left(\left|\dfrac{1}{r}\right|\right)^n \to \infty \ (n\to\infty)$，ゆえに $|r^n|=\dfrac{1}{\left(\left|\dfrac{1}{r}\right|\right)^n} \to 0 \ (n\to\infty)$. ④ $r\leqq -1$ のとき，$\{r^n\}$ は負の数と正の数を交互に繰り返し，かつ $|r^n|\geqq 1$ なので振動する数列である．

【2】 (1) $\dfrac{2}{3}$　(2) ∞　(3) -1　(4) 0　(5) 1

【3】 $a_n = \sqrt[n]{a}$ とおく．$a>1$ のとき単調減少数列で下に有界な数列 $a_n \geqq 1$. 極限値を α とすると $\alpha \geqq 1$. $\alpha>1$ ならば，$\sqrt[n]{a} \geqq \alpha$ より $a \geqq \alpha^n \to \infty (n\to\infty)$ になり矛盾．したがって $\alpha=1$. $0<a<1$ のときは $b_n=\dfrac{1}{a_n}=\sqrt[n]{\dfrac{1}{a}}$ とおき上の結果を用いる．$a=1$ のときは明らか．

【4】 $\sqrt{2}$ が有理数であるとして矛盾を導く．有理数は $\sqrt{2}=\dfrac{n}{m}$ (m, n は互いに素な自然数) と表せる．両辺を平方して m^2 倍すると $2m^2=n^2$, すなわち n^2 は偶数である．奇数の 2 乗は奇数だから n は偶数である．$n=2k$ (k：自然数) とおくと $m^2=2k^2$ になり m も偶数である．このことは, m, n がたがいに素であることに反する．したがって $\sqrt{2}$ は無理数である．

【5】 [ヒント] (2) $m=3n$ とおく．(3) $m=-\dfrac{n}{2}$ とおく．

【6】 帰納法で $a_n<2 \ (n=1,2,\ldots)$ を示す．$a_1=1<2$, $n=1$ のときに成り立つ．$a_n<2$ ならば $a_{n+1}=\sqrt{a_n+2}<\sqrt{2+2}=2$. ゆえに，$a_{n+1}$ のときも成り立つ．したがって a_n は上に有界である．つぎに単調増加を示す．

$$a_{n+1}-a_n = \sqrt{a_n+2}-\sqrt{a_{n-1}+2} = \dfrac{a_n-a_{n-1}}{\sqrt{a_n+2}+\sqrt{a_{n-1}+2}}$$

を用いて帰納法で証明する．a_n は単調増加で 2 より小さいから，連続性の公理より収束する．極限値を α とおいて $a_{n+1}=\sqrt{a_n+2}$ の両辺を $n\to\infty$ にすると $\alpha=\sqrt{\alpha+2}$ が成り立つから，これを解いて $\alpha>0$ より $\alpha=2$.

【7】 (1) e^k　(2) e^a　(3) 1　(4) $\dfrac{a}{b}$

【8】 [ヒント] $x\neq 0$ のときは定理 1.4(4) より従う．$x=0$ のときは例題 1.5 を

【9】 [ヒント] $f(x) = 2x - \cos x$ とおき，連続な関数，かつ $f(0) < 0$, $f\left(\dfrac{\pi}{2}\right) > 0$ を示す．

【10】 [ヒント] $f(x) = (x^2 - 1)\cos x + \sqrt{2}\sin x - 1$ とおき，連続な関数，かつ $f(0) < 0$, $f(1) > 0$ を示す $\left(\dfrac{\pi}{4} < 1 \text{ に注意}\right)$．

【11】 (1) $f(g(x)) = \dfrac{1}{\sqrt{x^2+1}}$, $g(f(x)) = \dfrac{1}{x} + 1$

(2) $f(g(x)) = e^{x^2}$, $g(f(x)) = e^{2x}$

【12】 (1) $f^{-1}(x) = \sqrt{x-1}$ (解図 1.1)　(2) $f^{-1}(x) = x^2 - 1$ $(x \geqq 0)$ (解図 1.2)

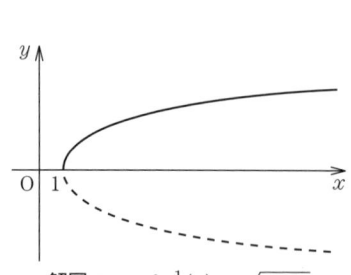

解図 1.1 $f^{-1}(x) = \sqrt{x-1}$

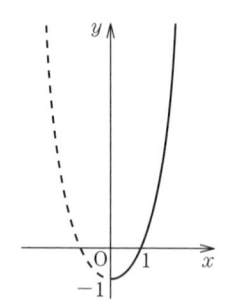

解図 1.2 $f^{-1}(x) = x^2 - 1$ $(x \geq 0)$

【13】 (1) $\dfrac{\pi}{4}$　(2) $\dfrac{\pi}{6}$　(3) $-\dfrac{\pi}{3}$　(4) $-\dfrac{\pi}{6}$

【14】 (1) $\dfrac{3}{5}$　(2) $\dfrac{12}{13}$　(3) $\dfrac{1}{3}$　(4) $\dfrac{\sqrt{6}}{6}$　(5) $\dfrac{24}{25}$　(6) $\dfrac{\pi}{4}$

【15】 [ヒント] (1) $\theta = \cos^{-1} x$ とおく．$\cos\theta = x$ $(0 \leqq \theta \leqq \pi)$ と $\sin^2\theta = 1 - \cos^2\theta$ を用いる．(2)(3) も同様．

【16】 [ヒント] 代入して計算すれば成り立つことが確かめられる．

【17】 式の導出についてはヒントのみ記す．

(1) $y = \dfrac{e^x - e^{-x}}{2}$ とおいて，$(e^x)^2 - 2ye^x - 1 = 0$ の形に変形して解く．

(2) $y = \dfrac{e^x + e^{-x}}{2}$ より，$(e^x)^2 - 2ye^x + 1 = 0$ を $e^x > 0$ に注意して解く．

(3) $y = \dfrac{e^x - e^{-x}}{e^x + e^{-x}}$ とおいて x について解く．

$y = \sinh x$, $y = \cosh x$ のグラフは省略．$y = \sinh^{-1} x$ は**解図 1.3**, $y = \cosh^{-1} x$ は**解図 1.4** に示す．

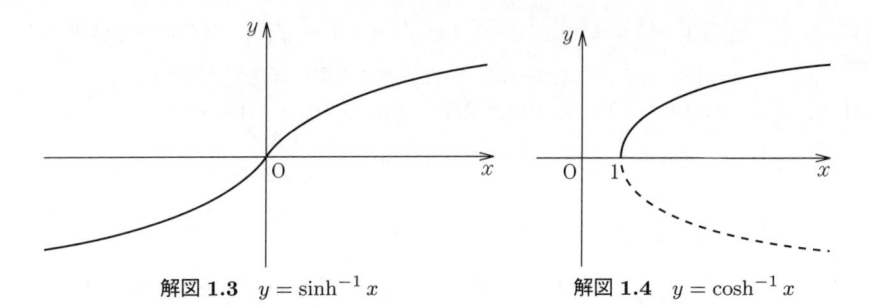

解図 1.3 $y = \sinh^{-1} x$ 解図 1.4 $y = \cosh^{-1} x$

2章

【1】 $\dfrac{\cos(x+h) - \cos x}{h} = -\dfrac{2}{h} \sin\left(x + \dfrac{h}{2}\right) \sin \dfrac{h}{2}$. $\dfrac{h}{2} = k$ とおくと, $h \to 0$ のとき $k \to 0$ であるから, 例題 1.5 より

$$\lim_{h \to 0} \dfrac{\cos(x+h) - \cos x}{h} = -\lim_{k \to 0} \dfrac{\sin k}{k} \sin(x+k) = -\sin x.$$

【2】 $(\operatorname{cosec} x)' = -\operatorname{cosec} x \cot x$, $(\sec x)' = \sec x \tan x$ $(\cot x)' = -\operatorname{cosec}^2 x$

【3】 ［ヒント］(3) $(\tanh x)' = \left(\dfrac{\sinh x}{\cosh x}\right)'$ に商の微分公式と $\cosh^2 x - \sinh^2 x = 1$ を使う.

【4】 $f'(a) = \lim_{h \to 0} \dfrac{\sqrt{a+h} - \sqrt{a}}{h} = \lim_{k \to 0} \dfrac{a+h-a}{(\sqrt{a+h} + \sqrt{a})h} = \dfrac{1}{2\sqrt{a}}$. 接線の方程式は $y = \dfrac{1}{2\sqrt{a}} x + \dfrac{\sqrt{a}}{2}$.

【5】 $\dfrac{dy}{dx} = -\dfrac{a \sin t}{b \cos t} = -\dfrac{b}{a} \cot t$. 接線の方程式は $y = -\dfrac{b}{a} x + \sqrt{2}\, b$.

【6】 (1) $\dfrac{dy}{dx} = -\tan t$, $y = -(\tan \theta) x + a \sin \theta$.

(2) ［ヒント］$x = 0$ のとき $y = a \sin \theta$. $y = 0$ のとき $x = a \cos \theta$. 2 点 $(0, a \sin \theta)$, $(a \cos \theta, 0)$ 間の距離 a が切りとられる線分の長さで一定である.

【7】 (1) $x \neq 0$ のとき $f'(x) = 2x \sin \dfrac{1}{x} - \cos \dfrac{1}{x}$. 微分可能だが $\lim_{x \to 0} f'(x)$ は存在しない. $x = 0$ のとき $f'(0) = \lim_{x \to 0} h \sin \dfrac{1}{h} = 0$. したがって, いたるところ微分可能だが $x = 0$ で導関数は連続でない.

(2) $x \neq 0$ のとき $g'(x) = 3x^2 \sin \dfrac{1}{x} - x \cos \dfrac{1}{x}$. 連続である. $x = 0$ のとき

$g'(0) = \lim_{x \to 0} h^2 \sin \dfrac{1}{h} = 0$, $\lim_{x \to 0} g'(x) = 0 = g'(0)$. 微分可能で導関数は連続である．したがって，いたるところ微分可能で連続である．

【8】 (1) $24x(3x^2+1)^3$ (2) $2(7x^2-6x+3)(2x-3)^2(x^2+1)$

(3) $2e^x \cos x$ (4) $1 + \log x$ (5) $\dfrac{3x^2}{4\sqrt[4]{(x^3+2)^3}}$

(6) $-\dfrac{\cos x \sin x}{\sqrt{1+\cos^2 x}}$ (7) $\dfrac{2x(1-x^2)}{(x^2+1)^3}$ (8) $\dfrac{1}{x^2-a^2}$

(9) $\dfrac{1}{1+\cos x}$ (10) $2xe^{x^2}$ (11) $2a\sin(ax+b)\cos(ax+b)$

(12) $\dfrac{1}{x \log x}$ (13) $-\tan x$ (14) $(2x+3)x^2 e^{2x}$

(15) $e^{\sin x} \cos x$ (16) $\cos x \cos(\sin x)$

【9】 (1) $\dfrac{1}{\sqrt{x^2+a}}$ (2) $-\dfrac{a}{\sqrt{1-(ax+b)^2}}$ (3) $e^{ax}(a \sin bx + b \cos bx)$

(4) $\dfrac{1}{1+x^2}$ (5) $\dfrac{1}{1+x^2}$ (6) $\dfrac{-3x^3+6x^2-11x+16}{\sqrt{x^2+2}(x+1)^4(x-3)^2}$

(7) $\sin^{-1} x$ (8) $\tan^{-1} x$ (9) $2\sqrt{a^2-x^2}$ (10) $2\sqrt{x^2+a}$

(11) $\dfrac{1}{\sqrt{1-x^2}}$ (12) $(\log a) a^x$ (13) $x^{\frac{1-2x}{x}}(1-\log x)$

(14) $(\sin x)^{(\cos x - 1)}\{-\sin^2 x \log(\sin x) + \cos^2 x\}$ (15) $x^{x^2+1}(2\log x + 1)$

[ヒント] (6) 両辺の絶対値の対数をとり $\log|y| = \dfrac{1}{2} \log(x^2+2) - 3\log|x+1|$ $-\log|x-3|$. 両辺を x で微分して整理すると $\dfrac{y'}{y} = \dfrac{-3x^3+6x^2-11x+16}{(x^2+2)(x+1)(x-3)}$.

【10】 (1) $60x^2 + 6,\ 120x$ (2) $-\dfrac{1}{(1-x^2)^{\frac{3}{2}}},\ -\dfrac{3x}{(1-x^2)^{\frac{5}{2}}}$

(3) $-4\cos 2x,\ 8\sin 2x$ (4) $-\dfrac{1}{x^3},\ \dfrac{3}{x^4}$ (5) $\dfrac{x}{(1-x^2)^{\frac{3}{2}}},\ \dfrac{1+2x^2}{(1-x^2)^{\frac{5}{2}}}$

(6) $3 + 2\log x,\ \dfrac{2}{x}$

【11】 [ヒント] $y' = e^x(\sin x + \cos x),\ y'' = 2e^x \cos x$ を左辺に代入すればよい．

【12】 [ヒント] 積の微分公式と合成関数の微分公式を用いる．

【13】 [ヒント] 商の微分公式と逆関数の微分公式を用いる．

【14】 [ヒント] 商の微分公式と媒介変数表示の微分公式を用いる．

【15】 [ヒント] $(\cos x)' = -\sin x,\ -\sin x = \cos\left(x + \dfrac{\pi}{2}\right)$ を使う．

【16】 (1) $(-1)^{n-1}(n-1)!(1+x)^{-n}$

(2) $\alpha(\alpha-1)\cdots(\alpha-n+1)(-1)^n(1-x)^{\alpha-n}$

(3) $n=1$ のとき, $y' = 1 + \log x$. $n \geq 2$ のとき, $y^{(n)} = \dfrac{(-1)^n(n-2)!}{x^{n-1}}$.

(4) $\dfrac{1}{2}\left[(a+b)^n \sin\left\{(a+b)x + \dfrac{\pi n}{2}\right\} + (a-b)^n \sin\left\{(a-b)x + \dfrac{\pi n}{2}\right\}\right]$

(5) $\dfrac{(-1)^n n!}{3}\left\{\dfrac{1}{(x-1)^{n+1}} - \dfrac{1}{(x+2)^{n+1}}\right\}$

(6) $\dfrac{(-1)^n n!}{2}\left\{\dfrac{1}{(x+1)^{n+1}} + \dfrac{1}{(x-1)^{n+1}}\right\}$ (7) $\dfrac{(-1)^{n+1} n!}{(x+1)^{n+1}}$

(8) $(\sqrt{2})^n e^x \sin\left(x + \dfrac{\pi n}{4}\right)$

[ヒント] (3) $(\log x)' = \dfrac{1}{x}$ より例題 2.6(6) と同様の計算をする.

(6) $\dfrac{x}{x^2-1} = \dfrac{1}{2}\left\{\dfrac{1}{x+1} + \dfrac{1}{x-1}\right\}$ を用い例題 2.6(6) と同様の計算をする.

(7) $\dfrac{x}{x+1} = 1 - \dfrac{1}{x+1}$ より $\left(\dfrac{x}{x+1}\right)^{(n)} = \left(-\dfrac{1}{x+1}\right)^{(n)}$.

[17] (1) $2^{n-2} e^{2x}(4x^2 + 4nx + n^2 - n + 4)$

(2) $2^x (\log 2)^{n-2}\left\{(x^2-x)(\log 2)^2 + n(2x-1)\log 2 + n^2 - n\right\}$

(3) $x^2 \sin\left(x + \dfrac{n\pi}{2}\right) - 2nx \cos\left(x + \dfrac{n\pi}{2}\right) - n(n-1)\sin\left(x + \dfrac{n\pi}{2}\right)$

[ヒント] (1) $f(x) = e^{2x}, g(x) = x^2 + 1$. $f^{(n)}(x) = 2^n e^{2x}$ $(n = 1, 2, 3, \cdots)$.

(2) $f(x) = 2^x, g(x) = x^2 - x$. $f^{(n)}(x) = (\log 2)^n 2^x$ $(n = 1, 2, 3, \cdots)$. (3) $f(x) = \sin x, g(x) = x^2$. $f^{(n)}(x) = \sin\left(x + \dfrac{n\pi}{2}\right)$ $(n = 1, 2, 3, \cdots)$.

[18] (1) $c = \dfrac{a+b}{2}$ (2) $c = \dfrac{a+2b}{3}$

[19] $\theta = \dfrac{1}{2}$ [ヒント] $p(a+h)^2 - pa^2 = h \cdot 2p(a + \theta h)$ を満たす θ を求める.

[20] (1) 0 (2) 1 (3) 1 (4) $-\dfrac{5}{2}$ (5) $\log a - \log b$

(6) 0 (7) $-\dfrac{1}{2}$ (8) $-\dfrac{1}{6}$ (9) 1 (10) $\dfrac{1}{\sqrt{e}}$

(11) 1

[ヒント] (8) ロピタルの定理を 2 回用いると $\lim\limits_{x \to 0}\left\{-\dfrac{1}{6\sqrt{(1-x^2)^3}}\right\}$ に変形できる. (9) $y = x^{\frac{1}{x}}$ とおき, 両辺の対数をとり, $\lim\limits_{x \to \infty} \log y = \lim\limits_{x \to \infty} \dfrac{\log x}{x}$ にロピタルの定理を適用して $\lim\limits_{x \to \infty} x^{\frac{1}{x}} = \lim\limits_{x \to \infty} e^{\log y}$ を求める. (10) $y = (\cos x)^{\frac{1}{x^2}}$ とおき, 両辺の対数をとり (7) を用いる. (11) $y = (\tan x)^{\cos x}$ とおき, 両辺の対数をとり $(\cos x) \log(\tan x) = \dfrac{\log(\tan x)}{\sec x}$ と変形して, ロピ

【21】 (1) $f(x) = \log(1+x) - \dfrac{x}{1+x}$ とおく．$f'(x) = \dfrac{x}{(1+x)^2} > 0\,(x>0)$，単調増加かつ $f(0)=0$．したがって $f(x) > 0$．$g(x) = \dfrac{x}{1-x} - \log(1+x)$ とおく．$g'(x) = \dfrac{x(3-x)}{(1-x)^2(1+x)} > 0\,(0<x<1)$，単調増加かつ $g(0)=0$．したがって，$g(x) > 0$．

(2) $f(x) = \tan^{-1} x - \dfrac{x}{1+x^2}$ とおく．$f'(x) = \dfrac{2x^2}{(1+x^2)^2} > 0\,(x>0)$，単調増加かつ $f(0)=0$．したがって，$f(x)>0$．$g(x) = x - \tan^{-1} x$ とおく．$g'(x) = \dfrac{x^2}{1+x^2} > 0\,(x>0)$，単調増加かつ $g(0)=0$．したがって，$g(x) > 0$．

(3) [ヒント] $f(x) = \log(1+x) - \left(x - \dfrac{x^2}{2}\right)$ とおき，同様に示せる．

(4) $f(x) = e^x - (1+x)$ とおく．$f'(x) = e^x - 1 > 0\,(x>0)$，単調増加かつ $f(0)=0$．$f'(x) < 0\,(x<0)$，単調減少．ゆえに $f(x) \geqq 0$．$g(x) = 1 - (1-x)e^x$ とおく．$g'(x) = xe^x > 0\,(x>0)$，単調増加かつ $g(0)=0$．$g'(x) < 0\,(x<0)$，単調減少．ゆえに $g(x) \geqq 0$．$x<1$ のとき，$1-x>0$．したがって，$e^x \leqq \dfrac{1}{1-x}$．

【22】 (1) $y' = 1 + \log x$，$\displaystyle\lim_{x \to +0} x\log x = 0$．増減表はつぎのようになる．

x	$0 \cdots$	$\dfrac{1}{e}$	$\cdots$
$f'(x)$	$-$	0	$+$
$f(x)$	$0 \searrow$ 減少	$-\dfrac{1}{e}$ 極小値	$\nearrow$ 増加

(2) $y' = (1+\log x)x^x$，$\displaystyle\lim_{x \to +0} x^x = 1$．増減表はつぎのようになる．

x	$\cdots$	$\dfrac{1}{e}$	$\cdots$
$f'(x)$	$-$	0	$+$
$f(x)$	$\searrow$ 減少	$e^{-\frac{1}{e}}$ 極小値	$\nearrow$ 増加

(3) $y' = \dfrac{(1-\log x)x^{\frac{1}{x}}}{x^2}$，$\displaystyle\lim_{x \to +0} x^{\frac{1}{x}} = 0$，$\displaystyle\lim_{x \to \infty} x^{\frac{1}{x}} = 1$．増減表はつぎのようになる．

x	$0\cdots$	e	$\cdots$
$f'(x)$	$+$	0	$-$
$f(x)$	$0\nearrow$ 増加	$e^{\frac{1}{e}}$ 極大値	$\searrow$ 減少

(4) $y' = \dfrac{1-\sqrt{2}x}{\sqrt{1-x^2}}$, 増減表はつぎのようになる.

x	-1	$\cdots$	$\dfrac{1}{\sqrt{2}}$	$\cdots$	1
$f'(x)$		$+$	0	$-$	
$f(x)$	$-\dfrac{\pi}{2}$	$\nearrow$ 増加	$\dfrac{\pi}{4}+1$ 極大値	$\searrow$ 減少	$\dfrac{\pi}{2}$

グラフの概形を解図 **2.1**〜解図 **2.4** に示す.

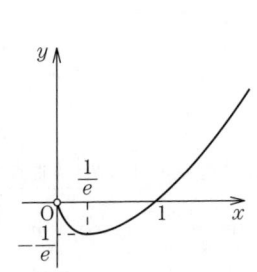

解図 **2.1** $y = x\log x$

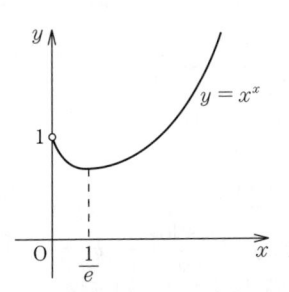

解図 **2.2** $y = x^x$

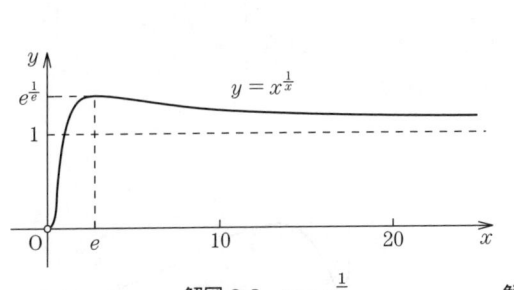

解図 **2.3** $y = x^{\frac{1}{x}}$

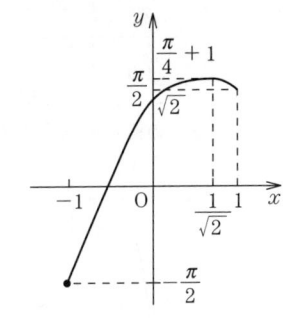

解図 **2.4** $y = \sin^{-1} x + \sqrt{2(1-x^2)}$

【23】 (1) $y' = 3x^2 - 4x - 4$, $y'' = 6x - 4$. 増減表はつぎのようになる.

x	$\cdots$	$-\frac{2}{3}$	$\cdots$	$\frac{2}{3}$	$\cdots$	2	$\cdots$
$f'(x)$	+	0	−	−	−	0	+
$f''(x)$	−	−	−	0	+	+	+
$f(x)$	↗ 上に凸	$\frac{256}{27}$ 極大値	↘ 上に凸	変曲点	↘ 下に凸	0 極小値	↗ 下に凸

(2) $y' = (1-x)e^{-x}$, $y'' = (x-2)e^{-x}$, $\lim_{x \to -\infty} xe^{-x} = -\infty$, $\lim_{x \to \infty} xe^{-x} = 0$. 増減表はつぎのようになる.

x	$\cdots$	1	$\cdots$	2	$\cdots$
$f'(x)$	+	0	−	−	−
$f''(x)$	−	−	−	0	+
$f(x)$	↗ 上に凸	e^{-1} 極大値	↘ 上に凸	変曲点	↘ 下に凸

(3) $y' = (-x^2 + 2x)e^{-x}$, $y'' = (x^2 - 4x + 2)e^{-x}$, $\lim_{x \to -\infty} x^2 e^{-x} = \infty$, $\lim_{x \to \infty} x^2 e^{-x} = 0$. 増減表はつぎのようになる.

x	$\cdots$	0	$\cdots$	$2-\sqrt{2}$	$\cdots$	2	$\cdots$	$2+\sqrt{2}$	$\cdots$
$f'(x)$	−	0	+	+	+	0	−	−	−
$f''(x)$	+	+	+	0	−	−	−	0	+
$f(x)$	↘ 下に凸	0 極小値	↗ 下に凸	変曲点	↗ 上に凸	$\frac{4}{e^2}$ 極大値	↘ 上に凸	変曲点	↘ 下に凸

(4) $y' = \dfrac{1-\log x}{x^2}$, $y'' = \dfrac{-3 + 2\log x}{x^3}$, $\lim_{x \to +0} \dfrac{\log x}{x} = -\infty$, $\lim_{x \to \infty} \dfrac{\log x}{x} = 0$. 増減表はつぎのようになる.

x	$\cdots$	e	$\cdots$	$e^{3/2}$	$\cdots$
$f'(x)$	+	0	−	−	−
$f''(x)$	−	−	−	0	+
$f(x)$	↗ 上に凸	$\frac{1}{e}$ 極大値	↘ 上に凸	変曲点	↘ 下に凸

グラフの概形を**解図 2.5**〜**解図 2.8** に示す.

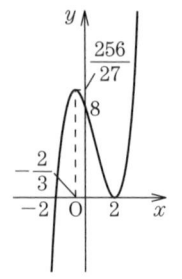

解図 2.5　$y = x^3 - 2x^2 - 4x + 8$

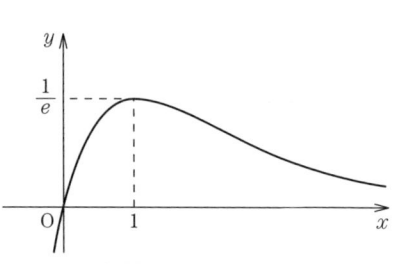

解図 2.6　$y = xe^{-x}$

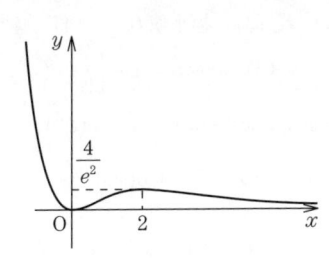

解図 2.7 $y = x^2 e^{-x}$

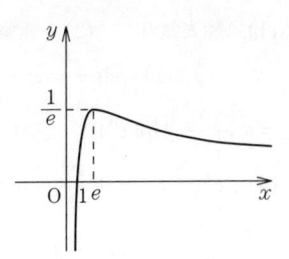

解図 2.8 $y = \dfrac{\log x}{x}$

3章

【1】 略

【2】 定理 3.3(3)：$f(x) = \cos x$ とおくと $f^{(k)}(x) = \cos\left(x + \dfrac{\pi k}{2}\right)$ なので, $f^{(2m)}(0) = (-1)^m$, $f^{(2m+1)}(0) = 0$, $f^{(2n)}(\theta x) = (-1)^n \cos \theta x$.

定理 3.3(4)：$f(x) = \log(1+x)$ とおくと $f^{(k)}(x) = (-1)^{k-1}(k-1)!\,(1+x)^{-k}$ なので, $f^{(k)}(0) = (-1)^{k-1}(k-1)!$, $f^{(n)}(\theta x) = (-1)^{n-1}(n-1)!\,(1+\theta x)^{-n}$.

【3】 [ヒント] 不等号にはさまれた式をつぎのように評価すればよい.

(1) $-\dfrac{x^4}{24} \leq \dfrac{\sin \theta x}{24} x^4 \leq \dfrac{x^4}{24}$　　(2) $-\dfrac{x^4}{24} \leq \dfrac{\cos \theta x}{24} x^4 \leq \dfrac{x^4}{24}$

(3) $-\dfrac{x^4}{4} \leq -\dfrac{x^4}{4(1+\theta x)^4} \leq -\dfrac{x^4}{64}$

【4】 (1) $x^2 + o(x^3)$　　(2) $x - \dfrac{x^2}{2} + \dfrac{x^3}{3} + o(x^3)$

(3) $x + 2x^2 + 2x^3 + o(x^3)$　　(4) $1 + x + x^2 + x^3 + o(x^3)$

【5】 (1) 1　(2) $\dfrac{1}{2}$　(3) $\dfrac{1}{6}$　(4) $-\dfrac{1}{12}$　(5) -2　(6) 1

[ヒント] (1) $e^x = 1 + x + o(x)$, $\cos x = 1 + o(x)$, $\sin x = x + o(x)$

(2) $\sin x = x + o(x^2)$, $\log(1+x) = x - \dfrac{x^2}{2} + o(x^2)$　　(3) $\sin x = x - \dfrac{x^3}{3!} + o(x^3)$　　(4) $\sqrt{1+x} = 1 + \dfrac{x}{2} - \dfrac{x^2}{8} + o(x^2)$ において, x に x^2 を代入して $\sqrt{1+x^2} = 1 + \dfrac{x^2}{2} - \dfrac{x^4}{8} + o(x^4)$, $\cos x = 1 - \dfrac{x^2}{2!} + \dfrac{x^4}{4!} + o(x^4)$.

(5) $\cos x = 1 - \dfrac{x^2}{2} + o(x^3)$ より $\cos^2 x = 1 - x^2 + o(x^3)$, $e^x = 1 + x + o(x)$.

(6) $\sin x = x + o(x^2)$, $\cos x = 1 + o(x)$. $(1+x)\sin x = \sin x + x \sin x$ と考える. なお, 分母は $\sin x = x + o(x)$ でよい.

【6】 (1) 極大値 0　(2) 極値をとらない　(3) 極小値 0　(4) 極小値 1
［ヒント］ (1) $\sin x = x - \dfrac{x^3}{3!} + o(x^3)$　(2) $\cos x = 1 - \dfrac{x^2}{2!} + o(x^2)$, $\sin x = x - \dfrac{x^3}{3!} + o(x^3)$　(3) $e^x = 1 + x + o(x)$, $\sin x = x + o(x^2)$
(4) $e^x = 1 + x + \dfrac{x^2}{2!} + o(x^2)$, $\log(1+x) = x - \dfrac{x^2}{2} + o(x^2)$

【7】 $f(x) = (1+x)^\alpha$ とおくと, $f^{(k)}(x) = n!\begin{pmatrix}\alpha\\n\end{pmatrix}(1+x)^{\alpha-n}$. したがって, $f^{(k)}(0) = n!\begin{pmatrix}\alpha\\n\end{pmatrix}$. ダランベールの定理より収束半径は 1.

【8】 ［ヒント］ 最初の式は【7】で $\alpha = -1$ の場合. この式の x に x^2 を代入すれば, 2 番目の式を得る. 得られた式を積分して 3 番目の式を得る.

【9】 ［ヒント］ 両辺の実数部分と虚数部分を比較. 三角関数の加法定理を用いる.

【10】 平均値の定理 $f'(a+\theta h) - f'(a) = \theta h f''(a+\theta_1 \theta h)$ $(0 < \theta_1 < 1)$ より, $f(a+h) = f(a) + h f'(a+\theta h) = f(a) + h f'(a) + \theta h^2 f''(a+\theta_1 \theta h)$. 一方, $f(a+h)$ についてテイラーの定理を適用して $f(a+h) = f(a) + h f'(a) + \dfrac{f''(a+\theta_2 h)}{2} h^2$ $(0 < \theta_2 < 1)$. 2 つの式を比較して, $\theta f''(a+\theta_1 \theta h) = \dfrac{f''(a+\theta_2 h)}{2}$. $h \to 0$ とすれば, $\lim_{h \to 0} \theta = \dfrac{1}{2}$.

【11】 (1) 略　(2) ［ヒント］ (1) の式で $x=0$ とおくと $f^{(n+1)}(0) = -n(n-1)f^{(n-1)}(0)$. この式と $f(0) = 0$, $f'(0) = 1$ から得られる.　(3) (2) より x^{2k} と x^{2k+1} の係数はそれぞれ $\dfrac{f^{(2k)}(0)}{(2k)!} = 0$, $\dfrac{f^{(2k+1)}(0)}{(2k+1)!} = (-1)^k \dfrac{1}{2k+1}$.

【12】 ［ヒント］ $f(a+h) - f(a) = \dfrac{f^{(n)}(a)}{n!} h^n + o(h^n) = h^n \left(\dfrac{f^n(a)}{n!} + \dfrac{o(h^n)}{h^n}\right)$ より従う.

4 章

【1】 (1) $\dfrac{x^4}{4}$　(2) $\dfrac{5}{7} x^{\frac{7}{5}}$　(3) $-\dfrac{1}{2x^2}$　(4) $\dfrac{2}{5}\sqrt{x^5}$　(5) $\dfrac{2^x}{\log 2}$
(6) $\dfrac{e^{3x}}{3}$　(7) $-\dfrac{\cos(2x+3)}{2}$　(8) $\dfrac{\tan(4x+1)}{4}$　(9) $\sin^{-1}\dfrac{x}{2}$
(10) $\dfrac{1}{3}\tan^{-1}\dfrac{x}{3}$

【2】 (1) $\dfrac{1}{8}(2x-5)^4$　(2) $\dfrac{1}{3}(2x-4)\sqrt{2x-4}$　(3) $-\dfrac{1}{2}e^{-x^2+1}$
(4) $\dfrac{2x - \sin 2x}{4}$　(5) $-\dfrac{\cos^7 x}{7}$　(6) $(3x+1)\sin x + 3\cos x$

(7) $-\dfrac{x}{3}\cos 3x + \dfrac{1}{9}\sin 3x$ (8) $-\cos x + \dfrac{\cos^3 x}{3}$ (9) $\dfrac{1}{2}\sin^{-1} 2x$

(10) $\dfrac{1}{\sqrt{10}}\tan^{-1}\left(\dfrac{\sqrt{10}}{2}x\right)$ (11) $\dfrac{1}{2}\log(x^2+2x+4)$

(12) $\log|\log x|$ (13) $x\tan^{-1}\dfrac{x}{3} - \dfrac{3}{2}\log(x^2+9)$

(14) $\dfrac{x^2}{2}\tan^{-1} x - \dfrac{x}{2} + \dfrac{1}{2}\tan^{-1} x$ (15) $\dfrac{1}{4}(2x^2-2x+1)e^{2x}$

(16) $\dfrac{x^4}{16}(4\log x - 1)$

【3】(1) $-\tan^{-1} x + \dfrac{1}{2}\log(1+x^2)$ (2) $\log\left|\dfrac{(x+3)^2}{(x+2)}\right|$

(3) $2x + \log\left|\dfrac{(x+1)^3}{x-2}\right|$ (4) $-\dfrac{3}{5}\log|x+2| + \dfrac{3}{10}\log(x^2+1) - \dfrac{1}{5}\tan^{-1} x$

(5) $\dfrac{1}{9}\log\left|\dfrac{x+1}{x-2}\right| - \dfrac{7}{3(x-2)}$ (6) $\tan\dfrac{x}{2}$ (7) $x + \dfrac{2}{1+\tan(x/2)}$

(8) $\log\left|\dfrac{\tan(x/2)}{1+\tan(x/2)}\right|$ (9) $-\dfrac{2}{15}(1-x)\sqrt{1-x}\,(2+3x)$

(10) $\dfrac{2}{3}\sqrt{x+2}\,(x-4)$ (11) $-2\tan^{-1}\sqrt{\dfrac{2-x}{x}} + \sqrt{x(2-x)}$

(12) $\dfrac{1}{\sqrt{3}}\log\left|\dfrac{\sqrt{x^2+3x+3}+x-\sqrt{3}}{\sqrt{x^2+3x+3}+x+\sqrt{3}}\right|$ (13) $-2\tan^{-1}\sqrt{\dfrac{2-x}{x+1}}$

【4】(1) $\dfrac{2}{3}$ (2) 78 (3) $\dfrac{24}{\log 3}$ (4) $\dfrac{1}{3}$ (5) π

(6) $-\dfrac{\pi-4}{4\sqrt{2}}$ (7) $\dfrac{\pi+6(\sqrt{3}-2)}{12}$ (8) $2-\log 8$ (9) $\dfrac{1}{2}\log 3$

(10) 1 (11) $\dfrac{\pi}{8} + \dfrac{1}{4}$ (12) $\dfrac{\pi}{18}$

【5】(1) 2 (2) $\dfrac{9}{2}$ (3) $\dfrac{1}{3}$ (4) $\dfrac{1}{6}$

【6】(1) $\dfrac{3}{2}\pi a^2$ (2) $2a^2$ [ヒント] 求める面積は $\dfrac{1}{2}\displaystyle\int_0^{\pi/4} 2a^2\cos 2\theta\,d\theta$ の 4 倍.

【7】(1) $\sqrt{2} + \log(\sqrt{2}+1)$ (2) $\dfrac{e^2-1}{2e}$ (3) $8a$

【8】(1) $\dfrac{16\pi}{15}$ (2) $4\pi^2$ (3) $5\pi^2 a^3$

【9】(1) -1 (2) $\dfrac{2}{e}$ (3) $\dfrac{1}{2}$ (4) $\dfrac{\pi}{2a}$ (5) $\log 2$

(6) $\dfrac{\pi}{2} + \log 2$

【10】 [ヒント] 部分積分の公式を用いよ.

【11】 $I_n = \displaystyle\int (x)'(\log x)^n\,dx = x\cdot(\log x)^n - \int x\cdot n(\log x)^{n-1}\dfrac{1}{x}\,dx = x(\log x)^n -$

$$n\int (\log x)^{n-1}\,dx = x(\log x)^n - nI_{n-1}.$$

【12】 $f(x) = \dfrac{1}{1+x}$ とおく．

$$I = \lim_{n\to\infty}\left(\frac{1}{1+(1/n)} + \frac{1}{1+(2/n)} + \cdots + \frac{1}{1+(n/n)}\right)\frac{1}{n}$$

$$= \lim_{n\to\infty}\sum_{i=1}^{n} f\left(0 + \frac{k}{n}\right)\frac{1}{n} = \int_0^1 f(x)\,dx = \Big[\log|1+x|\Big]_0^1 = \log 2.$$

【13】 (1) 区間 $[1, n+1]$ の分割 $\Delta : 1 < 2 < 3 < \cdots < n+1$ を考えると，右辺 $= S(1/x, \Delta), \displaystyle\int_1^{n+1}\frac{1}{x}\,dx < S(1/x, \Delta)$. (2) (1) で $n\to\infty$ とする．$\displaystyle\int_1^\infty \frac{1}{x}\,dx$ は発散積分．

【14】 (1) $\Gamma(s) = \displaystyle\int_0^\infty e^{-x}x^{s-1}\,dx = \lim_{N\to\infty}\int_0^N e^{-x}x^{s-1}\,dx$

$$= \lim_{N\to\infty}\left\{\Big[x^{s-1}(-e^{-x})\Big]_0^N - \int_0^N (s-1)x^{s-2}(-e^{-x})\,dx\right\}$$

$$= \lim_{N\to\infty}\left\{-\frac{N^{s-1}}{e^N} + (s-1)\int_0^N e^{-x}x^{s-2}\,dx\right\} = (s-1)\Gamma(s-1).$$

(2) (1) と $\Gamma(1) = 1$ よりただちに従う．

【15】 ［ヒント］ 例題 4.3 を用いよ．

【16】 ［ヒント］ $\displaystyle\int_0^{\pi/2}\sin^{2n+1}x\,dx \leqq \int_0^{\pi/2}\sin^{2n}x\,dx \leqq \int_0^{\pi/2}\sin^{2n-1}x\,dx$ の各辺に【15】を適用する．

【17】 (1) ［ヒント］ $t = \dfrac{x-m}{\sqrt{2}\,\sigma}$ とおき置換積分．   (2) ［ヒント］ $xf(x) = (x-m)f(x) + mf(x)$.

(3) ［ヒント］ $t = \dfrac{x-m}{\sqrt{2}\,\sigma}$ とおき置換積分した後，$t^2 e^{-t^2} = -\dfrac{1}{2}t\left(e^{-t^2}\right)'$ と考え部分積分．

5 章

【1】 (1) 0   (2) 極限は存在しない   (3) 0   (4) 極限は存在しない
［ヒント］ (4) 例えば，直線 $y=0$ に沿って原点に近づけたときの極限値と，曲線 $y=x^2$ に沿って原点に近づけたときの極限値を考えよ．

【2】 (1) $z_x = 5x^4 y^2,\ z_y = 2x^5 y;\ z_{xx} = 20x^3 y^2,\ z_{xy} = z_{yx} = 10x^4 y,\ z_{yy} = 2x^5$
(2) $z_x = 2x,\ z_y = -2y;\ z_{xx} = 2,\ z_{xy} = z_{yx} = 0,\ z_{yy} = -2$
(3) $z_x = 2x + 2y,\ z_y = 2x + 6y;\ z_{xx} = 2,\ z_{xy} = z_{yx} = 2,\ z_{yy} = 6$
(4) $z_x = 3x^2 - 9y,\ z_y = 3y^2 - 9x;\ z_{xx} = 6x,\ z_{xy} = z_{yx} = -9,\ z_{yy} = 6y$

(5) $z_x = 2xe^y$, $z_y = x^2 e^y$; $z_{xx} = 2e^y$, $z_{xy} = z_{yx} = 2xe^y$, $z_{yy} = x^2 e^y$

(6) $z_x = -7\sin(7x+5y)$, $z_y = -5\sin(7x+5y)$; $z_{xx} = -49\cos(7x+5y)$, $z_{xy} = z_{yx} = -35\cos(7x+5y)$, $z_{yy} = -25\cos(7x+5y)$

(7) $z_x = ye^{xy}$, $z_y = xe^{xy}$; $z_{xx} = y^2 e^{xy}$, $z_{xy} = z_{yx} = (1+xy)e^{xy}$, $z_{yy} = x^2 e^{xy}$

(8) $z_x = y\cos xy$, $z_y = x\cos xy$; $z_{xx} = -y^2 \sin xy$, $z_{xy} = z_{yx} = \cos xy - xy\sin xy$, $z_{yy} = -x^2 \sin xy$

(9) $z_x = \dfrac{2y}{(x+y)^2}$, $z_y = -\dfrac{2x}{(x+y)^2}$; $z_{xx} = -\dfrac{4y}{(x+y)^3}$, $z_{xy} = z_{yx} = \dfrac{2x-2y}{(x+y)^3}$, $z_{yy} = \dfrac{4x}{(x+y)^3}$

(10) $z_x = \dfrac{1}{x+3y}$, $z_y = \dfrac{3}{x+3y}$; $z_{xx} = -\dfrac{1}{(x+3y)^2}$, $z_{xy} = z_{yx} = -\dfrac{3}{(x+3y)^2}$, $z_{yy} = -\dfrac{9}{(x+3y)^2}$

【3】(1) $z = 2x+3y+4$　　(2) $z = \dfrac{2a}{9}x + \dfrac{b}{8}y - c$
(3) $z = \dfrac{b}{(a+b)^2}x - \dfrac{a}{(a+b)^2}y + c$　　(4) $ax+by+cz=1$

【4】(1) $z_{xx} = -z_{yy} = \dfrac{-x^2+y^2}{(x^2+y^2)^2}$　　(2) $z_{xx} = -z_{yy} = \dfrac{2x^3 - 6xy^2}{(x^2+y^2)^3}$
(3) $z_{xx} = -z_{yy} = \dfrac{2xy}{(x^2+y^2)^2}$

【5】(1) $(-a^2+b^2)\sin 2t$　　(2) $4\cos^4 t - 3\cos^2 t$　　(3) $(2\log t + 1)t^{t^2+1}$
(4) $f_x(e^t + e^{-t}, e^t - e^{-t})(e^t - e^{-t}) + f_y(e^t + e^{-t}, e^t - e^{-t})(e^t + e^{-t})$

【6】(1) $z_u = 68u + 84v$, $z_v = 84u + 104v$　　(2) $z_u = z_v = 2(u+v)\cos\{(u+v)^2\}$　　(3) $z_u = 6u(u^2+v^2)^2$, $z_v = 6v(u^2+v^2)^2$
(4) $z_u = f_x(u\cos v, u\sin v)\cos v + f_y(u\cos v, u\sin v)\sin v$
$z_y = -f_x(u\cos v, u\sin v)u\sin v + f_y(u\cos v, u\sin v)u\cos v$
(5) $z_u = 2e^{2u+3v}\{\cos(2u-3v) - \sin(2u-3v)\}f'(e^{2u+3v}\cos(2u-3v))$
$z_v = 3e^{2u+3v}\{\cos(2u-3v) + \sin(2u-3v)\}f'(e^{2u+3v}\cos(2u-3v))$

【7】(1) $ad - bc$　　(2) r

【8】(1) $k + \dfrac{1}{2}\{h^2 \sin\theta k + 2hk\cos\theta k - k^2\sin\theta k\}e^{\theta h}$　　(2) $1 + (2\theta^2 h^2 k^2 + hk)e^{\theta^2 hk}$　　(3) $h + 2k - \dfrac{1}{2}(h^2 + 4hk + 4k^2)(1+\theta h + 2\theta k)^{-2}$

【9】(1) 極値なし　　(2) $(2,-1)$で極小値-3　　(3) $(1,3)$で極大値9
(4) $(1,1)$で極小値-1 [$f_x(x,y) = f_y(x,y) = 0$ を満たす (x,y) は $(0,0)$, $(1,1)$]　　(5) $(1,1)$で極小値-1 [$f_x(x,y) = f_y(x,y) = 0$ を満たす (x,y) は $(0,0)$, $(0,3)$, $(3,0)$, $(1,1)$]

【10】 $\varphi''(a) = -\dfrac{f_{xx}(a,b)}{f_y(a,b)}$

【11】 (1) $y = -\dfrac{x}{2} + \dfrac{\sqrt{2}}{2}$ (2) $x=1$ で極小値 -1, $x=-1$ で極大値 1.

【12】 (1) $y = 2(x - \sqrt{3})$ (2) $x=1$ で極大値 2, $x=-1$ で極小値 -2.

【13】 [ヒント] $z = f(x,y)$ 上の点 $(a,b,f(a,b))$ での接平面の方程式は,
$$z - f(a,b) = f_x(a,b)(x-a) + f_y(a,b)(y-b).$$
したがって, 内積の成分表示を考えれば $(x-a,\ y-b,\ z-f(a,b))$ に垂直なベクトルは $(f_x(a,b),\ f_y(a,b),\ -1)$ の定数倍. 法線の方程式 $(x,y,z) = (a + tf_x(a,b),\ b + tf_y(a,b),\ f(a,b) - t)$ から t を消去すればよい.

【14】 $z_x = \dfrac{1}{y} f'\left(\dfrac{x}{y}\right),\ z_y = -\dfrac{x}{y^2} f'\left(\dfrac{x}{y}\right)$

【15】 右辺を計算. $z_{uu} = z_{xx}\cos^2\alpha + 2z_{xy}\sin\alpha\cos\alpha + z_{yy}\sin^2\alpha,\ z_{vv} = z_{xx}\sin^2\alpha - 2z_{xy}\sin\alpha\cos\alpha + z_{yy}\cos^2\alpha$.

【16】 右辺を計算して等式を示すのが早い. $z_r = z_x\cos\theta + z_y\sin\theta,\ z_{rr} = z_{xx}\cos^2\theta + 2z_{xy}\sin\theta\cos\theta + z_{yy}\sin^2\theta,\ z_{\theta\theta} = z_{xx}r^2\sin^2\theta - 2z_{xy}r^2\sin\theta\cos\theta + z_{yy}r^2\cos^2\theta - z_x r\cos\theta - z_y r\sin\theta$.

【17】 (1) $z_r = f_x\cos\theta + f_y\sin\theta,\ z_\theta = -f_x r\sin\theta + f_y r\cos\theta$ (2) (1) と定理 5.2 により, $z = g(r)$ と表せる $\iff z_\theta = 0 \iff f_x r\sin\theta = f_y r\cos\theta \iff y f_x = x f_y$.

【18】 (1) z は $x + y$ の 1 変数関数で表される関数: $z = g(x+y)$ [ヒント] $u = x + y, v = x - y$ により変数変換すると, $z_x = z_u + z_v,\ z_y = z_u - z_v$. したがって, $z_x = z_y \iff z_v = 0$. (2) $x = r\cos\theta,\ y = r\sin\theta$ と極座標変換したとき, z は θ の 1 変数関数で表される関数: $z = g(\theta)$ [ヒント]【17】(1) より, $xz_x + yz_y = 0 \iff z_r = 0$.

【19】 (1) 略 (2) $z_{uv} = (z_u)_v = 0$ なので, 適当な 1 変数関数 f_1 により, $z_u = f_1(u)$ と書ける. $f_1(u)$ の原始関数の 1 つを $f(u)$ とする. このとき, $(z - f)_u = z_u - f_u = f_1 - f_1 = 0$. したがって, 適当な 1 変数関数 g により, $z(u,v) - f(u) = g(v)$ と表せる. 逆に, 任意の関数 $f(u)$ と $g(v)$ に対し, $z(u,v) = f(u) + g(v)$ は $z_{uv} = 0$ の解になる.

【20】【19】により $u = f(x-ct) + g(x+ct)$ と表せる. 条件 $u(x,0) = u_0$ と $\dfrac{\partial z}{\partial t}(x,0) = u_1$ より $f(x) + g(x) = u_0 \cdots$ (ア). $-cf'(x) + cg'(x) = u_1(x)$. 後の式を x_0 から x まで積分し, $c_0 = -f(x_0) + g(x_0)$ とおき整理すると
$$-f(x) + g(x) = \dfrac{1}{c}\int_{x_0}^x u_1(\xi)\,d\xi + c_0 \cdots (\text{イ}).$$
(ア) − (イ), および (ア) + (イ) より

章末問題解答　225

$$f(x) = \frac{1}{2}\left(u_0(x) - \frac{1}{c}\int_{x_0}^{x} u_1(\xi)\,d\xi - c_0\right)\cdots(\text{ウ}),$$

$$g(x) = \frac{1}{2}\left(u_0(x) + \frac{1}{c}\int_{x_0}^{x} u_1(\xi)\,d\xi + c_0\right)\cdots(\text{エ}).$$

（ウ）の x に $x-ct$,（エ）の x に $x+ct$ を代入した後，辺々加えればよい．

【21】 (1) $\left(-\dfrac{x}{r^3}, -\dfrac{y}{r^3}\right)$, $\dfrac{1}{r^3}$.　(2) $\operatorname{rot}\nabla f = \operatorname{rot}(f_x, f_y) = (f_y)_x - (f_x)_y = 0$.
(3) もし, $(-y, x) = \nabla f$ を満たす f が存在したとすると, (2) より, $\operatorname{rot}(-y, x) = \operatorname{rot}(\nabla f) = 0$ となるはずだが, $\operatorname{rot}(-y, x) = 2$ なので矛盾.

【22】 一辺の長さが 2 の立方体のときで，表面積は 24．[ヒント] 三辺の長さを x, y, z とすると，体積 $= 8$，表面積 $= 2\,(xy + yz + zx)$．したがって $z = \dfrac{8}{xy}$ として，$f(x, y) = 2\left(xy + \dfrac{8}{x} + \dfrac{8}{y}\right)$ $(x > 0, y > 0)$ の最小値を求めればよい．x または y が 0 か ∞ に近づくとき $f(x, y) \to \infty$ がわかるので，最小値をとる点は $D = \{(x, y)\,|\,x > 0, y > 0\}$ の内部で，したがって $f(x, y)$ の $f_x(x, y) = f_y(x, y) = 0$ を満たす点の中にある．

【23】 $(1, 3), (-1, -3)$ のとき極大値 6．$(1, -3), (-1, 3)$ のとき極小値 -6．

【24】 $\left(\sqrt{3}, -\dfrac{2}{\sqrt{3}}\right)$ のとき極大値 $\dfrac{10\sqrt{3}}{9}$．$\left(-\sqrt{3}, \dfrac{2}{\sqrt{3}}\right)$ のとき極小値 $-\dfrac{10\sqrt{3}}{9}$．

【25】 (1) $(0, 0)$ のとき極小値 0．　(2) $(2, 2), (-2, -2)$ のとき極小値 4．
$(2, -2), (-2, 2)$ のとき極大値 12．　(3) $(2, -2), (-2, 2)$ のとき最大値 12，
$(0, 0)$ のとき最小値 0．

【26】 (1) [ヒント]
$$f'(x_0) = \varphi'(x_0) = -\frac{x_0 - a}{y_0 - b},\quad f''(x_0) = \varphi''(x_0) = -\frac{1 + f'(x_0)^2}{y_0 - b}.$$
これから a と b が求まる．その後，C の定義式を用いると r が求まる．
(2) (i) $\dfrac{(1 + 4k^2\alpha^2)^{3/2}}{2k}$　(ii) R

6 章

【1】 (1) $\dfrac{(b-a)(d^2 - c^2)}{2}$　(2) $\sqrt{2} - 1$　(3) $\dfrac{\pi}{2} - 1$　(4) $\dfrac{e^4 - e^2 - 2}{2}$

【2】 (1) $\dfrac{2}{3}$　(2) $\dfrac{9}{2}$　(3) $\dfrac{2a^3}{3}$

【3】 (1) $\dfrac{1}{12}$　(2) $\dfrac{10}{3}$　(3) 1　(4) $\dfrac{e^2 - 2e + 3}{4}$

【4】 (1) $\displaystyle\int_0^1 dy \int_{y/2}^{y} f(x, y)\,dx + \int_1^2 dy \int_{y/2}^{1} f(x, y)\,dx$

(2) $\displaystyle\int_0^1 dy \int_y^{\sqrt{y}} f(x,y)\, dx$

(3) $\displaystyle\int_{-1}^0 dy \int_0^{y+1} f(x,y)\, dx + \int_0^1 dy \int_0^{1-y} f(x,y)\, dx$

(4) $\displaystyle\int_0^1 dy \int_{\sqrt{y}}^1 f(x,y)\, dx$

【5】 (1) $\dfrac{1}{24}$ (2) $\dfrac{32}{3}$ (3) $\dfrac{1}{15}$ (4) $\dfrac{45}{8}$

【6】 (1) $\dfrac{1}{2}$ (2) $\dfrac{e-1}{4}$

【7】 (1) $\dfrac{\pi}{8}$ (2) 2 (3) $\dfrac{\pi(b^{2n+2}-a^{2n+2})}{n+1}$ $(n\neq -1)$, $2\pi\log\dfrac{b}{a}$ $(n=-1)$

(4) $\dfrac{2}{3}$ (5) $\dfrac{2}{3}$ (6) $\dfrac{(3\pi-4)a^3}{18}$

【8】 (1) $\dfrac{4}{9}(81\log 3 - 26)$ (2) $\dfrac{3e^4+1}{2}$

【9】 $\dfrac{\pi a^5}{10}$

【10】 (1) πa^3 (2) $2\pi^2 a^2 b$ (3) $\dfrac{\pi a^2}{2}$ (4) $\dfrac{\pi}{2}$ (5) $\dfrac{4\pi a^3}{35}$

(6) $\dfrac{\pi a^4}{4}$ (7) $5\pi^2 a^3$

【11】 (1) $2\pi a(c-b)$ (2) $2\pi a^2$

【12】 (1) $4\pi a^2$ (2) $2\pi\{\sqrt{2}+\log(1+\sqrt{2})\}$ (3) $\dfrac{64}{3}\pi a^2$

(4) $\dfrac{12}{5}\pi a^2$ (5) $\dfrac{1}{2}\pi a^2(e^2-e^{-2}+4)$ (6) $\dfrac{\pi}{6}\{(1+4a)^{3/2}-1\}$

【13】 (1) $\dfrac{3}{8}\pi a^2$ (2) πab (3) $3\pi a^2$

【14】 (1) $-\dfrac{4}{3}ab^2$ (2) $\dfrac{7}{3}$

7章

【1】 (1) $y=Cx$ (2) $2x^2+y^2=C$ (3) $(y+2)^3=3(e^x+C)$

(4) $\dfrac{y}{y+1}=Ce^x$ (5) $(x-1)(y+1)=Ce^{y-x}$

(6) $\tan x + \sec y = C$

【2】 (1) $y=x(\log|x|+C)$ (2) $\dfrac{2x}{x-y}=\log|x|+C$, $y=x$

【3】 (1) $y=-x-1+Ce^x$ (2) $y=x^2+Cx$ (3) $y=\dfrac{xe^x-e^x+C}{x}$

(4) $y=\dfrac{\sin x + C}{x}$ (5) $y=e^{\cos x}(x+C)$ (6) $(x+y)^2-Cx^2=C$

【4】 (1) $y = C_1 e^{4x} + C_2 e^{-2x}$ (2) $y = C_1 e^{(-3+\sqrt{5})x/2} + C_2 e^{(-3-\sqrt{5})x/2}$
(3) $(C_1 x + C_2) e^{3x}$ (4) $y = C_1 \cos 3x + C_2 \sin 3x$
(5) $y = e^{-x/2} \left(C_1 \cos \dfrac{\sqrt{3}x}{2} + C_2 \sin \dfrac{\sqrt{3}x}{2} \right)$
(6) $y = e^x (C_1 \cos \sqrt{2}x + C_2 \sin \sqrt{2}x)$

【5】 (1) $y = C_1 e^{2x} + C_2 e^{3x} + \dfrac{1}{2} e^x$ (2) $y = C_1 e^{2x} + C_2 e^{-x} - x + 1$
(3) $y = (C_1 x + C_2) e^{-x} - \dfrac{1}{2} \cos x$ (4) $y = C_1 + C_2 e^{3x} + \dfrac{x}{3} e^{3x}$
(5) $y = C_1 \sin x + C_2 \cos x - \dfrac{1}{3} \sin 2x + \dfrac{2}{3} \cos 2x$ (6) $y = C_1 \sin 2x + C_2 \cos 2x + \dfrac{x}{4} \sin 2x$ (7) $y = e^x (C_1 \sin x + C_2 \cos x - x \cos x)$
(8) $y = e^x (x^3 + x^2 + C_1 x + C_2)$

【6】 Pの座標を (a, b) とすると，法線の方程式は $y - b = -\dfrac{1}{f'(a)}(x - a)$．したがって，HQ $= bf'(a) = 1$．a と b を x と y でおき換え，微分方程式 $yy' = 1$．これを解き $y^2 = 2x + C$ (C：任意定数)．

【7】 (1) $\dfrac{d\theta}{dt} = -k(\theta - \alpha)$，一般解：$\theta - \alpha = Ce^{-kt}$ (2) $t = 0$ のとき，$\theta - \alpha = 180$ より $C = 180$：$t = 30$ のとき，$\theta - \alpha = 90$ より $k = \dfrac{\log 2}{30}$：$\theta = 55$ のとき，$t = 60$．あと 30 分掛かる．

【8】 (1) 方程式は変数分離形．$\dfrac{k}{y(y-k)} = \dfrac{1}{y-k} - \dfrac{1}{y}$ などに注意しながらこれを解くと $y = \dfrac{k}{1 + Ce^{-\mu t}}$．解が初期条件を満たすとき $C = \dfrac{k}{y_0} - 1$．よって，$y = \dfrac{k}{1 + \{(k/y_0) - 1\} e^{-\mu t}}$ (2) k

【9】 $u = y'$ とおき，上の方程式を u に関する微分方程式に書き換えると，$u' = k\sqrt{u^2 + 1}$．$\displaystyle\int \dfrac{1}{\sqrt{u^2 + 1}} du = \log(u + \sqrt{u^2 + 1}) + C_1$ なので，この方程式の解は $u = \sinh(kx + C_1)$．y の式に戻すため両辺を積分すると $y = \dfrac{1}{k} \cosh(kx + C_1) + C_2$ (C_1, C_2：任意定数)．

【10】 (1) $\dfrac{1}{1 - \alpha} u' + p(x) u = q(x)$.
(2) (1) を用いて u の微分方程式に書き換えると $u' + u = -x$. 部分積分法を用いてこれを解くと $y = \dfrac{1}{1 - x + Ce^{-x}}$.

索引

【あ】

アークコサイン	18
アークサイン	18
アークタンジェント	18
アステロイド	102

【い】

1次結合	192, 200
1次従属	188
1次独立	188
1次変換	157
一様連続	204
1階線形微分方程式	184
一般解	178
陰関数	135
――の定理	136

【う】

上に凸	45
上に有界	3
ウォリスの公式	109

【え】

円柱座標	161

【お】

オイラーの公式	73

【か】

解	178
解曲線	183
開集合	111
回転体の表面積	169
開領域	111

下界	3
下限	13
重ね合わせの原理	187
カージオイド	107
カテナリー	107
カバリエリの公式	99
カントールの公理	4
ガンマ関数	108

【き】

基本解の組	188, 200
基本系	188, 200
逆関数	16
――の導関数	31
逆正弦関数	18
逆正接関数	18
逆余弦関数	18
求積法	178
狭義の単調減少	3
狭義の単調増加	3
極限値	1, 8, 112
極座標表示	97
極小	44
極小値	44
曲線の長さ	101
極大	44, 131
極大値	44, 131
極値	44, 131
曲面積	166
曲率円	146
曲率半径	146

【く】

空間の極座標	161
区間縮小法	4

区分求積法	90
グラフ	110
グリーンの定理	172
グレゴリ級数	75

【け】

原始関数	76
懸垂線	107

【こ】

項	1
高階偏導関数	127
広義積分	103
高次偏導関数	127
合成関数	14
――の導関数	30
コーシーの平均値の定理	40
弧状連結	111
固有方程式	193, 200

【さ】

サイクロイド	107
最小元	4
最小値	13
最大元	4
最大値	13
細分	86

【し】

指数関数	15
四則演算	4
下に凸	45
下に有界	3
重積分	147
収束	1, 66

索引

収束半径	70	
従属変数	7	
上　界	3	
上　限	13	
──の存在定理	5	
条件つき極値	140	
剰余項	67	
初期条件	182	
ジョルダン閉曲線	170	
振　動	2	

【す】

数　列	1
スモールオー	60

【せ】

正の向き	170
正の無限大	1
積　分	77
──の平均値の定理	91
積分可能	88, 148
積分定数	77
積分領域	148
接　線	26
接平面	120
漸近展開	63
線積分	171
全微分可能	117

【た】

大小の順序	4
対数関数	16
対数微分法	32
体積要素	162
多重積分	147
ダランベールの定理	70
単一閉曲線	170
単調関数	15
単調減少	3
単調減少関数	15
単調増加	3
単調増加関数	15

【ち】

値　域	7, 110
置換積分法	78, 93
中間値の定理	12
稠密性	4
調和関数	143

【て】

定義域	7, 110
定数変化法	185
定積分	88
テイラー展開	68
テイラー展開可能	68
テイラーの定理	53
一般の n に対する──	130
$n=2$ の場合の──	128

【と】

導関数	27
同次形	184
特異解	179
特殊解	178
特性方程式	193
独立変数	7

【な】

長　さ	100

【に】

2階線形微分方程式	186
2階導関数	35
2階偏導関数	125
2次導関数	35
2次偏導関数	125
2重積分	148
2変数関数	110
ニュートン法	48

【ね】

ネピアの数	7

【の】

ノルム	86

【は】

媒介変数表示	33
ハイネ–ボレルの定理	204
発　散	1
パラメーター表示	33

【ひ】

被積分関数	77
左極限値	8
左連続	11
非同次形	184
微分可能	25
微分係数	25
微分作用素	143
微分積分学の基本定理	92
微分方程式	51, 178

【ふ】

不定積分	77
負の無限大	1
部分積分法	80, 94
部分分数展開	82
分　割	86

【へ】

閉曲線	170
平均値の定理	39
平面の極座標	158
閉領域	111
べき級数	67
ベルヌイの微分方程式	203
偏　角	97
変曲点	46
変数分離形	181
偏導関数	114
偏微分	115
偏微分可能	114
偏微分係数	114

偏微分作用素　　　124	【め】	【り】
【ほ】	面積要素　　　148	領　域　　　111
法　線　　　144	【や】	【る】
包絡線　　　179	ヤコビアン　　　124	累次積分　　　151
【ま】	【ゆ】	——の順序変更　　　153
マクローリン展開　　　68	有　界　　　3, 13, 148	【れ】
マクローリン展開可能　　　68	有向曲線　　　170	レムニスケート　　　107
マクローリンの定理　　　55	【ら】	連　続　　　11, 113
【み】	ライプニッツの公式　　　37	連続性の公理　　　4
右極限値　　　8	ラグランジュの未定乗数法　　　140	【ろ】
右連続　　　11	ラプラシアン　　　143	ロジスティック方程式　　　203
【む】	ランダウの記号　　　60	ロピタルの定理　　　41
無限回連続微分可能　　　127	——の性質　　　61	ロールの定理　　　38
		ロンスキアン　　　189
		ロンスキーの行列式　　　189

【C】	【N】	n 次導関数　　　35
C^∞ 級の関数　　　35, 127	n 階導関数　　　35	
C^n 級の関数　　　35, 127	n 回連続微分可能　　　127	

―― 著者略歴 ――

加藤 末広(かとう すえひろ)
- 1975年 埼玉大学理工学部数学科卒業
- 1978年 千葉大学大学院修士課程修了(数学専攻)
- 1984年 立教大学大学院後期博士課程修了(数学専攻)、理学博士
- 1986年 北里大学専任講師
- 1994年 北里大学助教授
- 2006年 北里大学教授
- 2018年 北里大学名誉教授

谷口 哲也(たにぐち てつや)
- 1992年 東京理科大学理学部第一部物理学科卒業
- 1994年 東北大学大学院博士前期課程修了(数学専攻)
- 1999年 東北大学大学院博士後期課程修了(数学専攻)、博士(理学)
- 2003年 東北大学大学院理学研究科数学専攻 COEフェロー
- 2004年 北里大学講師
- 2010年 北里大学准教授
- 2015年 日本大学准教授(医学部)
- 現在に至る

勝野 恵子(かつの けいこ)
- 1972年 弘前大学理学部数学科卒業
- 1974年 お茶の水女子大学大学院修士課程修了(数学専攻)
- 1979年 ロンドン大学(QEC)大学院博士課程修了 Ph.D.(ロンドン大学(QEC))
- 1997年 北里大学非常勤講師(2020年まで)
- 2000年 法政大学非常勤講師(2020年まで)
- 2020年 神奈川大学非常勤講師
- 現在に至る

微分積分学
Differential and Integral Calculus

© Kato, Katsuno, Taniguchi 2009

2009年5月8日 初版第1刷発行
2020年12月30日 初版第8刷発行

検印省略	著　者	加　藤　末　広
		勝　野　恵　子
		谷　口　哲　也
	発行者	株式会社　コロナ社
		代表者　牛来真也
	印刷所	三美印刷株式会社
	製本所	有限会社　愛千製本所

112-0011 東京都文京区千石4-46-10
発行所　株式会社　コロナ社
CORONA PUBLISHING CO., LTD.
Tokyo Japan
振替 00140-8-14844・電話(03)3941-3131(代)
ホームページ https://www.coronasha.co.jp

ISBN 978-4-339-06089-8　C3041　Printed in Japan　　　　(河村)

〈出版者著作権管理機構 委託出版物〉
本書の無断複製は著作権法上での例外を除き禁じられています。複製される場合は、そのつど事前に、出版者著作権管理機構(電話 03-5244-5088, FAX 03-5244-5089, e-mail: info@jcopy.or.jp)の許諾を得てください。

本書のコピー、スキャン、デジタル化等の無断複製・転載は著作権法上での例外を除き禁じられています。
購入者以外の第三者による本書の電子データ化及び電子書籍化は、いかなる場合も認めていません。
落丁・乱丁はお取替えいたします。

技術英語・学術論文書き方関連書籍

まちがいだらけの文書から卒業しよう－基本はここだ！－
工学系卒論の書き方
別府俊幸・渡辺賢治 共著
A5／196頁／本体2,600円／並製

理工系の技術文書作成ガイド
白井　宏 著
A5／136頁／本体1,700円／並製

ネイティブスピーカーも納得する技術英語表現
福岡俊道・Matthew Rooks 共著
A5／240頁／本体3,100円／並製

科学英語の書き方とプレゼンテーション（増補）
日本機械学会 編／石田幸男 編著
A5／208頁／本体2,300円／並製

続 科学英語の書き方とプレゼンテーション
－スライド・スピーチ・メールの実際－
日本機械学会 編／石田幸男 編著
A5／176頁／本体2,200円／並製

マスターしておきたい　技術英語の基本－決定版－
Richard Cowell・佘　錦華 共著
A5／220頁／本体2,500円／並製

いざ国際舞台へ！　理工系英語論文と口頭発表の実際
富山真知子・富山　健 共著
A5／176頁／本体2,200円／並製

科学技術英語論文の徹底添削
－ライティングレベルに対応した添削指導－
絹川麻理・塚本真也 共著
A5／200頁／本体2,400円／並製

技術レポート作成と発表の基礎技法（改訂版）
野中謙一郎・渡邉力夫・島野健仁郎・京相雅樹・白木尚人 共著
A5／166頁／本体2,000円／並製

Wordによる論文・技術文書・レポート作成術
－Word 2013/2010/2007 対応－
神谷幸宏 著
A5／138頁／本体1,800円／並製

知的な科学・技術文章の書き方
－実験リポート作成から学術論文構築まで－
中島利勝・塚本真也 共著
A5／244頁／本体1,900円／並製
日本工学教育協会賞（著作賞）受賞

知的な科学・技術文章の徹底演習
塚本真也 著
A5／206頁／本体1,800円／並製
工学教育賞（日本工学教育協会）受賞

定価は本体価格＋税です。
定価は変更されることがありますのでご了承下さい。

図書目録進呈◆